Macroscope of Carbon Nanotube

奈米碳管巨觀體
物理化學特性與應用

韋進全 張先鋒 王昆林 著
楊明勳 校訂

五南圖書出版公司 印行

序　言

　　人類即將進入智慧社會。構成智慧社會的四大支柱是材料科學技術、電子科學技術、生物科學技術和能源科學技術。此外，奈米科學技術將在 21 世紀對人類的文明和社會的進步發揮巨大作用。正如前美國總統科學顧問 Gibbons 博士指出，奈米科學是決定 21 世紀經濟發展的五大科學技術之一。

　　1996 年，發現 C_{60} 的兩位美國科學家 Smalley 和 Curl 以及一位英國科學家 Kroto 獲頒諾貝爾化學獎。1991 年，日本人 Iijima 在高解析穿透電子顯微鏡下發現了奈米碳管，它是被拉長了的 C_{60}。由於奈米碳管的性能優異，自此，奈米碳管就成了全球研究碳材料的重要研究課題。1997 年，單壁奈米碳管的研究成果與「克隆羊」和「火星探路者」分別被評為當年的世界十大科學成就之一。

　　奈米碳管的強度是鋼的 100 倍，而它的密度僅是鋼的 1/6。奈米碳管的長度與直徑比值達 10^4，1 g 質量的單壁奈米碳管彼此相連接後，總長度達 450,000 km，可繞地球 10 週，超過了地球與月球間的距離。1 g 單壁奈米碳管的總表面積可達 8000 m^2，它在催化劑、儲能、環保等領域將有重要應用。奈米碳管在特定的波長上會發光，具有冷光性，可以用作節能的電光源。此外，奈米碳管的電子傳輸現象則根據其手性調控，而有導體或半導體的特性，因而在電子元件方面將有更廣泛的應用前景。

　　通常，奈米碳管在巨觀上為粉末狀或團絮狀，微觀上則是管束之間互相纏結，因而很難發揮其自身優異特性。目前的理論和實驗研究大多集中於微觀尺度微米級的奈米碳管，而其巨觀特性的研究很少，但是在許多重要應用的場合中，仍然需要超長、連續的單壁或雙壁奈米碳管長絲，和釐米級面積的定向奈米碳管膜，才能充分發揮奈米碳管獨特的力學、電學、熱學等性能。例如，超長的連續一維奈米碳管可以用做高強度、高導電能力的奈米導線，或者具有優異性能的電化學微感測器等。因此，利用自組裝方式直接合成連續奈米碳管巨觀體，就成了

當前迫切需要研究解決的基本問題。奈米碳管巨觀體是指至少在一維尺度為釐米量級以上，可對其進行巨觀操控，同時維持微米級長度奈米碳管優異特性的奈米碳管集合體。

本書主要內容取自吳德海教授領導的研究小組，在奈米碳管巨觀體領域上的研究成果，並融合了該領域的相關內容。本書從奈米碳管巨觀體的製取、技術參數的優化、製取態奈米碳管的後處理、奈米碳管巨觀體的表徵、基本性能（力學、電學、光學、熱學等），以及潛在的應用等方面都進行了十分系統的闡述。

全書由 10 章組成。第 1 章和第 10 章由王昆林教授編寫，第 2～5 章由韋進全博士撰寫，第 6～9 章由張先鋒博士撰寫。

由於奈米碳管的研究日新月異，所以在發展過程中，仍有許多挑戰尚待克服。希望藉由本書的出版，能提供讀者在實際應用時，有更充分發展的空間。

韋進全　博士

目　錄

序　言 ……………………………………………………………………………… iii

第一章　　緒　論 …………………………………………………… 001

1.1　奈米碳管的發現 …………………………………………………… 002

1.2　奈米碳管的結構 …………………………………………………… 004

1.3　奈米碳管的分類 …………………………………………………… 006

　1.3.1　按石墨層數分類 …………………………………………… 006

　1.3.2　按手性分類 ………………………………………………… 007

　1.3.3　按導電性能分類 …………………………………………… 008

　1.3.4　按排列狀況分類 …………………………………………… 008

1.4　奈米碳管的主要性能 ……………………………………………… 009

　1.4.1　電學性能 …………………………………………………… 009

　1.4.2　力學性能 …………………………………………………… 010

　1.4.3　熱學性能 …………………………………………………… 012

　1.4.4　光學性能 …………………………………………………… 012

　1.4.5　其他性能 …………………………………………………… 016

1.5　奈米碳管巨觀體的研究現狀 ……………………………………… 016

參考文獻 ……………………………………………………………… 017

第二章　　　　單壁奈米碳管巨觀體的製取 ·················025

　2.1　　　奈米碳管的合成 ·······························026

　　2.1.1　電弧法 ······································026

　　2.1.2　雷射蒸發法 ································028

　　2.1.3　化學氣相沈積法 ····························029

　2.2　　　單壁奈米碳管巨觀體的製取技術 ···············031

　　2.2.1　浮動催化裂解法制取單壁奈米碳管長絲 ·········031

　　2.2.2　基種法合成單壁奈米碳管長絲 ·················039

　　2.2.3　定向單壁奈米碳管陣列 ······················042

　　2.2.4　電弧法合成單壁奈米碳管巨觀體 ···············049

　2.3　　　單壁奈米碳管巨觀體的表徵 ···················050

　　2.3.1　巨觀形態 ··································050

　　2.3.2　電子顯微鏡表徵 ····························051

　　2.3.3　拉曼表徵 ··································053

　　2.3.4　XRD 表徵 ·································054

　2.4　　　單壁奈米碳管長絲的生長機制 ·················057

　參考文獻 ··062

第三章　　　　單壁奈米碳管巨觀體的特性 ·················067

　3.1　　　單壁奈米碳管的結構與性能分析 ···············068

　　3.1.1　單壁奈米碳管的手性 ························068

　　3.1.2　單壁奈米碳管的性能 ························072

3.2　單壁奈米碳管巨觀體的基本物理特性 ……………………………080

　　3.2.1　電學特性 ………………………………………………………080

　　3.2.2　光學特性 ………………………………………………………086

　　3.2.3　熱學特性 ………………………………………………………090

3.3　單壁奈米碳管巨觀體的力學特性 ………………………………094

　　3.3.1　巨觀拉伸性能 …………………………………………………094

　　3.3.2　複合材料的特性 ………………………………………………100

3.4　單壁奈米碳管巨觀體的應用特性 ………………………………107

　　3.4.1　奈米導線 ………………………………………………………107

　　3.4.2　奈米電纜 ………………………………………………………108

參考文獻 …………………………………………………………………110

第四章　　　雙壁奈米碳管巨觀體的製取 ……………………………117

4.1　雙壁奈米碳管的合成方法 ………………………………………118

　　4.1.1　單壁奈米碳管內插 C60 法 ……………………………………119

　　4.1.2　電弧法 …………………………………………………………120

　　4.1.3　化學氣相沈積法 ………………………………………………121

4.2　雙壁奈米碳管巨觀體的合成技術 ………………………………124

　　4.2.1　雙壁奈米碳管巨觀體合成技術參數 …………………………125

　　4.2.2　催化劑濃度的影響 ……………………………………………128

　　4.2.3　溶液進給速率的影響 …………………………………………131

　　4.2.4　反應溫度的影響 ………………………………………………133

4.3　雙壁奈米碳管巨觀體的後處理技術 ································· 135

4.4　雙壁奈米碳管的表徵 ·· 140

4.4.1　電子顯微鏡表徵 ·· 140

4.4.2　拉曼光譜表徵 ··· 142

4.4.3　XPS 表徵 ·· 145

4.5　雙壁奈米碳管巨觀體的生長機制 ································· 146

參考文獻 ··· 150

第五章　雙壁奈米碳管巨觀體的性能 ································· 153

5.1　雙壁奈米碳管性能的研究 ·· 154

5.2　雙壁奈米碳管巨觀體的光學特性 ································· 158

5.2.1　拉曼光譜 ··· 158

5.2.2　雙壁奈米碳管的共振拉曼光譜 ································· 162

5.2.3　雙壁奈米碳管的變溫拉曼光譜 ································· 167

5.2.4　紫外—可見吸收光譜 ·· 171

5.2.5　雙壁奈米碳管長絲的偏振光譜 ································· 173

5.3　雙壁奈米碳管巨觀體的電激發光 ································· 175

5.3.1　雙壁奈米碳管電燈泡的製作 ···································· 175

5.3.2　雙壁奈米碳管電燈泡的性能 ···································· 175

5.4　雙壁奈米碳管巨觀體的力學特性 ································· 181

5.4.1　雙壁奈米碳管長絲的力學性能 ································· 181

5.4.2　雙壁奈米碳管薄膜的拉伸性能 ································· 186

5.4.3　雙壁奈米碳管巨觀體的複合材料 ……………………………188

參考文獻 ……………………………………………………………198

第六章　　定向奈米碳管巨觀體的製取 ………………………………203

6.1　定向奈米碳管巨觀體的製取技術及技術參數優化 ………205

6.1.1　間接方法製備定向奈米碳管巨體觀 …………………………205

6.1.2　間接方法製備定向奈米碳管巨觀體的優缺點 ………………206

6.1.3　直接方法製備定向奈米碳管巨觀體 …………………………207

6.2　定向奈米碳管巨觀體的製取技術 ……………………………215

6.2.1　減少催化劑鐵的含量──兩階段生長法 ……………………215

6.2.2　減少非晶碳──水蒸氣氧化法 ………………………………218

6.2.3　定向薄膜中奈米碳管的開口──二氧化碳氧化法 …………221

6.3　定向奈米碳管巨觀體的表徵 …………………………………223

6.3.1　薄膜構造的掃描電子顯微鏡觀察 ……………………………223

6.3.2　薄膜構造的穿透電子顯微鏡觀察 ……………………………225

6.3.3　超長定向奈米碳管薄膜的 X 射線繞射表徵 …………………227

6.3.4　超長定向奈米碳管薄膜的拉曼光譜表徵 ……………………230

6.4　定向奈米碳管巨觀體的生長機制 ……………………………232

6.4.1　催化劑顆粒形成的熱力學分析 ………………………………233

6.4.2　超長定向奈米碳管巨觀體的形核與生長 ……………………237

6.4.3　超長定向奈米碳管巨觀體的快速連續生長機制 ……………243

參考文獻 ……………………………………………………………247

第七章　　　定向奈米碳管巨觀體的性能 ·······························251

7.1　　　定向奈米碳管巨觀體的電場發射特性 ····················254

7.1.1　電場發射顯示元件的特點及其結構 ·····················254

7.1.2　奈米碳管——新型的電場發射材料 ·····················256

7.1.3　定向奈米碳管巨觀體的電場發射性能 ·················258

7.1.4　大面積電場發射 ·······································263

7.2　　　定向奈米碳管巨觀體的太陽能吸收特性 ·············265

7.2.1　太陽光熱轉換及選擇性吸收表面 ·····················265

7.2.2　定向奈米碳管薄膜的太陽能吸收特性 ·················267

7.2.3　製備模組化的定向奈米碳管薄膜以增加選擇性 ·········270

7.2.4　奈米碳管在太陽能利用中存在的主要問題 ···········272

7.3　　　定向奈米碳管巨觀體的電化學特性 ··················273

7.3.1　定向奈米碳管巨觀體與奈米 CeO_2 複合體的製備 ·················274

7.3.2　抗一氧化碳的中毒性能 ·································275

7.3.3　超長定向奈米碳管在儲能上的應用 ·····················277

7.3.4　定向奈米碳管／銅粉電極的電化學測量 ·················278

7.3.5　定向奈米碳管／奈米銅複合體的電化學測量 ············281

7.4　　　定向奈米碳管巨觀體的複合材料特性 ················283

7.4.1　定向奈米碳管巨觀體作為模板材料的應用 ·············283

7.4.2　γ-Fe 單晶奈米線的製備 ·································284

7.4.3　Fe_3C 單晶奈米線 ··285

參考文獻 ··288

第八章　　　無序奈米碳管巨觀體的製取 ·············293

　8.1　　無序奈米碳管高溫巨觀壓製體的製取 ·············294

　　8.1.1　無序奈米碳管高溫壓製體的製備方法 ·············396

　　8.1.2　高溫巨觀壓製體的構造及成分 ·············298

　8.2　　無序奈米碳管／酚醛樹脂巨觀壓製體的製取 ·············300

　　8.2.1　無序奈米碳管／酚醛樹脂巨觀壓製體的製備技術 ·············300

　　8.2.2　奈米碳管／酚醛樹脂壓製體的構造及成分 ·············301

　8.3　　多壁奈米碳管巨觀條帶的製取和表徵 ·············303

　　8.3.1　製取 ·············303

　　8.3.2　表徵 ·············304

　　參考文獻 ·············307

第九章　　　無序奈米碳管巨觀體的性能 ·············309

　9.1　　奈米碳管高溫巨觀壓製體的特性 ·············310

　　9.1.1　高溫巨觀壓製體電阻率 ·············313

　　9.1.2　高溫巨觀壓製體電場發射特性 ·············313

　9.2　　奈米碳管／酚醛樹脂巨觀壓製體的特性 ·············314

　　9.2.1　壓製體比表面積與孔容 ·············314

　　9.2.2　奈米碳管／酚醛樹脂巨觀壓製體的載體特性 ·············320

　9.3　　多壁奈米碳管條帶的力學和電學特性 ·············322

　9.4　　無序奈米碳管巨觀體的雙電層電容器特性 ·············324

　　9.4.1　電化學電容器 ·············324

9.4.2　高溫壓製體用作電化學電容器電極·····················328

9.4.3　奈米碳管／酚醛樹脂巨觀壓製體用作電化學電容器電極········328

9.4.4　奈米碳管電極與高比表面積活性炭電極的比較·············334

9.4.5　奈米碳管／$RuO_2 \cdot xH_2O$ 電化學電容器·················336

參考文獻 ·······································346

第十章　奈米碳管的潛在應用與展望·····················349

10.1　奈米碳管增強複合材料·····························350

10.2　電子材料及元件上的應用···························352

10.3　用作模板內外填充物質·····························355

10.4　**醫學應用** ····································357

10.5　軍事應用 ····································359

10.6　其他方面的應用前景······························361

10.7　展望 ····································365

參考文獻 ·······································366

緒　論

1.1　奈米碳管的發現

1.2　奈米碳管的結構

1.3　奈米碳管的分類

1.4　奈米碳管的主要性能

1.5　奈米碳管巨觀體的研究現狀

參考文獻

　　奈米碳管（carbon nanotubes, CNTs）是由單層或者多層石墨層片按照一定螺旋角捲曲而成的、直徑為奈米量級的無縫管。僅由一層石墨層片捲曲而成的，稱為單壁奈米碳管（single-walled carbon nanotubes, SWNTs）；由多層不同直徑的單壁奈米碳管以同一軸線套裝起來的，稱為多壁奈米碳管（multi-walled carbon nanotubes, MWNTs）。奈米碳管由於具有獨特的結構、優異的性能以及廣泛的潛在應用前景，而引起科技界的密切關注。奈米碳管，特別是單壁奈米碳管的發現，為奈米材料學、奈米光電子學、奈米化學等學科開闢了嶄新的研究領域。

1.1　奈米碳管的發現

　　長期以來，人們一直認為碳的同素異形體結構（allotrope）只有兩種型態：石墨（graphite）和金剛石，它們分別是由碳原子經 sp^2 和 sp^3 混成的碳的晶體形式。1985 年，英國科學家 Kroto 和美國科學家 Smalley 在研究雷射蒸發石墨電極時，發現了碳的第三種晶體形式 C60 [1, 2]。在 C60 分子中，碳原子形成了包含 12 個五邊形和 20 個六邊形的二十面體空心球狀結構，如圖 1-1 所示。C60 分子直徑為 0.68 nm，是典型的零維結構材料。巨觀的 C60 晶體結構為面心立方結構。C60 和具有相似結構的 C70、C84 等分子構成了碳家族的一個分支——富勒烯（Fullerenes，亦稱巴克球或足球烯）。C60 的發現，為奈米尺度碳體系的研究奠定了一定的基礎。

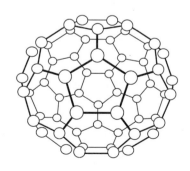

圖 1-1　C60 的原子結構模型

　　到了 1991 年，日本 NEC 實驗室電子顯微鏡學家 Sumio Iijima [3] 透過高解析穿透電子顯微鏡（High Resolution Transmission Electron Microscope, HRTEM）觀察電弧蒸發石墨產物時，偶然在陰極處發現了一些針狀物，此針狀物為奈米級大小、具有中空結構的新型碳晶體，它們由 2～50 層石墨層片捲曲而成，各石墨層片之間距離為 0.343 nm（圖 1-2(a)），兩端由半球形的端帽封閉，在電子顯微鏡下各柱面形成為左右對稱的平行條紋（管壁），中間空心（管腔），截面為同心的圓環（圖 1-2(b)），這就是奈米碳管。它完全由碳原子構成，是繼石墨、金剛石和 C60 之後又一種碳的同素異形體，其直徑為奈米量級（幾十奈米以下），長度一般達幾百微米或毫米量級，最長可達分米量級，是新型的一維奈米材料。

　　1993 年，Iijima 和 IBM 公司的 Bethune 等人 [4, 5] 分別發現了單壁奈米碳管。它是由一層石墨管構成，管徑在 0.7～2 nm 之間，長度為微米數量級，是典型的一維奈米材料。這一發現立即轟動了全世界，從此全球的材料科學以及相關領域掀起了一股研究奈米碳管的熱潮。由此，碳的同素異形體由原來的 2 種擴展到 4 種：金剛石、石墨、C60（富勒烯）以及奈米碳管，也將碳原子的排列擴展到零維（C60）、一維（奈米碳管）、二維（石墨）以及三維（金剛石）的完整體系，使碳成為元素周期表中唯一具有從零維到三維結構排列的元素。表 1-1 列出了碳的 4 種同素異形體的部分結構及物性參數。

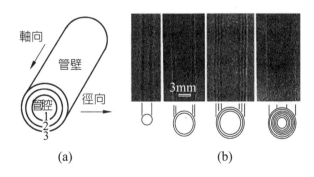

圖 1-2 奈米碳管示意圖

(a) 奈米碳管的同心圓柱結構；(b) 高解析穿透電子顯微鏡下的奈米碳管（從左到右分別為單壁奈米碳管和管層數分別為 1、2、3、7 層的多壁奈米碳管）

●表 1-1　碳的同素異形體的結構及物性參數

維數	零維	一維	二維	三維
碳的同素異形體	C60（富勒烯）	奈米碳管	石墨	金剛石
原子混成	$sp^2 + sp^3$	$sp^2 + sp^3$	sp^2	sp^3
晶體類型	面心立方	平面三角晶❶	六方緊密堆積	面心立方
晶格常數 / nm	$a = 1.417$	$a = d + 0.32$❷	$a = 0.142$ $c = 0.335$	$a = 0.154$
鍵長 / nm	0.140 (C = C) 0.146 (C — C)	0.144 (C = C)	0.142 (C=C)	0.154 (C—C)
晶格結構示意圖				
密度 / (g/cm³)	1.72	0.8～2.0	2.26	3.515
電學性能	半導體 (E_g❸ = 1.9 eV)	導體和半導體	半導體	絕緣體 (E_g = 5.47 eV)

注：❶單壁奈米碳管在奈米碳管束中的排列 [6]。

　　❷為單壁奈米碳管束的參數，d 為單壁奈米碳管直徑 [6]。

　　❸ E_g 能隙寬度。

目前，奈米碳管的研究主要集中在：奈米碳管的製備、奈米碳管的結構、性能和奈米碳管的潛在應用等幾個方面。關於奈米碳管巨觀體的製備，將在第 2 至第 9 章的相關部分做介紹；關於奈米碳管巨觀體的潛在應用將在第 10 章做介紹。

1.2 　奈米碳管的結構

不同結構的奈米碳管其性能差異很大，特別是電學性能 [7, 8]，奈米碳管隨結構不同可呈導體性或半導體性。因此，對其結構的研究一直是材料科學界關注的焦點之一。

單壁奈米碳管可以看作是由單層石墨片捲繞而成的無縫圓筒。利用石墨片

的平面格點構成奈米碳管的過程如下（圖 1-3(a)）：任選一個格點 O 作原點，向格點 A 做一晶格向量 C_h，然後過 O 點做垂直於向量 C_h 的直線，B 點是該直線所經過的二維石墨烯平面的第一個格點，向量 OB 稱為平移向量，用 T 表示。直線 OD 是與單位向量 a_1 平行的一條直線，沿石墨六方網格的鋸齒軸，六方網格的一個 C-C 鍵垂直於 OD。向量 C_h 和鋸齒軸 OD 之間的夾角稱為螺旋角 θ。過 A 點做垂直於螺旋向量 C_h 的直線和過 B 點垂直 OB 的直線相交於 B' 點，矩形 $OAB'B$ 中所包含的原子數就是一個單壁奈米碳管單胞所含原子數。以 OB 為軸，捲繞石墨烯片，使 O 和 A 相接或使 OB 軸與 AB' 軸重合，就形成了單壁奈米碳管，OB 形成了單壁奈米碳管的管體，OA 形成了單壁奈米碳管的圓周。

由此可看出，用 (n, m) 兩個參數表示一個單壁奈米碳管，在不考慮手性的情況下，單壁奈米碳管就可由這兩個量完全確定（直徑和螺旋角或兩個表示石墨片層結構的指數 (n, m) 或者螺旋向量 C_h 和平移向量 T）。

單壁奈米碳管根據石墨片捲曲的螺旋角度的不同，可以分為三種類型：扶手椅型（armchair，圖 1-3(b)）、鋸齒型（zigzag，圖 1-3(c)）和手性型（chiral，圖 1-3(d)），它們的螺旋角分別為 $\theta = 30°$、$\theta = 0°$ 和 $0° < \theta < 30°$。

對於多壁奈米碳管，經過對選區電子繞射斑鏡像對稱性的分析，Iijima[3] 指出，在構成奈米碳管的碳層片之間，存在一定的夾角，每三層或四層之間其

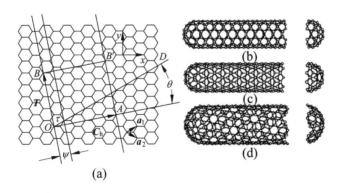

(a)

圖 1-3　單壁奈米碳管示意圖

(a) 石墨片的網格結構以及單壁奈米碳管各參數的幾何意義；(b)、(c)、(d) 由螺旋角表徵的奈米碳管，由上而下分別為扶手椅型、鋸齒型和手性型

c 軸偏差 6°左右。研究者原認為管身是軸對稱的，而 Liu [9] 等發現奈米碳管有時並不對稱，說明有些奈米碳管並不是圓柱形的。朱豔秋 [10] 認為這些奈米碳管管身徑向截面應為多邊形結構，且多為五邊形截面。

實際製備的奈米碳管並不完全是直徑均勻、平直的，有時會出現不同的結構，如 L、T、Y 形等。特別是催化裂解法製備的奈米碳管，多數是不平直的。研究認為，這些結構的出現多是由於碳六邊形網格中引入了碳五邊形和碳七邊形所致，碳五邊形引起正彎曲，碳七邊形引起負彎曲 [11]；在奈米碳管的彎曲或直徑變化處，內外分別引入碳五邊形和碳七邊形才能使整個結構得到延續，故在這些地方，碳五邊形和碳七邊形總是成對出現的，它們的分佈決定了奈米碳管的形狀。

Ebbesen [12] 詳細研究了奈米碳管的缺陷結構，他把奈米碳管中可能的缺陷結構分為三類：即幾何缺陷、化學缺陷和晶體學缺陷。研究認為，缺陷的存在對奈米碳管的性能有很大的影響。

關於奈米碳管的晶體結構，朱豔秋 [10] 經實測認為，奈米碳管屬六方晶系晶體結構，其晶格常數為 $a = 0.2457$ nm，$c = 0.6852$ nm。與常規石墨晶格常數比較，其 c 值略有增大（2.27%），而 a 值略有減小（2.51%）。增大的 c 值與分子層間匹配有關，並且封閉的籠形結構將是很好的自組裝結構，而減小的 a 值說明層片內的結合更緊密，亦即沿奈米碳管的軸向方向，C-C 原子間的結合更強，並由此指出，奈米碳管作為奈米材料，沿其軸向將有極高的強度。

1.3 奈米碳管的分類

1.3.1 按石墨層數分類

奈米碳管按其構成石墨的層數分類，可分為單壁奈米碳管和多壁奈米碳管。單壁奈米碳管僅由一層石墨層片捲曲而成，而多壁奈米碳管的石墨層片數則 ≥ 2。圖 1-4 為具有不同層數的奈米碳管結構示意圖。單壁奈米碳管

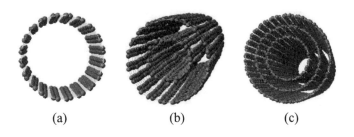

（a）　　　　　　　　（b）　　　　　　　　（c）

圖 1-4 **不同層數奈米碳管的結構示意圖**
(a) 單壁奈米碳管；(b) 雙壁奈米碳管；(c) 多壁奈米碳管

的結構簡單、性能優異，引起了人們積極地投入相關研發。多壁奈米碳管中，則因其小直徑和層數少的性能與單壁奈米碳管相似，而引起人們的關注。最近，人們也對僅由兩層石墨層片組成的雙壁奈米碳管產生了廣泛的興趣。

雙壁奈米碳管具有獨特的結構。雙壁奈米碳管內外層間距並非固定在 0.34 nm，而是根據內外層單壁奈米碳管的手性不同，於 0.33 nm 和 0.42 nm 之間作變化 [13, 14]，通常可以達到 0.38 nm 以上，與最小直徑的單壁奈米碳管 0.4 nm [15, 16] 相近。雙壁奈米碳管的內徑即為單壁奈米碳管的直徑，通常在 0.7 nm 到 2 nm 之間，因此雙壁奈米碳管的性能與單壁奈米碳管的性能相近，而優於普通的多壁奈米碳管。由於雙壁奈米碳管具有較大的內外層間距，內外層管之間存在相互作用而使得奈米碳管的能帶結構發生變化。由此可以預期，雙壁奈米碳管與單壁奈米碳管相比，可能具有一些特殊的性能。

鑒於雙壁奈米碳管在結構和性能上與單壁奈米碳管相似，但優於普通的多壁奈米碳管，由於內外層奈米碳管間的相互作用，其性能又與單壁奈米碳管有所區別，因此奈米碳管可分為單壁奈米碳管、雙壁奈米碳管和多壁奈米碳管。

1.3.2　按手性分類

在材料晶體學上，人們把單靠平移和旋轉操作無法使其自身完全重合的晶體稱為手性型的，或者說它具有手性。按手性分類，奈米碳管可分為非手性型管（對稱）和手性型管（不對稱），其中非手性型管又可分為扶手椅型管和鋸

齒型管 [17]。圖 1-5 為不同手性單壁奈米碳管的結構模型。扶手椅型管和鋸齒型管簡單地描述了單壁奈米碳管橫截面碳環的形狀。對於非手性奈米碳管，其結構可以經過一定的對稱操作而重合。奈米碳管的性能，特別是電學性能和光學性能與其手性息息相關，因此將奈米碳管按照手性分類，有助於獲得具有相似性能的奈米碳管。目前，對奈米碳管的手性，尚無有效的鑒別方法。最直接鑒別奈米碳管手性的方法是高解析穿隧掃描電子顯微鏡 [18, 19]。但是，該方法操作過程複雜，可操作性不強。因此，研究鑒別奈米碳管手性的方法尤顯重要。

1.3.3 按導電性能分類

按照奈米碳管的導電性能，可分為導體性管和半導體性管。單壁奈米碳管的導電性能介於導體和半導體之間，其導電性能取決於奈米碳管的直徑 d 和螺旋角 θ。對於半導體單壁奈米碳管，其能隙寬度與其直徑呈反比關係 [17]。小直徑的奈米碳管可以顯示出量子效應。奈米碳管中的結構缺陷可以改變奈米碳管的電學性能，如通過將單壁奈米碳管進行彎折，進而使奈米碳管在彎折處具有與本體不同的電學性能，由此可以獲得最小的二極體 [20]。而導體性的單壁奈米碳管也可以作為奈米元件中的導線，將在微電子和奈米電子元件中得到應用。

1.3.4 按排列狀況分類

按照奈米碳管的排列狀況分類，奈米碳管可分為定向的和無序的奈米碳管。圖 1-5(a) 和 1-5(b) 分別為無序和定向奈米碳管的掃描電子顯微鏡照片 [21, 22]。由於奈米碳管長徑比很大（通常大於 10^4），而且具有良好的柔韌性，使得製備出來的奈米碳管易於發生彎曲而相互纏繞，影響奈米碳管的性能。因此，獲得大面積的、定向排列的多壁奈米碳管，甚至是定向的單壁奈米碳管陣列則具有重要的意義。人們經過一定的後處理技術，即可獲得最佳的定向奈米碳管 [23-26]，而通過催化裂解法和電漿增強催化裂解法則可獲得面積較大的定向奈米碳管陣列 [27-30]。這些定向排列的奈米碳管陣列將在電場發射顯示器上廣為應用。

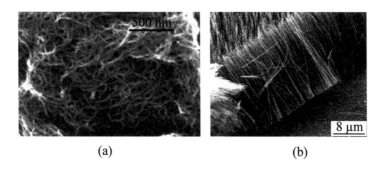

(a)   (b)

圖 1-5　催化裂解法製備的奈米碳管掃描電子顯微鏡照片

(a) 無序奈米碳管；(b) 定向奈米碳管

1.4　奈米碳管的主要性能

1.4.1　電學性能

石墨層片的碳原子之間是 sp^2 混成，每個碳原子都有一個未成對電子，位於和層片成垂直的 π 軌道上，因此奈米碳管和石墨一樣具有良好的導電性能，並且取決於石墨層片捲曲形成管狀的直徑（d）和螺旋角（θ），導電性介於導體和半導體之間 [7, 19]。隨著螺旋向量 (n, m) 的不同，奈米碳管的能隙寬度可以從零變化到和矽相等。世界上還沒有其他任何一種物質，可以如此隨心所欲地調製其導電性能。由於單壁奈米碳管的直徑僅為 1 nm 左右，所以電子在其中的運動具有量子行為 [31, 32]。事實上，某些直徑較小的多壁奈米碳管（小於 25 nm）也表現出量子傳輸的特性 [33, 34]。Tsukagoshi 發現，當奈米碳管兩端接觸有磁性物質時，電子傳輸具有自旋方向的規律，由此可以作為新一代以電子自旋態為開關（不僅僅是依靠電荷的變化）的功能裝置 [35]。Bockrath 報導了奈米碳管的 Luttinger 液體現象 [36]，這是由於管身的長程庫侖力作用所導致的 [37]。Bachtold 研究了奈米碳管的 Aharonov-Bohm 效應 [38]。奈米碳管的管壁上常常含有成對的五邊形和七邊形 [39]，這些缺陷的存在又會產生新的導電行為，因

此每一處缺陷都可看作是一個由很少數目的碳原子（幾十個）組成的奈米裝置 [40]。奈米碳管之間的異質結或 T 形結都可以看作是金屬與金屬或金屬與半導體之間的連接 [41, 42]。奈米碳管可以製成極細小的導線，在設計、製造微電子設備的領域中具有廣泛的應用前景。

1.4.2　力學性能

奈米碳管的碳原子間以 C-C 共價鍵相結合，而 C-C 鍵是自然界最強的化學鍵之一，從結構推測它應具有很高的軸向強度、韌性和彈性模量，甚至有可能是迄今人類發現的最高強度的纖維。

由於奈米碳管的奈米尺度和易纏繞的特點，直接用傳統實驗方法測量其力學性能比較困難，因此最早對奈米碳管力學性能的研究皆集中在理論預測上。從能量和體積的關係，採用各種模型計算奈米碳管的彈性模量，同時根據奈米碳管中六邊形網格形變的情況及分子動力學過程，來研究應力下的變形機制。Lu [43] 採用經典的力常數模型，計算了奈米碳管及其管束的彈性性質，得到彈性模量約為 1 TPa，剪切模量約為 0.5 TPa，結果還證明奈米碳管的這些性質和奈米碳管的直徑、螺旋角，以及管壁層數等幾何結構無關。Yakobson 等人 [44] 根據連續介質理論，採用 Tersoff 勢函數來研究奈米碳管受到較大變形時的結構變化情況，得出奈米碳管的彈性模量為 5.5 TPa。Sinnott 等人 [45] 也同樣採用 Tersoff 勢函數研究了單壁奈米碳管形成管束後的彈性模量，結果顯示，在有限長度內管束的模量與金剛石相當。Hernandez 等人 [46] 採用非正交緊束縛理論計算，得到單壁奈米碳管的彈性模量為 1.24 TPa。Zhou 等人 [47] 採用價電子總能量理論，計算得知奈米碳管中的應力能主要來自非空的價電子，其彈性模量為 5.5 TPa。由此可以看出，採用不同模擬方法所獲得的計算結果雖然不盡相同，但均顯示奈米碳管具有極高的拉伸強度和彈性模量。

隨著奈米碳管研究的不斷深入，研究人員設計了各種實驗來測量奈米碳管的軸向模量、徑向模量和拉伸強度。目前針對奈米碳管力學性能的實驗研究，主要包括了微觀檢測和巨觀拉伸兩方面。Treacy 等人 [48] 最早通過實驗測量了

多壁奈米碳管的彈性模量。他們將一端固定的多壁奈米碳管看作均勻的同軸懸臂梁，然後在穿透電子顯微鏡（TEM）下測量與時間相關的奈米碳管的熱振動振幅，經過計算 11 根電弧法製備的多壁奈米碳管，得到其平均彈性模量為 1.8 TPa，並且隨著多壁奈米碳管管徑的減小，彈性模量也越高。Krishnan [49] 用類似的方法測量了 27 根雷射蒸發法製備的單壁奈米碳管，得到其彈性模量平均值為 1.25 TPa。Salvetat 等人 [50] 利用原子力顯微鏡（AFM）針尖壓迫兩端固定的電弧法製備的單壁奈米碳管束，根據針尖受力大小、管束長度和彎曲撓度等，測得管束的彈性模量和剪切模量分別在 1 TPa 和 1 GPa 量級，並且其數值與管束直徑密切相關，當管束直徑從 3 nm 增大到 20 nm 時，模量降低一個數量級左右。Yu 等人 [51, 52] 在掃描電子顯微鏡中使用原子力顯微探針，分別對單根多壁奈米碳管和單壁奈米碳管束直接進行拉伸實驗，發現多壁奈米碳管均從最外層開始斷裂，該層拉伸強度在 11～63 GPa 之間，彈性模量為 270～950 GPa，最大應變可達 12%；如果僅考慮管束周邊碳管參與受力，單壁奈米碳管的抗拉強度為 13～52 GPa（平均值 30 GPa），彈性模量為 0.32～1.47 TPa（平均值 1.002 TPa），且管束斷裂延伸率低於 5.3%。

隨著奈米碳管製備技術的不斷提升，特別是奈米碳管巨觀體的合成為巨觀測量其力學性能帶來了方便。Pan 等人 [53] 透過在 Fe/SiO_2 薄膜基體上熱解乙炔製得定向排列的超長多壁奈米碳管陣列，並對直徑 10 μm 量級、長度 2 mm 左右的陣列進行巨觀拉伸實驗，得出多壁奈米碳管平均彈性模量和拉伸強度分別為 (0.45±0.25)TPa 和 (1.72±0.64)GPa。Zhu 等人 [54] 通過浮動催化裂解法製得了直徑 10 μm 量級、長為 20 cm 的單壁奈米碳管長絲，巨觀拉伸實驗結果顯示，長絲抗拉強度和彈性模量分別為 1.2 GPa 和 77 GPa，經由計算實際承載的管束面積，換算得單壁奈米碳管束抗拉強度和彈性模量分別為 2.4 GPa 和 150 GPa。Song 等人 [55] 對浮動催化裂解法製得的單壁奈米碳管薄膜進行了拉伸實驗，製備態下薄膜實際承載部分的單壁奈米碳管，其平均拉伸強度和彈性模量分別為 (600±231)MPa 和 (0.7±0.27)TPa，將樣品純化後，由於雜質減少引起的管束間連接不夠緊密，導致強度略有下降。Li 等人 [56] 利用 CVD 法

製得了直徑 $3 \sim 20~\mu m$、長度 10 mm 左右的有序排列雙壁奈米碳管長絲，對其進行了類似的拉伸實驗，測得長絲平均拉伸強度和彈性模量分別為 1.2 GPa 和 16 GPa，換算得雙壁奈米碳管管束抗拉強度和彈性模量分別為 6 GPa 和 80 GPa。

　　由於奈米碳管具有較大的長徑比、較低的密度、很高的軸向強度和剛度，被看作是理想的複合材料增強相。目前，在以奈米碳管為增強相的金屬基、聚合物基、陶瓷基複合材料方面均已取得初步進展。

1.4.3　熱學性能

　　奈米碳管的熱學性能不僅與組成成分的石墨片本質有關，而且與其獨特的結構和尺寸有關。Yi [57] 採自加熱技術，利用化學催化裂解法製得了直徑 $20 \sim 30$ nm 的多壁奈米碳管，進而測量其比熱容，發現從 10 K 到 300 K，比熱容與溫度呈直線關係，這種線性關係與低於 100 K 時計算得到的高度取向石墨的方法一致，但比 $200 \sim 300$ K 時計算值要低。奈米碳管的比熱容與高度取向石墨的比熱容相似，而不是普通石墨，說明奈米碳管層間結合相對較弱。

　　奈米碳管和石墨、金剛石一樣，都是良好的熱導體。分子動力學模擬結果顯示 [34]：由於奈米碳管導熱系統具有較大的平均聲子自由程，其軸向導熱係數高達 6600 W/(m · K)，與單層石墨基面的熱導率相當，為自然界已知材料中最高，是電子設備中高效的散熱材料。單壁奈米碳管具有光聲和光熱轉換效應，在普通的攝影閃光燈下會發生自燃 [58]，但多壁奈米碳管、石墨粉、鬆散的炭灰和 C60 則不具備這一特性。

1.4.4　光學性能

　　物質發光的性質是由其電子結構決定的。物質吸收能量後引起電子在不同能級間躍遷的同時發射光子，產生光效應。目前國內外對於奈米碳管的光學性能與能帶結構的關係進行了較為深入的研究 [59-62]。從分子特性來講，電子波向量在奈米碳管的環向被量子化，存在著比較多的范霍夫奇點，因此光學吸收峰

多且強烈；作為固態物質，奈米碳管的波向量在其軸向連續，電子和聲子散射容易發生。從理論上講，這兩種特性必然造成奈米碳管獨特的光學性能。

　　人們對奈米碳管的光學性能進行了深入的研究。Smalley 研究小組 [63] 發現，單壁奈米碳管在特定條件下，在近紅外波段可以吸收光子並發出螢光。他們認為這是由於奈米碳管在吸收一定的能量後，引起電子在不同能級之間躍遷而發射出光子。不同結構的單壁奈米碳管可以發射不同波長的光，由此可知，不同結構和表面狀態的奈米碳管可以顯現出不同的光學性能。Sun 等人 [64] 將奈米碳管與稀土元素銪複合，發現奈米碳管／銪複合物的發光性能較奈米碳管本身有明顯地增強。Riggs 等人 [65] 將剪短的單壁、多壁奈米碳管經過一系列的化學處理後，與聚丙酉基氮丙啶 - 氮丙啶（PPEI-EI）複合。他們發現，奈米碳管／ PPEI-EI 複合物具有強烈的螢光效應，發光量子效率可達 10%。這些研究結果證明，奈米碳管具有光激發光特性，並且奈米碳管與稀土元素或者有機物複合後，光激發光性能得到明顯增強。但他們所採用奈米碳管的長度為微米數量級。

　　國外一些學者對單根奈米碳管的光學性能進行了實驗研究，在單根奈米碳管的光激發光現象上獲有不少重要的進展。單壁奈米碳管的光激發光譜線存在多個強峰，峰值波長與單壁奈米碳管的直徑和手性有關。Smalley 小組 [66] 將平均長度為 130 nm 的單壁奈米碳管束，放入質量分數為 1% 的十二烷基硫酸鈉溶液中進行分離，得到了單根單壁奈米碳管。接著用波長為 532 nm、脈寬為 8 ns 的脈衝雷射激發，研究了單壁奈米碳管的吸收-發射光譜，因而發現單根單壁奈米碳管的能帶隙螢光現象（螢光波長在 800～1600 nm 的近紅外區顯現得尤為強烈），並預測可據此來檢測單壁奈米碳管的電子結構；隨後該小組藉此找出了單壁奈米碳管的 33 種特徵光譜 [67]，使得單壁奈米碳管的檢測又增加了一種新方法。Hartschuh [68] 等也做了相關工作，透過單分子的螢光光譜確定了單壁奈米碳管的電子結構和缺陷。而 Guo [69] 等人則發現了鑲嵌在定向生長的沸石晶體中，直徑為 0.4 nm 的奈米碳管具有強烈的光激發光現象，並測出其發光效率為 1%～5%。他們結合拉曼光譜，以確認出光激發光光譜在紅外

區的兩個峰值 2.6 eV 和 1.7 eV，分別對應著手性為（3, 3）和（4, 2）的奈米碳管。

單壁奈米碳管的發光強度與激發光的波長存在一定的關係。Lebedkin [70] 等人研究發現，激發波長在 457～1064 nm 範圍內時，單根單壁奈米碳管在近紅外區產生光激發光現象，其激發光波長強烈地影響著單壁奈米碳管的發光強度；當激發光波長在 800～900 nm 時，單壁奈米碳管發光強度最大。Lefebvre 等人 [71] 也發現，採用波長在 500～850 nm 範圍內的雷射激發時，奈米碳管所發出的光主要集中在 $1.0～1.6\ \mu m$ 的近紅外區。進而推演出，當激發光波長與奈米碳管的第二范霍夫奇點發生共振時，單壁奈米碳管的發光強度最大。他們認為奈米碳管的光激發光機制是因為電子—空穴對在能帶邊界最低的范霍夫奇點發生再結合，才導致發光現象。

奈米碳管的光學性能呈現非線性。Brennan 等 [72] 利用波長 1064 nm、脈寬 35 ps 的脈衝雷射，對多壁奈米碳管的光激發光光譜進行了研究，並與石墨的光激發光光譜加以比較。發現多壁奈米碳管的非線性光學性能更強。Vivien 等 [73] 也報導了在不同脈寬和波長的雷射激發下，奈米碳管的非線性光學性能，認為奈米碳管是個性能很好的光學限制器。另外，還有一些人 [74, 75] 也透過有機溶劑將奈米碳管束分離成單根，來研究奈米碳管的光激發光現象，均得到了與理論計算（如緊束縛模型）相符的實驗結果。

可以看出，在奈米碳管的螢光效應和光激發光效應的研究上，已取得了不少成果。總結起來，以往的研究有兩個共同點，首先是研究物件主要為單根單壁奈米碳管。O'Connell [66] 等人認為，由於受到奈米碳管之間的相互影響，單壁奈米碳管束在固態下不會產生螢光現象，因此必須通過有機溶劑分散到表面活性劑微胞中進行研究。Lebedkin [70] 等人對此表示懷疑，他們認為小管束也應該有螢光現象產生，但未進一步研究。其次是很多人都發現了用可見 - 近紅外雷射激發時，奈米碳管的發光波長峰值集中在近紅外區，亦即高能量的光子入射後將轉變成低能量的光子釋放出來。總之，奈米碳管在雷射輻照下會產生發光效應，存在光激發光效應。

1998 年，Bonard 等人 [76] 在研究奈米碳管的電場發射效應時，發現了奈米碳管具有電激發光現象。隨後，他們利用奈米碳管的電場發射性能製成了類似於日光燈的奈米碳管燈管。奈米碳管燈管的功率為 15 W、輸入電壓為 7500 V 時，光亮度達到 10000 cd/m^2，壽命可達到 10000 h，但是由於燈管的工作電壓很高，難以實際應用 [77]。Park 等人 [78] 用單壁奈米碳管和聚矽烷與能量相符的染色劑合成了層狀的電激發光元件。之後，Kim 等人 [79] 利用場效應管來研究奈米碳管的電激發光性能。所有這些研究證明，奈米碳管在吸收一定電能後可以發出可見光，即具有電激發光特性。

研究顯示，奈米碳管的載流能力高達 10^9 A/cm^2，比導電良好的銅高出 1000 倍 [80, 81]。魏秉慶博士將奈米碳管在溫度 250℃ 的空氣中，導入電流密度超過 5×10^9 A/cm^2 的電流，發現奈米碳管可以保持 2 個星期而未發生明顯的變化 [82]，由此得知，奈米碳管在很高的載流密度下，依然保持較高的熱穩定性。朱宏偉博士則對釐米量級長的單壁奈米碳管長絲，進行載流能力的測試，結果顯示，單壁奈米碳管長絲的載流接近 10^9 A/cm^2 數量級 [83]。奈米碳管具有良好的柔性和很高的彈性模量（實測值高達 77 GPa），且密度很低，為 0.8 ～ 1.2 g/cm^3，僅約為鎢絲的 1/20，因此可以很容易地對奈米碳管長絲進行巨觀操作。另外，奈米碳管具有比鎢絲更低的飽和蒸氣壓和更高的昇華溫度。綜上所述，奈米碳管可以作為良好的燈絲材料，並在一定條件下發揮光激發光和電激發光特性。

目前，人們已採用自建組裝方式製備出長達 40 cm 的單壁奈米碳管長絲 [84]，隨後又成功地合成了長度為 10 ～ 35 cm 的雙壁奈米碳管長絲和巨觀的薄膜 [85]，以及厚度達 7 mm 的定向奈米碳管薄膜 [86]。為區別於傳統長度為微米數量級的奈米碳管，人們稱這些具有巨觀尺寸的奈米碳管長絲和薄膜為奈米碳管巨觀體。另外，還有多個研究小組透過紡絲技術，採用凡德瓦力將具有微米長度的單壁和多壁奈米碳管，紡成了長度超過數十釐米的奈米碳管長絲 [87-90]。這些研究成果為研究奈米碳管的巨觀性能及其應用奠定了基礎。

2004 年，Wei 等人發表了關於奈米碳管作為燈絲的初步研究結果，提出

了奈米碳管電燈泡的概念[91]，並發現奈米碳管可以顯示電激發光性能，其發射光譜出現了波長分別為 407 nm、417 nm 以及 655 nm 的發射峰，並且光譜中紅外輻射的強度明顯低於相同溫度下的黑體輻射強度，而可見光的強度則高於黑體輻射。由此證明奈米碳管具有比黑體輻射更高的發光效率，奈米碳管電燈泡的發光可能具有冷光特性。同時奈米碳管燈泡還表現出發光閾值電壓低，在相同電壓下具有更高的照度，特別是電阻隨溫度變化不明顯等特點。該研究成果很快引起了國內外媒體的關注，迄今已有超過 40 個國內外網站以英、德、日、中、韓、法等文字對該研究成果進行報導和評論，*Nature* 編輯部說，這是愛迪生鎢絲燈泡的一種「回歸」。*Science* 編輯部則預計這可能成為「第一個奈米碳管技術得到應用的清楚可見的實例」，對該研究成果給予了很高的評價。

1.4.5 其他性能

奈米碳管細小而狹長的管腔具有很強的毛細作用，能夠把外界的微小顆粒吸入管腔並且密集排列[92]。Ajayan 將金屬鉛沈積到奈米碳管表面，然後在 400 ℃ 下處理，發現熔融鉛進入了管腔內[36]。Tsang 將奈米碳管與硝酸鎳混合後回流加熱，結果一氧化鎳（NiO）進入了管腔[93]。另外，稀土和金屬元素對奈米碳管的填充情況也有研究[94]。此外，對奈米碳管的超導、磁學等方面的性能也都有了初步的研究[95-97]。

1.5 奈米碳管巨觀體的研究現狀

由於呈一維、微米尺寸的奈米碳管難以在工程上得到應用，因此必須開展奈米碳管巨觀體的研究，製備出長度達釐米、分米量級的單壁、雙壁和多壁奈米碳管束和厚度達毫米量級、面積達數百平方釐米量級的定向奈米碳管薄膜，並研究奈米碳管巨觀體的性能及其潛在應用。

目前，奈米碳管巨觀體的製備、結構和潛在應用的研究有了驚人的成果。

利用化學氣相沈積原理，通過技術設計和參數優化，已製備出長度 20～40 cm 的單壁奈米碳管長絲，其彈性模量達 150 GPa，抗拉強度為 2.4 GPa，比強度是高強碳纖維的 2 倍，鋼絲的 56 倍，載流能力達 0.4×10^9 A/cm^2，比銅高 400 倍。已完成了定向奈米碳管陣列組成薄膜的可控生長，薄膜面積可達 500 cm^2，厚度達 6 mm，長徑比 10^5，膜中奈米碳管垂直定向性和密集度高，對太陽光中可見光和近紅外光有強的吸收作用（約 99%），電場發射性能優異：閾值電壓低，約 2 V/μm，發射電流密度高，約 5 mA/cm^2，制取的薄膜可用於平板顯示器或質子交換膜燃料電池（PEMPC）的電極材料。以二甲苯為碳源合成了長度為 10～35 cm 的雙壁奈米碳管長絲，其抗拉強度與單壁奈米碳管接近，載流能力達 10^8 A/cm^2。用此長絲作為燈絲製作的電燈泡，其閾值電壓低，在相同電壓下照度比鎢絲高。在輻射光譜中，在 407 nm、417 nm 和 655 nm 均存在發射峰，表明奈米碳管具有電激發光特性。

參考文獻

[1]　Kroto H W, Heath J R, O'Brien S C, et al. C60: Buckyminister-fullerene. Nature, 1985, 318: 162～163

[2]　Kratschmer W, Lamb L D, Fostiropoulos K, et al. Solid C60: a new form of carbon. Nature, 1991, 347: 354～358

[3]　Iijima S. Helical microtubules of graphitic carbon. Nature, 1991, 354: 56～58

[4]　Iijima S, Ichihashi T. Single-shell carbon nanotubes of 1-nm diameter. Nature, 1993, 363: 603～605

[5]　Bethune D S, Kiang C H, de Vries M S, et al. Cobalt-catalysed growth of carbon nanotubes with single-atomic-layer walls. Nature, 1993, 363: 605～607

[6]　Rols S, Almairac R, Henrard L, et al. Diffraction by finite-size crystalline bundles of single wall nanotubes. Eur Phys JB, 1999 10: 263～270

[7]　Ebbesen T W, Lezec H J, Hiura H, et al. Electrical conductivity of individual carbon

nanotubes. Nature, 1996, 382: 54 ~ 56

[8]　Hamada N, Sawada S, Oshiyama A. New one-dimensional conductors: graphitic micro-tubules. Phys Rev Lett, 1992, 68 (10): 1519 ~ 1522

[9]　Liu M, Cowley J M. Structure of carbon nanotubes studied by HRTEM. Ultramicroscopy, 1994, 53: 333 ~ 337

[10]　朱豔秋。巴基管及其工程材料的研究：〔博士學位論文〕。北京：清華大學，1996

[11]　Iijima S, Ichihashi T, Ando Y. Pentagons, heptagons and negative curvature in graphite microtubule growth. Nature, 1992, 356: 776 ~ 778

[12]　Ebbesen T W, Takada T. Topological and sp^3 defect structures in nanotubes. Carbon, 1995, 33 (7): 973 ~ 978

[13]　Charlier A, McRae E, Heyd R, et al. Classification for double-walled carbon nanotubes. Carbon, 1999, 37: 1779 ~ 1783

[14]　Hutchison J L, Kiselev N A, Krinichnaya E P, et al. Double-walled carbon nanotubes fabricated by a hydrogen arc discharge method. Carbon, 2001, 39: 761 ~ 770

[15]　Qin L C, Zhao X L, Hirahara K, et al. Materials science —— the smallest carbon nanotube. Nature, 2000, 408: 50

[16]　Wang N, Tang Z K, Li G D, et al. Materials science —— Single-walled 4 angstrom carbon nanotube arrays. Nature, 2000, 408: 50 ~ 51

[17]　Saito R, Dresselhaus M S, Dresselhaus G. Physical properties of carbon nanotubes. London: Imperial Cooege Press, 1998

[18]　Collins P G, Zettl A, Bando H, et al. Nanotube nanodevice. Science, 1997, 278: 100 ~ 103

[19]　Odom T W, Huang J L, Kim P, et al. Atomic structure and electronic properties of single-walled carbon nanotubes. Nature, 1998, 391: 62 ~ 64

[20]　Baughman R H, Zakhidov A A, de Heer W A, Carbon nanotubes-the route toward application. Science, 2002, 297: 787 ~ 792

[21]　Ren Z F, Huang Z P, Xu J W, et al. Synthesis of large arrays of well-aligned carbon

nanotubes on glass. Science, 1998, 282: 1105 ~ 1107

[22] Chiang I W, Brinson B E, Huang A Y, et al. Purification and characterization of single-wall carbon nanotubes (SWNTs) obtained from the gas-phase decomposition of CO (HiPco process). J Phys Chem B, 2001, 105: 8297 ~ 8301

[23] Ajayan P M, Stephan O, Colliex C, et al. Aligned carbon nanotube arrays formed by cutting a polymer resin-nanotube composite. Science, 1994, 265: 1212 ~ 1214

[24] Jin L, Bower C, Zhou O. Alignment of carbon nanotubes in a polymer matrix by mechanical stretching. Appl Phys Lett, 1998, 73 (9): 1197 ~ 1199

[25] de Heer W A, Bacsa WS, Châtelain A, et al. Aligned carbon nanotube films: production and optical and electronic properties. Science, 1995, 268: 845 ~ 847

[26] Vigolo B, Pénicaud A, Coulon C, et al. Macroscopic fibers and ribbons of oriented carbon nanotubes. Science, 2000, 290: 1331 ~ 1334

[27] Fan S S, Chapline M G, Franklin N R, et al. Self-oriented regular arrays of carbon nanotubes and their field emission properties. Science, 1999, 283: 512 ~ 514

[28] Andrews R, Jacques D, Rao A M, et al. Continuous production of aligned carbon nanotubes: a step closer to commercial realization. Chem Phys Lett, 1999, 303: 467 ~ 474

[29] Wei B Q, Vajtai R, Jung Y, et al. Organized assembly of carbon nanotubes ——Cunning refinements help to customize the architecture of nanotube structures. Nature, 2002, 416: 495 ~ 496

[30] Meyyappan M, Delzeit L, Cassell A, et al. Carbon nanotube growth by PECVD: a review, Plasma Sources Science & Technology, 2003, 12: 205 ~ 216

[31] Dai H, Wong E W, Lieber C M. Probing electrical transport in nanomaterials: conductivity of individual carbon nanotubes. Science, 1996, 272: 523 ~ 526

[32] Thess A, Lee R, Nilolaev P, et al. Crystalline ropes of metallic carbon nanotubes. Science, 1996, 273: 483 ~ 487

[33] Bockrath M, Cobden D H, McEuen P L, et al. Single-electron transport in ropes of

carbon nanotubes. Science, 1997, 275: 1922 ~ 1925

[34] Berber S, Kwon Y K, Tománek D. Unusually high thermal conductivity of carbon nanotubes. Phys Rev Lett, 2000, 84 (20): 4613 ~ 4616

[35] Pederson M R, Broughton J Q. Nanocapillarity in fullerene tubules. Phys Rev Lett, 1992, 69: 2689 ~ 2692

[36] Ajayan P M, Iijima S. Capillarity-induced filling of carbon nanotubes. Nature, 1993, 361: 333 ~ 334

[37] Tsang S C, Chen Y K, Harris P J F, et al. A simple chemical method of opening and filling carbon nanotubes. Nature, 1994, 372: 159 ~ 162

[38] Saito Y. Nanoparticles and filled nanocapsules. Carbon, 1995, 33 (7): 979 ~ 988

[39] Huang Y, Okada M, Tanaka K, et al. Estimation of superconducting transition temperature in metallic carbon nanotubes. Phys Rev B, 1996, 53 (9): 5129 ~ 5132

[40] Wang X K, Chang R P H, Pataskinski A, et al. Magnetic susceptibility of buckytubes. J Mater Res, 1994, 9 (6): 1578 ~ 1582

[41] Chauvet O, Forro L, Bacsa W, et al. Magnetic anisotropies of aligned carbon nanotubes. Phys Rev B, 1995, 52 (10): R6963 ~ R6966

[42] Kuhlmann U, Jantoljak H, Pfänder N, et al. Infrared reflectance of single-walled carbon nanotubes. Synthetic Met, 1999, 103: 2506 ~ 2597

[43] Lu J P. Elastic properties of carbon nanotubes and nanoropes. Phys Rev Lett, 1997, 79 (7): 1297 ~ 1300

[44] Yakobson B I, Brabec CJ, Bernholc J. Nanomechanics of carbon tubes: instabilities beyond linear response. Phys Rev Lett, 1996, 76 (14): 2511 ~ 2514

[45] Sinnott S B, Shenderova O A, White C T, et al. Mechanical properties of nanotubule fibers and composites determined from theoretical calculations and simulations. Carbon, 1998, 36 (1-2): 1 ~ 9

[46] Hernandez E, Goze C, Bernier P, et al. Elastic properties of C and $B_xC_yN_z$ composite nanotubes. Phys Rev Lett, 1998, 80 (20): 4502 ~ 4505

[47] Zhou X, Zhou J J, Ouyang Z C. Strain energy and young's modulus of single-wall carbon nanotubes calculated from electronic energy-band theory. Phys Rev B, 2000, 62 (20): 13692~13696

[48] Treacy M M J, Ebbesen T W, Gibson J M. Exceptionally high young's modulus observed for individual carbon nanotubes. Nature, 1996, 381 (6584): 678~680

[49] Krishnan A, Dujardin E, Ebbesen T W, et al. young's modulus of single-walled nanotubes. Phys Rev B, 1998, 58 (20): 14013~14019

[50] Salvetat J P, Briggs A D, Bonard J M, et al. Elastic and shear moduli of single-walled carbon nanotube ropes. Phys Rev Lett, 1999, 82 (5): 944~947

[51] Yu M F, Lourie O, Dyer M J, et al. Strength and breaking mechanism of multiwalled carbon nanotubes under tensile load. Science, 2000, 287(5453): 637~640

[52] Yu MF, Files B S, Arepalli S, et al. Tensile loading of ropes of single wall carbon nanotubes and their mechanical properties. Phys Rev Lett, 2000, 84 (24): 5552~5555

[53] Pan Z W, Xie S S, Lu L, et al. Tensile tests of ropes of very long aligned multiwall carbon nanotubes. Appl Phys Lett, 1999, 74 (21): 3152~3154

[54] Zhu H W, Xu C L, Wu D H, et al. Direct synthesis of long single-walled carbon nanotube strands. Science, 2002, 296 (5569): 884~886

[55] Song L, Ci L J, Lv L, et al. Direct synthesis of a macroscale single-walled carbon nanotube non-woven material. Adv Mater, 2004, 16 (17): 1529~1534

[56] Li Y J, Wang K L, Wei J Q, et al. Tensile properties of long aligned double-walled carbon nanotube strands. Carbon, 2005, 43 (1): 31~35

[57] Yi W, Lu L, Zhang D L, et al. Linear specific heat of carbon nanotubes. Phys Rev B, 1999, 59: R9015~R9018

[58] Ajayan P M, Terrones M, de la Guardia A, et al. Nanotubes in a flash-Ignition and reconstruction. Science, 2002, 296: 705~707

[59] Lin MF. Optical spectra of single-wall carbon nanotube bundles. Phys Rev B, 2000, 62: 153~159

[60] Saito R, Grüneis A, Samsonidze G G, et al. Optical absorption of graphite and single-wall carbon nanotubes. Appl Phys A, 2004, 78: 1099 ~ 1105

[61] Kim B M, Sinha S, Bau H H, et al. Optical Microscope Study of Liquid Transport in Carbon Nanotubes. Nano Lett, 2004, 4 (11): 2203 ~ 2208

[62] Bachilo S M, Strano M S, Kittrell C, et al. Structure-Assigned Optical Spectra of Single-Walled Carbon Nanotubes. Science, 2002, 298: 2361 ~ 2366

[63] Bachilo S M, Strano M S, Kittrell C, et al. Structure-assigned optical spectra of single-walled carbon nanotubes. Science, 2002, 298 (5602): 2361 ~ 2366

[64] Sun W X, Huang Z P, Zhang L, et al. Luminescence from multi-walled carbon nanotubes and the Eu (Ⅲ)/ multi-walled carbon nanotube composite. Carbon, 2002, 41: b1645 ~ b1687

[65] Riggs J E, Guo Z X, Carroll D L, et al. Strong luminescence of solubilized carbon nanotubes. J Am Chem Soc, 2000, 122 (24): 5879 ~ 5880

[66] O'Connell M J, Bachilo S M, Huffman C B, et al. Band Gap Fluorescence from Individual Single-Walled Carbon Nanotubes. Science, 2002, 297: 593 ~ 596

[67] Lefebvre J, Fraser JM, Homma Y, et al. Photoluminescence from single-walled carbon nanotubes: a comparison between suspended and micelle-encapsulated nanotubes. Appl Phys A, 2004, 78: 1107 ~ 1110

[68] Hartschuh A, Pedrosa H N, Novotny L, et al.Simultaneous Fluorescence and Raman Scattering from Single Carbon Nanotubes. Science, 2003, 301: 1354 ~ 1356

[69] Guo J D, Yang C L, Li Z M, et al. Efficient Visible Photoluminescence from Carbon Nanotubes in Zeolite Templates. Phys Rev Lett, 2004, 93 (1): 017402

[70] Lebedkin S, Hennrich F, Skipa T, et al. Near-Infrared Photoluminescence of Single-Walled Carbon Nanotubes Prepared by the Laser Vaporization method. J. Phys. Chem. B, 2003, 107: 1949 ~ 1956

[71] Lefebvre J, Homma Y, Finnie P, et al. Bright Band Gap Photoluminescence from Unprocessed Single-Walled Carbon Nanotubes. Phys Rev Lett, 2003, 90 (21): 217401

[72] Brennan M E, Coleman J N, In het Panhuis M, et al. Nonlinear photoluminescence in multiwall carbon nanotubes. Synthetic Met, 2001, 119: 641～642

[73] Vivien L, Lancon P, Riehl D, et al. Carbon nanotubes for optical limiting. Carbon, 2002, 40: 1789～1797

[74] Czerwosz E, Surma B, Wnuk A, et al. Photoluminescence and Raman investigations of structural transformation of fullerenes into carbon nanotubes in vacuum annealed C60/C70 + Ni films. J Phys Chem Solids, 2000, 61: 1973～1978

[75] Lauret J S, Voisin C, Cassabois G, et al. Bandgap photoluminescence of semiconducting single-wall carbon nanotubes. Physica E, 2004, 21: 1057～1060

[76] Bonard J M, Stockli T, Maier F, et al, Field-emission-induced luminescence from carbon nanotubes. Phys Rev Lett, 1998, 81 (7): 1441～1444

[77] Croci M, Arfaoui I, Stckli Thomas, et al, A fully sealed luminescent tube based on carbon nanotube field emission. Microelectronics J, 2004, 35: 329～336

[78] Park J, Kim Y, Lee J, et al. Effect of dye dopants in poly (methylphenyl silane) light-emitting devices. Cur Appl Phys, 2005, 5 (1): 71～74

[79] Kim J Y, Kim M, Kim H M, et al. Electrical and optical studies of organic light emitting devices using SWCNTs-polymer nanocomposites. Opt Mater, 2003, 21 (1-3): 147～151

[80] Liang W J, Bockrath M, Bozovic D, et al. Fabry-perot interference in a nanotube electron waveguide. Nature, 2001, 411: 665～669

[81] Baughman R H, Zakhidov A A, de Heer W A.Carbon nanotubes-the route toward applications. Science, 2002, 297 (5582): 787～792

[82] Wei B Q, Vajtai R, Ajayan P M.Reliability and current carrying capacity of carbon nanotubes. Appl Phys Lett, 2001, 79 (8): 1172～1174

[83] 朱宏偉。單壁碳奈米管宏觀體的合成及其性能研究：〔博士學位論文〕。北京：清華大學，2003

[84] Zhu H W, Xu C L, Wu D H, et al. Direct synthesis of long single-walled carbon

nanotube strands. Science, 2002, 296 (5569): 884～886

[85] Wei J Q, Jiang B, Wu D H, et al. Large scale synthesis of long double-walled carbon nanotubes. J Phys Chem B, 2004, 108 (26): 8844～8847

[86] Zhang X F, Cao A Y, Li Y H, et al.Rapid growth of well-aligned carbon nanotube arrays. Chem Phys Lett, 2002, 362 (3-4): 285～290

[87] Jiang K L,Li Q Q,Fan S S. Spinning continuous carbon nanotube yarns-carbon nanotubes weave their way into a range of imaginative macroscopic applications, Nature, 2002, 419 (6909): 801

[88] Li Y L, Kinloch I A, Windle A H.Direct spinning of carbon nanotube fibers from chemical vapor deposition synthesis. Science, 2004, 304 (5668): 276～278

[89] Ericson L M, Fan H, Peng H Q, et al. Macroscopic, neat, single-walled carbon nanotube fibers. Science, 2004, 305 (5689): 1447～1450

[90] Zhang M, Atkinson K R, Baughman R H.Multifunctional carbon nanotube yarns by downsizing an ancient technology. Science, 2004, 306 (5700): 1358～1361

[91] Wei J Q, Zhu H W, Wu D H, et al. Carbon nanotubes filaments in household light bulbs. Appl Phys Lett, 2004, 84 (24): 4869～4871

[92] Pederson M R, Broughton J Q. Nanocapillarity in fullerene tubules. Phys Rev Lett, 1992, 69: 2689～2692

[93] Tsang S C, Chen Y K, Harris P J F, et al. A simple chemical method of opening and filling carbon nanotubes. Nature, 1994, 372: 159～162

[94] Saito Y. Nanoparticles and filled nanocapsules. Carbon, 1995, 33 (7): 979～988

[95] Huang Y, Okada M, Tanaka K, et al. Estimation of superconducting transition temperature in metallic carbon nanotubes. Phys Rev B, 1996, 53 (9): 5129～5132

[96] Wang X K, Chang R P H, Pataskinski A, et al. Magnetic susceptibility of buckytubes. J Mater Res, 1994, 9 (6): 1578～1582

[97] Kataura H, Kumazawa Y, Maniwa Y, et al. Optical properties of single-wall carbon nanotubes. Synthetic Met, 1999, 103: 2555～2558

單壁奈米碳管
巨觀體的製取

2.1 奈米碳管的合成

2.2 單壁奈米碳管巨觀體的製取技術

2.3 單壁奈米碳管巨觀體的表徵

2.4 單壁奈米碳管長絲的生長機制

參考文獻

2.1 　奈米碳管的合成

　　目前常用的合成單壁奈米碳管方法有電弧法（arc discharge）[1]、雷射蒸發法 [2]（laser ablation）和化學氣相沈積法 [3]（chemical vapor deposition, CVD，又稱催化裂解法）。由於電弧法和雷射蒸發法反應區的溫度很高，因此合成的單壁奈米碳管晶化程度和純度都較高。催化裂解法合成奈米碳管的溫度較低，被認為是實現奈米碳管批量生長和合成定向排列單壁奈米碳管陣列的方法。此外，人們還通過其他方法，如太陽能法 [4] 和火焰法 [5]，等電漿增強催化裂解法 [6] 成功地合成了單壁奈米碳管，但是這些合成奈米碳管的方法並不常用。下面分別簡要地介紹最常用的 3 種合成奈米碳管的方法：電弧法、雷射蒸發法和化學氣相沈積法。

2.1.1 　電弧法

　　電弧法是最早被使用來合成奈米碳管的製成方法，它對於奈米碳管的發展產生了重要作用。1991 年，Iijima 利用高解析度穿透電子顯微鏡觀察石墨電弧法合成 C60 的產物時，無意中發現了多壁奈米碳管 [7]。1993 年，他們又利用石墨電弧法成功地合成了單壁奈米碳管 [8]。2000 年，Xie 等人 [9] 採用電弧法合成了內徑僅為 0.5 nm 的多壁奈米碳管，其最內層管端帽是以 C50 構成的，為當時最小直徑的奈米碳管。隨後，Iijima 等人 [10] 採用石墨電弧法合成了直徑僅為 0.4 nm 的奈米碳管，其端帽是由 C32 構成的，這是迄今可以穩定存在的直徑最小的奈米碳管。

　　電弧法合成奈米碳管的基本原理是在惰性氣體的環境中，於一對石墨電極之間產生電弧，使碳原子和填充在陽極石墨棒內的金屬催化劑蒸發，碳原子在催化劑顆粒的催化作用下重組形成奈米碳管。圖 2-1 是用於製取單壁奈米碳管的電弧法裝置簡圖。陽極石墨棒的直徑較小，而陰極石墨棒的直徑較大，陰極直徑一般是陽極直徑的 3 ～ 4 倍。在陽極石墨電極中填充金屬催化劑、添加劑和石墨粉的混合物，與陰極引弧放電。從陽極石墨電極蒸發出的碳簇在催化

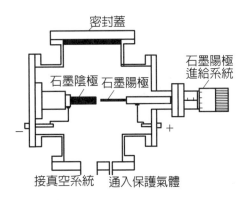

密封蓋

石墨陽極
進給系統

石墨陰極　石墨陽極

接真空系統　通入保護氣體

圖2-1 電弧法製備奈米碳管的技術簡圖

劑的作用下，便生長成為單壁奈米碳管。奈米碳管通常沈積在石墨陰極上和反應室的內腔裡。通過改變催化劑的種類、配比，電流大小和不同氣體等參數，可以製備出單壁、雙壁和多壁奈米碳管。由於電弧法消耗陽極石墨，為了保持電弧的穩定，以獲得批量的單壁奈米碳管，1997 年，Journet 等人[11] 對電弧法進行改進，保證了陽極石墨在穩定的電流下蒸發，獲得了克量級的單壁奈米碳管，其中單壁奈米碳管的純度高達 70% ～ 90%。Ando 等人[12] 以傳統電弧法為基礎，發明了電弧電漿噴射法，採用銠、鉑為催化劑，獲得了產率達 1.2 g/min 的單壁奈米碳管。Liu 等人[13] 以氫氣取代氦氣，並改變石墨棒的相對位置，使得陰極和陽極成一斜角，製備出了克量級的單壁奈米碳管，單壁奈米碳管在氫氣的帶動下，自建組織形成網狀的單壁奈米碳管膜。這些奈米碳管膜是由相互纏繞、無規則排列、直徑為 10 ～ 50 nm 的單壁奈米碳管束組成，他們稱這種製備技術過程為氫電弧法。

　　由於電弧區的溫度很高，可以達到 4000 ～ 6000℃，因此採用石墨電弧法合成單壁奈米碳管的晶化程度比較高。在石墨電極之間的弧區範圍很小，溫度梯度很大，單壁奈米碳管在適宜的溫度條件生長後，會很快地被帶動到石墨陰極或者沈積在反應器的內壁上。圖 2-2 是 Saito 以含質量分數為 50% 銠的鉑合金為催化劑，採用電弧法合成單壁奈米碳管的典型穿透電子顯微鏡照片[14]。

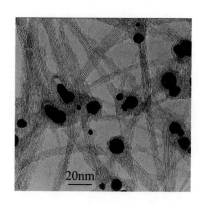

圖 2-2 電弧法製備出的單壁奈米碳管穿透電子顯微鏡照片 [14]

圖中單壁奈米碳管形態較直，表示奈米碳管管身結構缺陷少。產物中還有較多的催化劑顆粒和一些非晶碳顆粒。這些非晶碳是由於碳原子昇華後，未能在催化劑的作用下形成奈米碳管，而吸附在奈米碳管管束的表面。

2.1.2 雷射蒸發法

雷射蒸發法合成單壁奈米碳管的基本原理是，透過高能雷射光束，使碳原子和金屬催化劑從石墨靶上蒸發，碳簇在催化劑的作用下，在一定的氣體環境中形成了單壁奈米碳管，並隨著載氣的流動而沈積在收集器上。圖 2-3 為雷射蒸發法合成單壁奈米碳管的裝置簡圖。Thess 等人 [15] 採用脈衝雷射照射含有 Co-Ni 催化劑的石墨靶，獲得了高純度的單壁奈米碳管。Yudasaka 等人 [16] 對雷射蒸發法制取單壁奈米碳管的技術進行改進，提高了單壁奈米碳管的產率。Guo 等人 [17] 採用不同的催化劑組合，也獲得了一定產量的單壁奈米碳管。由於雷射輻照處的溫度很高，因此雷射蒸發法製備出的單壁奈米碳管晶化程度和純度都較高。不足之處在於設備複雜、昂貴，而且產量不大，故合成單壁奈米碳管成本較高。

藉由改變石墨靶上催化劑的種類、組合，載氣流量，電爐的溫度和雷射的輻射能量就可以獲得不同純度和不同直徑的單壁奈米碳管。圖 2-4 列出了採用雷射蒸發含有 Ni/Co 催化劑的單壁奈米碳管 [18]，可以看出，產物中除了單壁

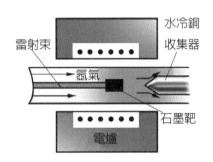

圖 2-3 雷射蒸發法製備奈米碳管的技術簡圖

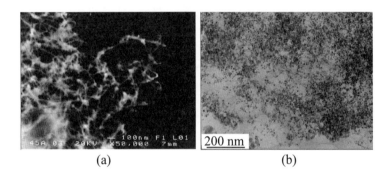

(a)　　　　　　　　　　　　(b)

圖 2-4 雷射蒸發法製備出的單壁奈米碳管

(a) 掃描電子顯微鏡照片；(b) 透射電子顯微鏡照片 [18]

奈米碳管束以外，還有較多的非晶碳和催化劑雜質顆粒。**Yudasaka** 等人 [19] 發現在某些催化劑顆粒表面能看到少量的單壁奈米碳管，他們由此認為，單壁奈米碳管是在催化劑顆粒的作用下析出的。

2.1.3　化學氣相沈積法

化學氣相沈積法因其設備簡單、最可能完成工業化生產，而成為目前研究最廣泛的奈米碳管合成方法。按照催化劑的形態不同，可以分為基種法和浮動法兩種。基種法的催化劑顆粒事先製備好後放置在反應室中，而浮動法的催化劑在反應室的位置不固定，通常在反應室中飄浮。**Wei** 研究小組 [20] 採用流化床法獲得了 50 kg/d 的多壁奈米碳管，是迄今報導合成奈米碳管的最高產量，

表示催化裂解法可以完成奈米碳管產業化生產。同時，化學氣相沈積法是目前用於製取定向多壁奈米碳管陣列最常用的方法 [21, 22]。魏秉慶等人 [23] 通過改變矽片上二氧化矽薄膜的厚度，在同一次生長過程中獲得多個方向生長的定向多壁奈米碳管。曹安源研究小組等人 [24] 在採用催化裂解法製取多壁奈米碳管陣列中，還發現了單壁奈米碳管，但是製取單壁奈米碳管的比例較低。

1998 年，Dai 等人 [25] 首先採用催化裂解法合成單壁奈米碳管。此後人們採用不同類型的有機氣體以及有機溶液為碳源，用不同的催化劑載體和金屬催化劑組合，都成功地製出了單壁奈米碳管。但是目前採用催化裂解法製取單壁奈米碳管的產量還是較低，通常僅為每小時克量級 [26-29]。Peigney 等人 [30] 採用甲烷為碳源，$Fe(NO_3)_3/Al_2O_3$ 為催化劑，獲得了單壁奈米碳管和雙壁奈米碳管的混合物。2001 年，Wang 等人 [31] 採用基種催化裂解法，以 $AlPO_3$ 的微孔為模板，製出了直徑僅為 0.4 nm 的單壁奈米碳管，但這些單壁奈米碳管從模板取出後並不能穩定存在。

圖 2-5(a)，(b) 分別為以 C_2H_2 為碳源，Fe-Mo/MgO 為催化劑，在反應溫度為 800℃ 時，用化學氣相沈積法所合成的單壁奈米碳管之掃描電子顯微鏡照片和穿透電子顯微鏡照片 [29]。由圖 2-5(a) 可以看出，以催化裂解法製備出來的單壁奈米碳管，多呈現出彎曲纏繞的單壁奈米碳管束的形態。由圖 2-5(b) 可以看出，與電弧法和雷射法製備出的單壁奈米碳管相比，以催化裂解法製備出的單壁奈米碳管，其表面的晶化狀況不佳，管身存在較多的結構缺陷，單壁奈米碳管束表面附著很多的非晶碳顆粒。圖 2-5(b) 中白色箭頭所指的為單根的單壁奈米碳管。研究人員已經透過不同的催化劑組合、不同催化劑載體、不同碳源和不同的載氣，一起合成了單壁奈米碳管。

透過電弧法、雷射蒸發法和催化裂解法，都可以合成一定純度和一定數量的單壁奈米碳管。通常情況下，製備態的單壁奈米碳管在巨觀上呈團絮狀或者粉末狀，在微觀上奈米碳管管束相互糾纏，則無法充分發揮其本質特性，目前的理論和實驗研究大多集中於微觀尺度的管束或單根單壁奈米碳管，對其巨觀特性研究則甚少。1999 年，中國科學院物理所解思深小組 [32] 合成了 2 mm 長

(a)　　　　　　　　　　(b)

圖 2-5 採用化學氣相沈積法製備出的單壁奈米碳管的電子顯微鏡照片

(a) 掃描電子顯微鏡照片；(b) 透射電子顯微鏡照片 [29]

的定向多壁奈米碳管；2000 年，中國科學院金屬所成會明小組 [33] 合成了由長度為微米量級的單壁奈米碳管構成的長繩；以及 2004 年 Smalley 小組 [34] 經一系列化學處理而得到巨觀單壁奈米碳管條帶，這種條帶是憑凡德瓦力連接而成的。但是，在某些應用中，則需要超長連續的單壁奈米碳管絲和單壁奈米碳管薄膜，這樣才能體現出奈米碳管獨特的力學、電學、熱學等特性。

2.2 單壁奈米碳管巨觀體的製取技術

2.2.1 浮動催化裂解法製取單壁奈米碳管長絲

朱宏偉研究小組等人 [35] 採用立式浮動催化裂解法，直接合成了長度達 40 cm 的單壁奈米碳管繩。這是迄今靠自建組織直接合成最長的、連續的單壁奈米碳管。採用立式浮動催化裂解法製取單壁奈米碳管巨觀體，充分利用反應區的長度，使單壁奈米碳管從進入反應區即開始生長，並且在載氣的帶動下沿著反應區移動，與此同時，隨著碳源的不斷進給，單壁奈米碳管不斷生長。反應時僅通入氫氣，由於氫氣的刻蝕作用，抑制了單壁奈米碳管沿著徑向生長，即抑制多壁奈米碳管的生長，而僅沿著軸向生長，因此獲得單壁奈米碳管長絲。形成的單壁奈米碳管也在氫氣的帶動下，沈積在收集器和溫度較低的反應室內

壁上。由於碳源連續供給，因此單壁奈米碳管可以形成連續的長絲，將有別於採用其他方法合成、並由凡德瓦力連接的單壁奈米碳管長絲。

圖 2-6 為立式浮動催化裂解法的技術簡圖。將恒溫區的長度為 50 cm 的電阻爐垂直放置，爐膛內固定一陶瓷管作為反應室，載氣和反應溶液從反應器的頂端引入，尾氣從陶瓷管的底端排出，生成的奈米碳管從底端的收集器收集，合成的單壁奈米碳管長絲通常懸掛在陶瓷管的內壁上。採用正己烷溶液為碳源，氫氣為載氣，二茂鐵為催化劑前驅體，噻吩（C_4H_4S）作為助催化劑。實驗時，先將適量的二茂鐵溶解在正己烷溶液中，再往正己烷溶液中加入少量的噻吩配製成反應溶液，反應溶液在流量泵的作用下加入到反應器中，並且在高溫下分解成碳簇和鐵團簇，在含氫的氣氛中形成單壁奈米碳管。單壁奈米碳管則在氫氣的帶動下沿著軸向生長，進而獲得單壁奈米碳管長絲。

由於單壁奈米碳管的生長條件比較苛刻，單壁奈米碳管長絲的直徑、純度和長度與其生長條件緊密相關。因此研究技術參數對單壁奈米碳管長絲的影響，進而控制單壁奈米碳管的直徑、純度和長度具有重要意義。在合適的參數

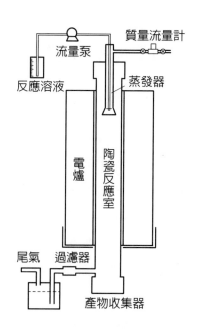

圖 2-6 立式催化裂解法製取單壁奈米碳管長絲的技術裝置簡圖

條件下，朱宏偉不僅合成了最大長度為 40 cm（接近整個反應區的長度）的單壁奈米碳管長絲，並且長絲中單壁奈米碳管的直徑分佈均勻，質量分數可達 85%，為此，這種製取單壁奈米碳管長絲的技術，獲得了中國國家發明專利[36]。

1. 催化劑濃度

採用正己烷溶液作為碳源時，在實際反應過程中，生成單壁奈米碳管的碳原子，主要來自正己烷和二茂鐵，所以必須決定生成單壁奈米碳管長絲所需的合適 C/Fe 原子比，首先要確認出二茂鐵質量的濃度。室溫時，二茂鐵在正己烷中的溶解度約為 20 mg/mL，對反應溶液進行適當加熱，可提高二茂鐵的溶解度。

朱宏偉等人研究了二茂鐵質量濃度在 1 ～ 30 mg/mL 範圍內，對產物純度的影響。圖 2-7 為不同催化劑濃度下，所得出單壁奈米碳管在單壁奈米碳管長絲中的純度變化曲線，由此可知，當催化劑質量濃度在 18 mg/mL 時，單壁奈米碳管的純度達到最高，因此二茂鐵的質量濃度控制在 18 mg/mL 左右時，可以獲得直徑細小的單壁奈米碳管長絲。實驗發現，當二茂鐵質量濃度過低（<12 mg/mL）時，C/Fe 比值過高，可以收集到長度較短的單壁奈米碳管長絲，其中長絲上通常附著較多的大塊非晶碳，從 TEM 檢測結果也可以看出，長絲中含有大量的非晶碳，如圖 2-8(a) 所示。提高二茂鐵質量濃度（16 ～ 20

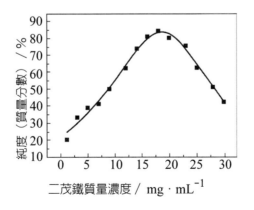

圖 2-7 不同二茂鐵質量濃度下，單壁奈米碳管長絲的純度變化曲線

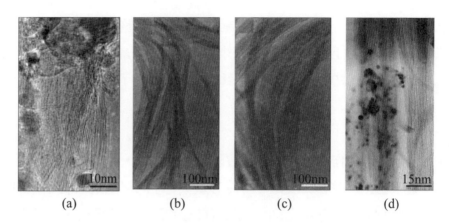

(a)   (b)   (c)   (d)

圖 2-8 不同二茂鐵質量濃度下，單壁奈米碳管長絲的穿透電子顯微鏡照片
(a) 10 mg/mL；(b) 18 mg/mL；(c) 20 mg/mL；(d) 26 mg/mL

mg/mL），使 C/Fe 比值達到合適值，奈米碳管長絲的長度增加，從巨觀上看出長絲的表面光滑，很少附著雜質，此時產物純度相應提高（圖 2-8(b) 和 (c)）。當質量濃度為 18 mg/mL 時，純度（質量分數）達到最高值 85%。如果繼續提高二茂鐵質量濃度，C/Fe 比值降低，則產物中的催化劑顆粒數量增加，平均粒徑變大（見圖 2-8(d)）。

　　藉由穿透電子顯微鏡觀察還發現，雖然催化劑顆粒的直徑與單壁奈米碳管的直徑並沒有直接對應關係，但它與管束的直徑基本是一致的。因此，適當提高二茂鐵的濃度，可以使催化劑顆粒的直徑增大，進而生長出較粗的管束，這些管束又進一步構成直徑較大的長絲。

2. 噻吩濃度

　　在反應中添加含硫的添加劑，對合成單壁奈米碳管並非是獨有的。在研究合成碳纖維時發現，加入少量的硫可以有效地增加碳纖維的產量。本研究小組的慈立傑在採用浮動催化裂解法合成多壁奈米碳管時測出，只要加入適量的噻吩，就可以大大提高多壁奈米碳管的產量，並且還發現在浮動催化技術中如果不添加硫元素，很難合成奈米碳管 [36]。

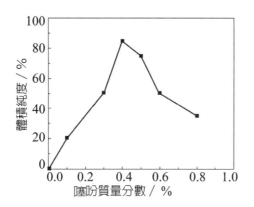

圖 2-9 不同噻吩濃度下的單壁奈米碳管長絲的純度

　　圖 2-9 是當二茂鐵濃度一定時，不同噻吩濃度對產物的影響，由圖可知，噻吩的添加量不大，但對單壁奈米碳管純度的影響卻很明顯。噻吩濃度過低或者過高，都不利於獲得高純度的單壁奈米碳管長絲。圖 2-10 是相應產物的掃描電子顯微鏡照片。噻吩濃度對單壁奈米碳管的純度有決定性的影響。當噻吩質量分數小於 0.1% 時，產物主要是尺寸為 100 ～ 500 nm 的非晶碳塊，見圖 2-10(a)；當噻吩質量分數大於 0.2% 時，產物中開始出現單壁奈米碳管；當噻吩質量分數達到最佳值 0.4% 時，產物基本上為均勻的單壁奈米碳管，如圖 2-10(b) 所示。進一步提高噻吩質量分數至 0.6% 時，產物中又開始出現非晶碳，單壁奈米碳管的純度下降，見圖 2-10(c)。當噻吩質量分數為 0.8% 時，產物中除了單壁奈米碳管長絲以外，還出現了大量的非晶碳顆粒，見圖 2-10(d)。當噻吩質量分數高於 0.8% 時，產物全部為非晶碳和碳纖維。由此可以看出硫含量對產物純度的影響規律，即過高或過低的硫含量都不利於單壁奈米碳管的生長。對應所給定濃度的二茂鐵，噻吩的最佳濃度（質量分數）為 0.4%，此時產物中單壁奈米碳管長絲的純度最高。

　　本研究小組的慈立傑在研究硫元素對多壁奈米碳管生長的影響時，認為硫元素覆蓋在鐵催化劑顆粒表面部分，提高了催化劑生長奈米碳管的活性[36]。Tibbetts 等人[37] 把硫元素的影響歸結為形成 Fe-S 共晶，因而使整個催化劑顆

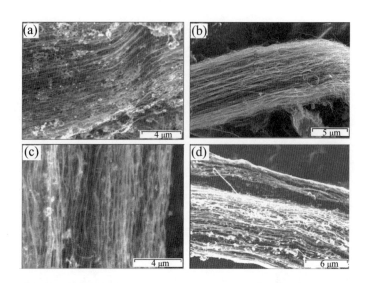

圖 2-10 不同噻吩濃度（質量分數）下，單壁奈米碳管長絲的掃描電子顯微鏡照片
(a) 0.1%；(b) 0.4%；(c) 0.6%；(d) 0.8%

粒在較低的溫度下保持液態，以促進碳纖維的形核與生長。成會明也從這個角度出發分析了催化裂解苯合成單壁奈米碳管的生長機制 [38]。在 Fe-S 系中，FeS 中硫的質量分數為 36.5%，熔點為 1193℃。FeS 和 Fe 可組成共晶體，其中硫的質量分數為 30.9%，熔點為 985℃。Fe-S 共晶中硫的原子百分數為 52%，但實驗中使用的噻吩的質量分數僅為 0.4%，在穿透電子顯微鏡下對產物中殘餘的催化劑顆粒進行表面能譜分析（EDS），結果表明有極弱的硫峰存在。由於硫在催化劑顆粒中含量極低，所以硫在降低整個鐵催化劑顆粒的熔點方面作用不大，但有可能在鐵顆粒表面形成一些微小的液相區，以 Fe-FeS 共晶形式分佈在晶界處。在不添加硫元素時，碳氫分子吸附在鐵催化劑顆粒的整個表面上，分解後會將鐵顆粒全部覆蓋，阻止了其他碳氫分子的進一步吸附分解，進而使催化劑失去活性，產物中包含了大量的非晶碳顆粒。當硫量適中時，硫富集在鐵顆粒表面局部的區域，形成活性的 Fe-FeS 微區，碳原子容易在這些微區析出並形成單壁奈米碳管。而硫量過高時，一些催化劑顆粒的整個表面都被硫原子覆蓋，阻止了碳氫分子在鐵顆粒上的吸附，導致催化劑失活而無法析

出單壁奈米碳管。

3. 反應溶液進給速率

在合適的碳源進給速率範圍（0.4 ～ 0.6 mL/min）內，單壁奈米碳管的直徑變化不大，但對單壁奈米碳管束的直徑和產量有較明顯的影響。碳源進給速率越大，則單壁奈米碳管長絲的產量就越大。但過高的碳源進給速率會使反應室中的 C/H 比值過大，進而影響產物的形態。實驗證明，過高的碳源進給速率容易生長非晶碳。

適當增加二茂鐵的濃度、噻吩濃度和碳源引入量，可合成排列緊密的單壁奈米碳管束[39]，管束直徑為 200 nm。當二茂鐵質量濃度為 20 mg/mL，碳源進給速率為 0.6 ～ 0.7 mL/min，噻吩質量分數為 0.5% ～ 0.6%，氫氣流量為 200 ～ 250 mL/min 時，可合成平均長度為 20 cm，並且具有很高的強度和柔韌性的單壁奈米碳管長絲（圖 2-11(a)）。在掃描電子顯微鏡下觀察，可發現長絲由排列更為緊密的管束組成（圖 2-11(b)，(c)），管束的直徑分佈為 70 ～ 200 nm，在高解析度下仍具有良好的定向性，並可清晰觀察到稜角分明的多面體結構（圖 2-11(d)）。

4. 立式催化裂解法合成奈米碳管紡絲

Li 等人[40]借鑒了朱宏偉合成單壁奈米碳管長絲的研究方法，並對實驗裝置進行改善，在反應器的底端安裝一個紡絲裝置，借助凡德瓦力可以將合成的

圖 2-11 單壁奈米碳管束的掃描電子顯微鏡照片

(a) 低倍掃描電子顯微鏡照片；(b) 緊密排列的單壁奈米碳管束；(c) 高倍掃描電子顯微鏡照片；(d) 直徑為 200 nm 的單壁奈米碳管束多面體結構

奈米碳管紡出長度達數十釐米的多壁奈米碳管繩。

圖 2-12 為採用立式浮動催化裂解法合成奈米碳管後直接紡絲的技術簡圖，圖 2-12(a) 和 (b) 列出兩種直接紡絲的方式。將碳源、催化劑和噻吩配製成的反應溶液，從反應器的頂部送入反應室。反應溶液進入反應區後，很快變成含有大量奈米碳管的氣溶膠。這些氣溶膠隨著載氣沿著反應器往下流動。當奈米碳管氣溶膠被帶出反應區後，通過如圖 2-12(a) 或者 (b) 的紡絲裝置，便可以紡出奈米碳管長絲。圖 2-12(c) 列出紡絲時從頂端觀察反應器的巨觀照片，從中可以清楚地看出奈米碳管長絲和紡紗錘。實驗發現，能否紡出連續的奈米碳管長絲與碳源的種類密切相關。當碳源為含氧基團的有機溶液時，如酒精、丙酮、乙醛、聚二乙烯醇溶液時，比較容易紡出奈米碳管長絲，而當碳源為烯烴，如苯、正己烷時，則很難直接紡出奈米碳管長絲。

圖 2-13(a) 為 Li 等人採用在線直接紡絲技術紡出的奈米碳管長絲的巨觀照片。在掃描電子顯微鏡下發現，奈米碳管長絲的直徑較細，約為 20 μm（圖 2-13(b)），長絲中奈米碳管比較純淨而且排列整齊（圖 2-13(c)）。紡出的奈米碳管長絲還可以進一步加工，紡出多股的奈米碳管繩（圖 2-13(d)）。一般情況下，他們紡出的長絲係由多壁奈米碳管借助凡德瓦力結合而成。他們宣稱，如果改變奈米碳管的合成方法，還可以紡出單壁奈米碳管繩，如當以酒精為碳源時，

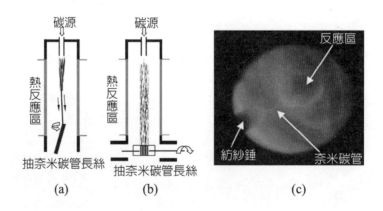

圖 2-12 奈米碳管紡絲的技術圖 [40]

(a) 通過一旋轉的斜棒紡絲；(b) 通過轉子旋轉紡絲；(c) 按照方式 (a) 將奈米碳管長絲從反應區抽出

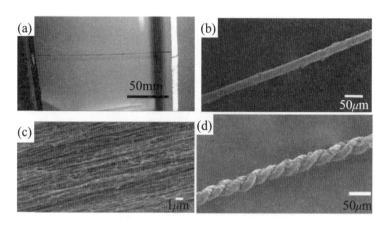

圖 2-13 奈米碳管紡絲的照片 [40]

(a) 巨觀照片；(b) 低倍掃描電子顯微鏡照片；(c) 高倍掃描電子顯微鏡照片；(d) 兩股奈米碳管繩

噻吩濃度（質量分數）為 1.5% ～ 4.0%，氫氣流量為 400 ～ 800 mL/min，反應溫度為 1100 ～ 1180℃ 時，通常得到多壁奈米碳管長絲。而當噻吩質量分數減小至 0.5%，氫氣流量增加至 1200 mL/min，反應溫度為 1200℃ 時，則可以得到單壁奈米碳管長絲 [40]。

2.2.2 基種法合成單壁奈米碳管長絲

在朱宏偉直接合成具有巨觀長度的單壁奈米碳管繩之後，一些研究小組也報導採用基種法合成了具有巨觀尺度的單壁奈米碳管。

2002 年，Kim 等人 [41] 採用化學氣相沈積法，使用甲烷和乙烯混合氣體作為碳源，在獨立的 Fe_2O_3 奈米顆粒上生長出單根單壁奈米碳管，長度可達 0.6 mm，生長速率大於 60 μm/min。產物中的單壁奈米碳管通常呈螺旋狀或封閉的圓環狀，如圖 2-14(a)、(c) 和 (d) 所示，同時還存在管身較直的單壁奈米碳管束，見圖 2-14(b)。單壁奈米碳管束的長度可達數百微米，直徑僅約為 2 nm，見圖 2-14(a) 和 (c)。單壁奈米碳管束的一段通常可以發現有催化劑顆粒存在，如圖 2-14(a) 和 (b) 中的黑色圓圈所示。證明了單壁奈米碳管束是在金屬催化劑的催化作用下長大的。他們的研究結果顯示，在適當的反應條件下，

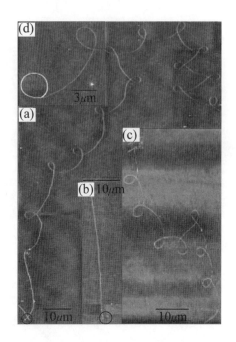

圖 2-14 催化裂解法合成單壁奈米碳管束的原子力顯微鏡（AFM）照片 [41]

(a) 長達 320 μm 的單壁奈米碳管束；(b) 直的、長達 40 μm 的單壁奈米碳管束；(c) 長達 110 μm 的單壁奈米碳管束；(d) 從一根長管延伸出的封閉奈米碳管環

透過控制碳源供給和單壁奈米碳管生長之間的平衡，可以使單壁奈米碳管連續生長，進而使長度增加。他們從進一步的電學特性檢測中發現，約 70% 的單壁奈米碳管為半導體型，具有明顯的應管特性。

2004 年，Huang 等人 [42] 以 Co/Mo 金屬作為催化劑，以酒精作為碳源，採用催化裂解法合成了長度達 4 mm 的單壁奈米碳管束。他們合成的單壁奈米碳管束與氣流方向一致，並且相互之間平行排列。如果將催化劑有規則地沈積在矽的表面，單壁奈米碳管束可以平行生長，而將催化劑相互連接形成一個單壁奈米碳管束網路，見圖 2-15。具有有序結構和均勻孔腔（直徑為 2 ～ 6 nm）的介孔矽薄膜，是控制奈米碳管生長方向和直徑的關鍵。首先將活性的 Co/Mo 氧化物分散到介孔矽的奈米空腔中，由於介孔矽的孔腔直徑是奈米級的，因此催化劑顆粒的尺寸也被限制在奈米量級。另外，介孔矽的表面活性有助於碳源

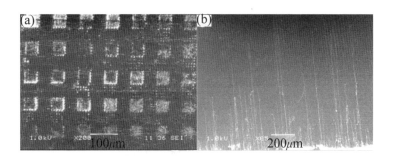

圖 2-15　從催化劑陣列上長出定向排列的奈米碳管網路之掃描電子顯微鏡照片

(a) 連接催化劑顆粒的單壁奈米碳管束網路；(b) 平行排列的單壁奈米碳管束之掃描電子顯微鏡照片 [42]

分解。單壁奈米碳管束的生長速度很快，經過 20 分鐘的生長時間，可以獲得最長達幾毫米的長絲，這主要是由於酒精的良好反應能力和 Co/Mo 催化劑的高活性。進一步檢測結果得知，單壁奈米碳管的直徑主要分佈在 0.8～1.8 nm之間。

　　Zheng 等人 [43] 採用另外的觀念也獲得了單壁奈米碳管長絲。他們基於單壁奈米碳管的生長是依靠碳原子在催化劑的作用下進行重組，而形成單壁奈米碳管的機制，藉由控制催化劑的位置而得到單壁奈米碳管長絲。他們採用臥式催化裂解法合成了長度達 4 cm 的單壁奈米碳管束。他們先將矽基體的一端蘸以濃度為 0.1 mol/L 的 $FeCl_3$ 溶液，然後將矽基體放入臥式電阻爐中，並且將蘸有 $FeCl_3$ 的一端與氣流的方向相對，這樣，當通入酒精和載氣 Ar、H_2 時，奈米碳管就從蘸有催化劑的一端向另一端生長，進而獲得具有巨觀長度的單壁奈米碳管束。圖 2-16 為採用 $FeCl_3$ 合成單壁奈米碳管長絲的掃描電子顯微鏡照片，其中圖 2-16(a) 為沿著管束的 230 張掃描電子顯微鏡照片拼接而成。單壁奈米碳管束的長度達 4.8 cm，直徑僅為 1.4 nm。圖 2-16(b) 為單壁奈米碳管束的端部掃描電子顯微鏡照片，表示了管束的局部並不完全平直，有很多的彎曲和纏繞。

　　這些合成的較長單壁奈米碳管長絲的一個共同特點是，先將催化劑顆粒經過一系列複雜的技術沈積在基體上，然後才用常用的 CVD 方法生長單壁奈米

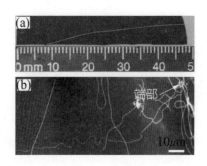

圖 2-16 單壁奈米碳管長絲的掃描電子顯微鏡照片 [43]

碳管。由於合成的單壁奈米碳管的直徑僅為 0.7 ～ 2 nm，因此要求催化劑顆粒的直徑必須控制在幾個奈米以內，否則得到的將不是單壁奈米碳管，而是多壁奈米碳管。

2.2.3　定向單壁奈米碳管陣列

自從 Li 等人 [44] 成功地合成定向排列的多壁奈米碳管陣列以來，製備出定向排列的單壁奈米碳管陣列一直是科學家們的夢想。人們對定向奈米碳管的合成進行了大量的嘗試，旨在獲得定向排列的單壁奈米碳管陣列，但效果都不盡如人意。本研究小組的曹安源在採用二甲苯為碳源合成多壁奈米碳管陣列時發現，通過控制技術參數，在合成的多壁奈米碳管陣列中，包含有較多的單壁奈米碳管，並且單壁奈米碳管的最佳體積含量達 30% [45]。這為直接合成定向排列的單壁奈米碳管陣列帶來了一線希望。

曹安源採用與通常用於製備多壁奈米碳管陣列相似的實驗技術 [45, 46]，以二甲苯為碳源，二茂鐵為催化劑，將適量的二茂鐵加入二甲苯中配製成反應溶液，反應溶液經由毛細管被擠入反應區，並在毛細管出口處蒸發後隨載氣進入反應區。反應區的溫度控制在 800 ～ 900℃。通過細緻控制反應溶液的進給速率可以合成含有單壁奈米碳管的多壁奈米碳管陣列。實驗發現，反應溶液進給速率太快或太慢都不利於獲得單壁奈米碳管，當進給速率保持在 0.1 mL/min 時，單壁奈米碳管的產率最大，體積含量可達 30%。

　　圖 2-17 是對定向奈米碳管薄膜的拉曼光譜檢測結果，包括四個典型的拉曼光譜圖，分別對應於不同的單壁奈米碳管和多壁奈米碳管分佈。圖 2-17 是定向薄膜中一個典型的多壁奈米碳管區域，在該圖的環呼吸振動模區間範圍內（100 ～ 400 cm⁻¹），沒有出現任何峰。位於 1338 cm⁻¹ 的拉曼峰稱為 D 峰，它主要是由於非晶碳等和缺陷產生，位於 1586 cm⁻¹ 處的峰是 G 峰，它由奈米碳管的管壁所產生。在圖 2-17(b) 的拉曼光譜除了 G 峰和 D 峰之外，在環呼吸振動模範圍內 216 cm⁻¹ 與 284 cm⁻¹ 處出現了兩個明顯的峰。它們證明了對應的奈米碳管薄膜有單壁奈米碳管存在。但是這兩個峰的強度和 D 峰相比很弱，說明該樣品中的單壁奈米碳管的含量較低。

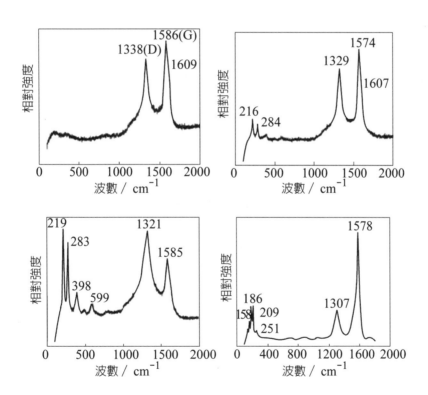

圖 2-17 定向奈米碳管薄膜的典型拉曼光譜圖

(a) 只含定向多壁奈米碳管；(b) 含有少量單壁奈米碳管，主要是多壁奈米碳管；(c) 含有大量單壁奈米碳管，和多壁奈米碳管共存；(d) 較純淨的單壁奈米碳管，單壁奈米碳管的體積含量約 30%

　　圖 2-17(c) 的拉曼光譜產生了明顯的變化，在環呼吸範圍內出現了兩個強度很高的峰，分別位於 219 cm⁻¹ 和 283 cm⁻¹ 處。這說明該圖所對應的區域存在大量的單壁奈米碳管。但是，位於 1321 cm⁻¹ 處的 D 峰的強度也非常高，甚至超過了 G 峰。說明此區域還有多壁奈米碳管存在，而且其晶化程度不太好，以至於 D 峰的高度大於 G 峰。圖 2-17(d) 的拉曼光譜出現了 4 個環呼吸峰，分別位於 158 cm⁻¹、186 cm⁻¹、209 cm⁻¹ 和 251 cm⁻¹ 處，對應於 4 種直徑分別為 1.4 nm、1.2 nm、1.05 nm 和 0.9 nm 的單壁奈米碳管。和前 3 幅圖不同的是，它的 D 峰（1307 cm⁻¹）很弱而 G 峰（1578 cm⁻¹）很強。對該樣品進行高解析穿透電子顯微鏡觀察發現單壁奈米碳管的含量較高，估算達到 30%，同時多壁奈米碳管的平均管徑由其他樣品的 30 nm 減小到 15 nm，管壁較直，缺陷明顯減少。D 峰的降低是因為單壁奈米碳管的比例增大，同時多壁奈米碳管管徑變小，進而使該位置的缺陷含量大幅度減小。由於單壁奈米碳管普遍晶化程度比多壁奈米碳管好得多，使得 G 峰得到加強。

　　採用穿透電子顯微鏡檢測含有單壁奈米碳管的樣品時發現，樣品中除了獨立的單壁奈米碳管束以外，更多的單壁奈米碳管束依附於多壁奈米碳管的管壁上 [46]。單壁奈米碳管束普遍直徑較小（10 nm 以下），在生長過程中容易彎曲，必須依靠相鄰多壁奈米碳管的支援作用才能向上延伸。圖 2-18(a) 顯示了兩根定向的多壁奈米碳管，直徑為 20 nm。在它們的右側粘附有一束單壁奈米碳管，直徑僅為 10 nm（箭頭 X）。這類單壁奈米碳管束只有一部分長度依附在多壁奈米碳管上，隨後會離開多壁奈米碳管自由生長，一段時間後又會發生彎曲依附到別的多壁奈米碳管上。箭頭 Y 所指為一根直徑為 3 nm 的兩層多壁奈米碳管。

　　由於單壁奈米碳管之間緊密排列，用超聲的方法很難將一束單壁奈米碳管徹底分散開。圖 2-18(b) 顯示了一個被超聲處理 90 min 後部分分散的單壁奈米碳管束，露出了一些單根的單壁奈米碳管，直徑在 1.0 nm 左右。單壁奈米碳管束依靠凡德瓦力與多壁奈米碳管相結合，即使經過研磨和超聲處理也沒有彼此分離，說明它們的結合力比較強。圖 2-18(b) 中的單壁奈米碳管束完全貼著

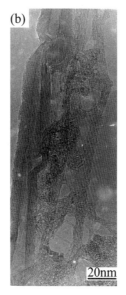

圖 2-18 定向多壁奈米碳管陣列中的單壁奈米碳管高解析穿透電子顯微鏡照片

(a) 依附於定向多壁奈米碳管上的單壁奈米碳管束（箭頭 X ）和一根兩層的多壁奈米碳管（箭頭 Y ）；(b) 被超聲處理部分分散的單壁奈米碳管束

多壁奈米碳管的外壁向上生長，在它們之間存在有非晶碳雜質。這些催化裂解法中產生的非晶碳落到多壁奈米碳管的外壁上，產生黏結劑的作用，能夠將單壁奈米碳管束牢牢地粘附和固定在多壁奈米碳管上。

　　單壁奈米碳管在定向多壁奈米碳管薄膜上的生長模型，可以描述為單壁奈米碳管的受約束生長模型，如圖 2-19 所示。定向的多壁奈米碳管薄膜如同一個天然的模板，多壁奈米碳管之間的空隙相當於模板的微孔，單壁奈米碳管正是在這些微孔中向上生長的。由於多壁奈米碳管互相平行，它們之間構成狹長的空間，寬度大約從幾十奈米到數百奈米，而長度可達數百微米。由於這一狹長空間的約束，單壁奈米碳管束在生長過程中，即使發生彎曲也會被鄰近的多壁奈米碳管所阻礙，因而不得不垂直向上延伸。對定向薄膜的掃描電子顯微鏡觀察發現，奈米碳管的直徑分佈是有一定範圍的，較粗而直的奈米碳管可以使較細的奈米碳管實現定向生長。用催化裂解法生長奈米碳管，會同時產生許多催

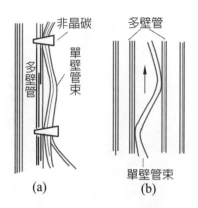

圖 2-19 單壁奈米碳管束在定向薄膜中的受約束生長模型

(a) 由於凡德瓦力和非晶碳的黏結作用依附於一根多壁奈米碳管上；(b) 在兩根平行的多壁奈米碳管之間呈 S 形向上生長

化劑顆粒和非晶碳等雜質，它們隨著載氣到達正在生長的定向薄膜，粘附到奈米碳管的外壁。如果遇到正沿著多壁奈米碳管向上生長的單壁奈米碳管，就會產生黏結劑的作用，將單壁奈米碳管束固定在多壁奈米碳管表面。因此，奈米碳管薄膜中的雜質有輔助單壁奈米碳管束定向生長的作用。這種輔助作用同樣也適合直徑較小的多壁奈米碳管。

2004 年，Hata 等人 [47] 在 *Science* 上發表文章，聲稱採用催化裂解法成功地合成了厚度達 2.5 mm 的定向排列的單壁奈米碳管陣列，取得了製取單壁奈米碳管陣列歷史性的突破。他們在合成單壁奈米碳管時引入了水蒸氣，大大延長了單壁奈米碳管的生長時間和增強催化劑的活性，使得單壁奈米碳管的生長速率可以達到驚人的 250 μm/min。

反應室內水蒸氣的濃度通過連接在排氣管道的水監測器來調節，他們發現，最佳的水濃度與實驗條件，如反應溫度、乙烯流量、催化劑種類等有關。他們先在具有 SiO_2 層的矽襯底上沈積直徑約為 1 nm 的催化劑顆粒，然後將反應室加熱到 750℃，向反應室通入含有 40% 體積分數氫氣的氬氣或者氦氣混合氣體作為載氣，將反應室的壓力保持在一個大氣壓，通入乙烯作為碳源，並且把水的濃度控制在 (20 ～ 500)×10^{-6} 下，便可以合成定向排列的單壁奈米碳

管陣列。圖 2-20 為在矽片上生長的定向單壁奈米碳管膜的照片，定向單壁奈米碳管膜的厚度達到 2.5 mm（圖 2-20(b)），與火柴頭的直徑相當（圖 2-20(a)），通過掃描電子顯微鏡（圖 2-20(c)）和穿透電子顯微鏡的觀察發現（圖 2-20(d), (e)），產物中單壁奈米碳管的純度非常高，單壁奈米碳管的直徑約為 2 nm。從圖 2-20(e) 可以看出，單壁奈米碳管膜中的奈米碳管相互之間是獨立的，這與用其他方法合成的奈米碳管明顯不同（通常自建組織形成單壁奈米碳管束）。

他們發現，採用水附著生長單壁奈米碳管法所合成的單壁奈米碳管純度很高，並且單壁奈米碳管相互分離而不形成束狀，這與通常方法合成的單壁奈米碳管束是截然不同的。加入少量的水不但可以增加催化劑的活性，促使碳源分解出來的碳原子盡可能在催化劑的作用下排列形成單壁奈米碳管，而且可以提供一個弱的氧化氣氛，將吸附在單壁奈米碳管表面上的非晶碳氧化。因此，該方法可以獲得純度很高（質量分數高達 99.98%）的單壁奈米碳管。

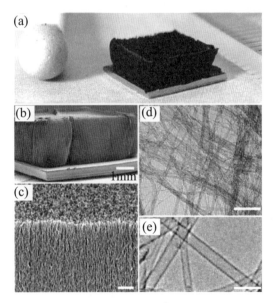

圖 2-20 水輔助催化合成定向奈米碳管膜 [47]

(a) 定向奈米碳管膜的巨觀照片；(b) 定向單壁奈米碳管膜的低倍掃描電子顯微鏡照片；(c) 定向單壁奈米碳管膜的高倍掃描電子顯微鏡照片，尺規為 1 μm；(d) 定向奈米碳管膜的穿透電子顯微鏡照片，尺規為 100 nm；(e) 定向單壁奈米碳管膜的高解析穿透電子顯微鏡照片，尺規為 5 nm

　　如果將催化劑按照設定的形狀噴塗在矽襯底上，採用相同的合成單壁奈米碳管方法，還可以合成各種形狀，如柱狀、紙狀的定向單壁奈米碳管陣列。圖 2-21(a) 和 (b) 列出了直徑約為 300 μm 的柱狀定向單壁奈米碳管陣列的掃描電子顯微鏡照片。每根奈米碳管柱都是由非常純淨的定向排列的單壁奈米碳管組成，並且單壁奈米碳管柱的可重複性很高，這在電子元件中將有重要的應用前景。圖 2-21(c) ～ (f) 是定向排列的單壁奈米碳管紙陣列的掃描電子顯微鏡照片。陣列中單壁奈米碳管都是高度定向排列的，這為定向單壁奈米碳管陣列的應用提供了重要的基礎。

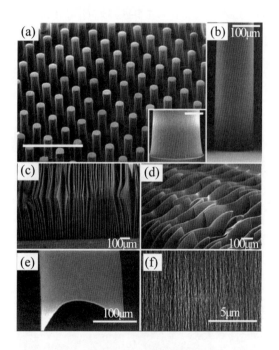

圖 2-21 水輔助催化合成定向奈米碳管陣列 [47]

(a) 半徑為 150 μm 的柱狀定向單壁奈米碳管陣列的低倍掃描電子顯微鏡照片；(b) 一根柱狀單壁奈米碳管陣列的高倍掃描電子顯微鏡照片；(c) 定向單壁奈米碳管紙的側面掃描電子顯微鏡照片，單壁奈米碳管紙的厚度為 10 μm；(d) 定向奈米碳管紙的頂視掃描電子顯微鏡照片；(e) 單張定向單壁奈米碳管紙的掃描電子顯微鏡照片；(f) 單壁奈米碳管紙的高倍掃描電子顯微鏡照片

2.2.4　電弧法合成單壁奈米碳管巨觀體

　　採用化學氣相沈積法可以獲得長度從毫米到分米量級的單壁奈米碳管巨觀體，但是化學氣相沈積法並非獲得單壁奈米碳管巨觀體的唯一方法。最近幾年，一些研究小組通過改進的電弧法也合成了具有一定長度的單壁奈米碳管長絲或者薄膜。

　　2000 年，Liu 等人 [13] 應用改進的氫氣電弧法，獲得長度為數釐米的單壁奈米碳管絲，他們通過力學性能檢測發現，其強度很低，由此證明他們合成的單壁奈米碳管絲是由很多較短的單壁奈米碳管束在凡德瓦力的作用下形成的。

　　朱宏偉等人通過改變石墨電極的尺寸，採用石墨電弧法也合成了純度較高的單壁奈米碳管薄膜 [48]。如圖 2-22(a) 所示，他們採用的反應室為密封容器，陰極為中空石墨棒，外徑 2.5 cm，內徑 1.2 cm，孔深 2 cm。陽極石墨棒直徑為 0.6 cm，長 10 cm。在陽極一端鑽有內徑為 3.0 mm 的小孔，填充金屬和石墨粉末的混合物（金屬按 $x(Y) = 1\%$，$x(Ni) = 4.2\%$ 的比例均勻地混合在石墨粉中）。陰、陽極石墨在一定真空度的氦氣中打弧生成單壁奈米碳管。

　　實驗發現，反應室中有如下 4 種單壁奈米碳管產物：①單壁奈米碳管「煙灰」狀產物懸掛於反應室及電極間，形成棉絮狀產物，主要成分為單壁奈米碳管、催化劑顆粒和非晶碳，純度較低（質量分數＜30%）；②反應室內壁上的「膠皮」膜狀物，成分與產物①類似；③陰極端部外沿上的「衣領」狀產物，純度較高（質量分數＞70%）；④中空陰極內壁上的薄膜狀產物。其中薄膜狀產物呈二維結構，可從陰極內壁上撕下，最大面積可達 8 cm^2（圖 2-22(b)），具有光滑的表面（圖 2-22(c)）。

　　在掃描電子顯微鏡下，可清晰觀察到單壁奈米碳管薄膜的分層結構，每一層的厚度在 100 nm ～ 10 μm 之間。薄膜厚處的單壁奈米碳管束的排列密度很高，相互纏繞在一起，有少量催化劑顆粒、碳奈米顆粒和非晶碳存在。單壁奈米碳管束在最薄處呈網狀結構，管束相互搭接，直徑為 20 ～ 50 nm，長度一般為數十微米。在透射電子顯微鏡下觀察發現，單壁奈米碳管的直徑分佈較窄（1.2 ～ 1.4 nm）。

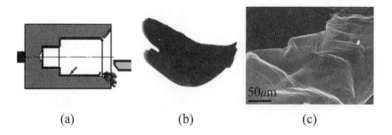

(a)　　　　　　　　(b)　　　　　　　　(c)

圖 2-22　**單壁奈米碳管薄膜**

(a) 製備技術圖；(b) 巨觀照片；(c) 掃描電子顯微鏡照片

　　Li 等人 [49] 通過改進石墨棒的形狀，在陽極石墨棒上鑽一直徑為 ϕ 4 mm、長度為 100 mm 的孔，在孔中填充質量分數分別為 80% 的石墨粉、20% 的 YNi_2 合金粉末和 1.5% 的 FeS 粉末。在 80 A 直流電的條件下打弧放電 15 min 後，便可以在陰極石墨棒的頂部收集到少量的單壁奈米碳管絲。經過掃描電子顯微鏡、拉曼光譜分析，絲狀物主要為直徑 1.3 nm 的單壁奈米碳管。單壁奈米碳管束組成長度可達 10 cm 的長絲。而且單壁奈米碳管的純度較高，質量分數可以達到 80%。

2.3　單壁奈米碳管巨觀體的表徵

2.3.1　巨觀形態

　　圖 2-23(a) 所示為兩根長度分別為 20 cm 和 10 cm、呈自行組織方式直接合成的單壁奈米碳管長絲。這些長絲的直徑分佈在 0.1～0.7 mm，平均值約為 0.3 mm，比人的頭髮絲的直徑粗。長絲由更細的細絲組成（白色箭頭所示），表面光滑，肉眼可辨。直接對單壁奈米碳管長絲進行簡單的力學操作，發現其具有良好的柔韌性，圖 2-23(a) 右下角的插圖顯示了一根拉直的長絲和一根打結的長絲。

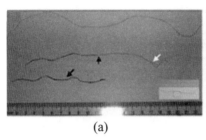 

(a)　　　　　　　　　　(b)

圖 2-23 單壁奈米碳管長絲的巨觀照片

(a) 長度分別約為 10 cm 和 20 cm 的單壁奈米碳管長絲與人頭髮絲的對比；(b) 直接合成的單壁奈米碳管長絲與普通單壁奈米碳管超聲後的對比

　　在酒精或丙酮中對單壁奈米碳管長絲的超聲實驗結果，進一步證明了其連續和完整的結構[50]。研究顯示，不連續的短單壁奈米碳管（數十微米量級）在某些有機溶液中可形成穩定均勻的懸濁液[51]。採用 Smalley 小組提出的 HiPco 方法[52]，合成的單壁奈米碳管在超聲數分鐘後可充分散開，而直接合成的單壁奈米碳管長絲則團聚為一個球狀體（圖 2-23(b)），這說明長絲中的單壁奈米碳管連續無間斷生長，因此無法通過簡單的超聲振盪和外界機械振動而分散。

2.3.2 電子顯微鏡表徵

　　對直接合成的單壁奈米碳管長絲在掃描電子顯微鏡下觀察，發現單壁奈米碳管長絲的外表面光滑連續，偶爾有一些細小的管束伸出（如圖 2-24(a) 所示）。高倍掃描電子顯微鏡照片顯示出每根長絲皆由定向排列的管束（直徑 10～70 nm）組成（如圖 2-24(b) 所示）。為製備穿透電子顯微鏡觀察試樣，將一根單壁奈米碳管細絲直接置於微柵上，用酒精或丙酮潤濕。高解析穿透電子顯微鏡（HRTEM）圖像進一步證明，每根管束由定向排列的單壁奈米碳管（直徑約為 1.1 nm）組成。白色箭頭所示是由規則排列的單壁奈米碳管構成的二維六邊形點陣結構。圖 2-24(c) 左上角的插圖顯示的是一根晶體結構規則管束的端部切面圖。

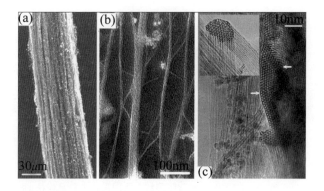

圖 2-24 單壁奈米碳管長絲

(a) 低倍掃描電子顯微鏡照片;(b) 高倍掃描電子顯微鏡照片;(c) 高倍穿透電子顯微鏡照片

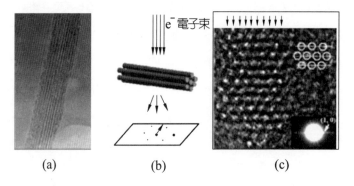

圖 2-25 單壁奈米碳管束的電子繞射

(a) 單壁奈米碳管束;(b) 電子繞射模型;(c) 電子繞射樣式

　　對單根單壁奈米碳管束（圖 2-25(a)）進行電子繞射分析以研究其晶體結構，當電子束垂直於管束入射時（圖 2-25(b) 為示意圖），由於其獨特的二維六邊形晶體結構，可得到如圖 2-25(c) 中插圖所示的繞射圖樣，由（1, 0）晶面繞射斑點可推導出管束中單壁奈米碳管的直徑。根據單晶體電子繞射基本公式

$$R = \lambda L/d \qquad\qquad (2\text{-}1)$$

式中，R：繞射斑點至中心斑點的距離（cm）；

λ：電子束的波長（nm），電子加速電壓為 200 kV，$\lambda = 2.51 \times 10^{-3}$ nm；

L：相機常數（cm），$L = 120$ cm；

d：晶面間距（nm）。

由繞射樣式和式（2-1）可求出晶面間距 d。對於圖 2-25(c) 所示的單壁奈米碳管束，(1, 0) 晶面間距 d 同單壁奈米碳管的直徑有如下關係：

$$d = \frac{\sqrt{3}}{2}a = \frac{\sqrt{3}}{2}(d_c + d_t) \qquad (2-2)$$

式中，a：單壁奈米碳管束六邊形晶體的晶格常數（nm）；

d_c：單壁奈米碳管的直徑（nm）；

d_t：管束中相鄰兩根單壁奈米碳管的間隙（nm），值為 0.32 nm。

由式（2-2）可求出單壁奈米碳管的直徑。單壁奈米碳管束的電子繞射結果證明，奈米碳管的直徑主要分佈在 1.1 nm 左右。

2.3.3 拉曼表徵

採用波長為 633 nm 的 He/Ne 激發雷射（能量為 1.96 eV），型號為 Renishow 2000 的拉曼光譜儀，對單壁奈米碳管長絲進行拉曼光譜檢測。將單壁奈米碳管長絲置於矽片上，沿軸向檢測長絲的不同部位，得到類似的拉曼光譜圖（見圖 2-26）。在 1200 ～ 1700 cm^{-1} 範圍內，1585.3 cm^{-1} 為石墨拉伸模式 E_{2g}，弱峰 1311.1 cm^{-1} 表示樣品中的結構缺陷或雜質較少。單壁奈米碳管的直徑可由 100 ～ 300 cm^{-1} 範圍內的環呼吸振動模（環呼吸）波數（197.4 cm^{-1}、215.6 cm^{-1} 和 146.6 cm^{-1}）確定。根據公式 $d_c = 223.8/\omega$（其中，d_c 為單壁奈米碳管的直徑，單位為 nm，ω 為環呼吸振動模的波數，單位為 cm^{-1}），可計算出長絲主要由直徑為 1.1 nm、1.2 nm 和 1.7 nm 的單壁奈米碳管組成。

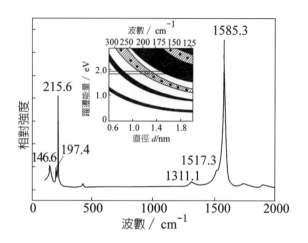

圖 2-26 單壁奈米碳管長絲的拉曼光譜

插圖為單壁奈米碳管直徑與能隙寬度的關係

215.6 cm^{-1} 處的尖峰顯示樣品中主要為直徑 1.1 nm 的單壁奈米碳管。根據與直徑相關的光學分佈圖 [53, 54]，可進一步確定每種單壁奈米碳管的導電性。

圖 2-26 中的插圖為單壁奈米碳管的直徑與能隙寬度，以及電學特性的關係，圖中黑色區域為半導體型，斜線區域為金屬型。對於某一特定直徑的單壁奈米碳管，如果能計算出它的能隙寬度，就可以對應得出它的導電性能。例如，圖中的符號「。」（空心圓圈）表示 (9, 9) 型單壁奈米碳管所對應的點，黑色區域為半導體型，斜線區域為金屬型。

2.3.4 XRD 表徵

採用 X 射線繞射定量分析單壁奈米碳管長絲的晶體結構及管束的定向性。X 射線繞射儀的型號為 Scintag, model XDS 2000，電壓為 45 kV，電流為 40 mA。樣品臺上有一個 1.5 cm×2.5 cm 的方孔，單壁奈米碳管長絲垂直置於樣品臺上，如圖 2-27(a) 所示。對長絲進行小角度繞射（2θ：4°～ 10°），繞射結果如圖 2-27(b) 所示，Q 為與 2θ 相對應的倒易空間繞射向量。在低 Q 區域，Q = 0.51Å^{-1} 處有尖峰出現（1 Å = 10^{-8} cm），對應於單壁奈米碳管束六邊形點陣

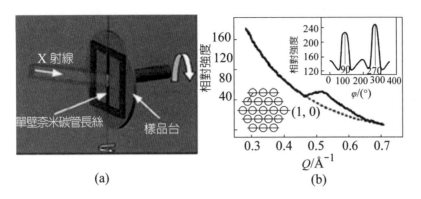

(a)　　　　　　　　　　　　　　(b)

圖 2-27 單壁奈米碳管長絲的 X 射線繞射

(a) X 射線繞射示意圖；(b) X 射線繞射結果

結構的 (1, 0) 晶面間距 [15]（見圖 2-27(b) 左下角插圖）。根據 X 射線繞射的基本公式：

$$2d\sin\theta = \lambda \quad\quad\quad （2\text{-}3）$$

$$Q = 4\pi\sin\theta/\lambda = 2\pi/d = 4\pi/3a \quad\quad\quad （2\text{-}4）$$

式中，d：晶面間距（Å）；

　　θ：繞射角（°）；

　　λ：X 射線的波長（Å），$\lambda = 1.5418$Å；

　　Q：倒易空間繞射向量 Q 的大小（Å^{-1}）；

　　a：晶格常數（Å）。

　　由 (1, 0) 峰位對應的 Q 值和式（2-4）計算得到晶格常數 $a = 1.42$ nm，由此推算出組成六邊形晶體的單壁奈米碳管直徑為 1.1 nm。這一資料與圖 2-26 所示的理論計算結果完全相符，對應管束中的單壁奈米碳管的數量為 $N_t = 37$。

　　固定 (1, 0) 繞射峰所對應的 $Q = 0.51$Å^{-1}，進行角度掃描可以檢測單壁奈米

碳管長絲中管束的定向性。設掃描角度為 φ，樣品臺在 $0 \sim 360°$ 範圍內順時針旋轉，當 X 射線在樣品臺上的投影沿管軸方向時，定義此時的 $\varphi = 0°$。如果樣品中的管束排列無序，角度呈各向同性分佈，則在改變 φ 過程中，繞射強度不會隨 φ 而變化，進而得到平直的掃描線。

在圖 2-27(b) 右上角的插圖中，當垂直於管軸（90°和270°）掃描時，出現最強繞射峰，證明長絲中的單壁奈米碳管束中沿軸向優先取向。而固定其他 Q 值進行角度掃描時，沒有發現此類現象。通常，長絲中的單壁奈米碳管束並非嚴格定向，所以角度掃描分佈的峰寬可反映出管束的傾斜和彎曲程度。在圖 2-27(b) 中，兩個強峰的半峰寬（FWHM）約為 44°，遠遠低於單壁奈米碳管條帶的半峰寬（75°）[56]，由此顯示靠自組織直接合成的單壁奈米碳管長絲的定向性，要優於靠凡德瓦力結合的單壁奈米碳管條帶。另外，由於 X 射線繞射信號取自釐米量級的單壁奈米碳管長絲，而非微米量級的區域，說明整根長絲都具有良好的定向性。圖 2-28 是單壁奈米碳管 X 射線繞射的理論計算結果。由此可見，在單壁奈米碳管直徑相等的條件下，不同大小的單壁奈米碳管束的 Q 值相差不大。

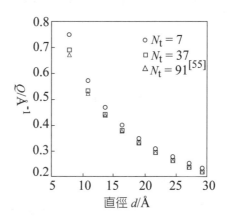

圖 2-28 單壁奈米碳管 X 射線繞射的理論計算結果

N_t 為單壁奈米碳管束中奈米碳管的根數

2.4 單壁奈米碳管長絲的生長機制

對於奈米碳管特別是單壁奈米碳管的生長機制，研究人員基於各自的實驗條件和實驗結果，提出了不同的生長機制。最基本的有兩種，一是頂部機制，即奈米碳管在生長過程中，其頂端是保持開口狀態，在開口處存在較多的懸鍵，碳原子通過與懸鍵結合而使得奈米碳管沿著軸向生長，一旦生長條件不適合，其開口可以迅速封閉，停止生長；另一種是底部生長機制，即奈米碳管的頂端是封閉的，奈米碳管沿著軸向和徑向的生長，是由於碳原子在催化劑顆粒的表面吸附和析出。最近，越來越多的證據顯示，奈米碳管大多是以底部生長模式生長的。

按照結晶動力學來分，對於奈米碳管的生長通常也可以分為奈米碳管的形核和長大兩個階段。無論是採用電弧法、雷射蒸發法還是催化裂解法，要獲得一定純度和數量的單壁奈米碳管，通常需要加入金屬催化劑，有時甚至需要加入硫等添加劑。奈米碳管的生長，主要是在催化劑的催化作用下，使得碳原子進行重新排列而形成一維的管狀結構。本節主要介紹採用催化裂解法時，單壁奈米碳管在催化劑的作用下，形成巨觀長度的單壁奈米碳管長絲的生長機制。

催化裂解法合成單壁奈米碳管的反應溫度較低，通常在 $900 \sim 1200°C$ 範圍內。以鐵作為催化劑時，巨觀狀態下，純鐵的熔點在 $1538°C$，這要比反應溫度高出 $300 \sim 600°C$。但是，在採用穿透電子顯微鏡觀察產物時，通常發現鐵顆粒呈球形或者具有光滑的圓弧，由此表示在奈米碳管生長過程中，鐵催化劑顆粒至少保持部分的液態。根據阿倫尼烏斯（Arrhenius）曲線，單壁奈米碳管的生長活化能比碳在固相金屬中的擴散活化能小 $3 \sim 4$ 倍，而與碳在液態金屬中的擴散活化能相當 [57]，這表示，單壁奈米碳管是在催化劑顆粒的環形液相區形核的。在浮動催化反應中，在不考慮硫的作用的前提下，可簡單地把每個催化劑顆粒看作一個 Fe-C 體系。由穿透電子顯微鏡觀察可知，產物中催化劑顆粒的直徑一般為 $10 \sim 70$ nm，具有較大的介面曲率。這種介面曲率使體系具有較高的自由能，從而使體系的熔點降低。由介面曲率引起的溫差為

$$\Delta T_r = \frac{4\,MT_m}{\Delta H_m \rho_S d_S}\left(\sigma_L\left(\frac{\rho_S}{\rho_S}\right)^{2/3} - \sigma_S\right) \tag{2-5}$$

式中，　　M：莫耳質量（kg/mol）；

T_m：熔點溫度，$T_m = 1538$℃；

ΔH_m：熔點溫度 T_m 時的潛熱，$\Delta H_m = 1.554 \times 10^4$ J/mol；

ρ_S, ρ_L：固相和液相時的密度，$\rho_S = 7.035 \times 10^3$ kg/m³，$\rho_S/\rho_L = 1.034$。

在一定條件下，作者合成了直徑為 200 nm 的單壁奈米碳管束（圖 2-8(d)），說明有直徑為 200 nm 的催化劑顆粒存在。由式（2-5）可知，隨著催化劑顆粒直徑的增大，其熔點升高，當 $d_S = 200$ nm 時，熔點為 1149℃，接近反應溫度 1150℃，不利於液相區的形成。但根據凝固原理，金屬液體的凝固需要一定的過冷度。因此，即使催化劑的尺寸較大，其凝固溫度仍然遠低於反應溫度（1100～1200℃）。因此在 900～1200℃ 的反應溫度範圍內可以保證催化劑顆粒有熔融態存在，進而保證了碳源分解出的碳原子能夠在催化劑顆粒中擴散，為單壁奈米碳管的形核提供碳源。

上面的分析確定了催化劑顆粒中熔融態的存在，以及單壁奈米碳管束與催化劑顆粒直徑的關係。但對於一定直徑的催化劑顆粒，是形核生成多壁奈米碳管，還是形核生成單壁奈米碳管，主要由催化劑表面活性狀態決定。而硫元素在這一階段產生了至關重要的作用。由前面的分析可知，適當的硫量可以促進單壁奈米碳管的生長，提高產物的質量。這一作用的本質是硫在熔融的催化劑顆粒表面聚集，產生熔點更低的（985℃）環形液相區。在催化劑顆粒中擴散過來的碳更容易在此處析出，進而完成單壁奈米碳管的形核。

雖然單壁奈米碳管在環形液相區內形核，但其直徑同液相區的直徑並無確定的關係，而是受熱力學條件控制。以一根單壁奈米碳管的形核為例，碳在催化劑底部析出（圖 2-29）。當析出長度為 dl 的單壁奈米碳管時，系統的吉布斯自由能的變化 δG 為 [58]

$$\delta G = 2\pi \, (r_i + r_o) \, \sigma \mathrm{d}\, l + \frac{1}{12} \, \pi E a^2 \ln\left(\frac{r_o}{r_i}\right) \mathrm{d}\, l - \Delta \mu_0 \, dv/\Omega \qquad (2\text{-}6)$$

式中， r_i：單壁奈米碳管的內半徑（m）；

$\quad a$：單壁奈米碳管的壁厚（m），即碳原子的直徑，$a = 1.54 \times 10^{-10}$ m；

$\quad r_o$：單壁奈米碳管的外半徑（m），$r_o = r_i + a$；

$\quad \sigma$：石墨層片的表面自由能（J/m^2）；

$\quad E$：石墨層片的彈性模量（Pa），$E = 1000$ GPa；

$\quad \Delta \mu_0$：單個碳原子從催化劑中析出時的化學位元變化（J）；

$\quad v$：析出碳的體積（m^3）；

$\quad \Omega$：碳原子的體積（m^3），$\Omega = \pi a^3/6$。

當 n 個碳原子從催化劑顆粒表面析出並捲曲成管狀結構時，碳原子化學位的變化 $\Delta \mu$ 為

$$\Delta \mu = \delta G/dn = \frac{2\sigma\Omega}{r_o - r_i} + \frac{Ea2\Omega}{12(r_o^2 - r_i^2)} \ln\left(\frac{r_o}{r_i}\right) - \Delta \mu_0 \qquad (2\text{-}7)$$

當 $\Delta \mu < 0$ 時，單壁奈米碳管開始形核，其直徑 r_i 的大小應該趨向於使 $\Delta \mu$ 最小，即：

$$\left(\frac{\partial(\Delta \mu)}{\partial r_i}\right)_{r_o} = 0 \qquad (2\text{-}8)$$

石墨層片的表面自由能 σ 可由下式求出

$$\sigma = H - ST \qquad (2\text{-}9)$$

式中，H：石墨層片的表面焓（J/m^2）；

$\quad T$：溫度（K）；

S：石墨層片的表面熵（$J/(m^2 \cdot K)$）。

當溫度 $T = 1423$ K 時，$H = 0.157$ J/m^2，$S = 6.4 \times 10^{-5}$ $J/(m^2 \cdot K)$，由式（2-9）計算得 $\sigma = 0.0659$ J/m^2。根據式（2-7）和式（2-8）可以求出單壁奈米碳管生長的最佳內半徑 r_i 為 0.496 nm，則單壁奈米碳管的直徑 $d = 2r_o + a$ = 1.15 nm。但在催化裂解過程中，析出的石墨層片的晶格有可能並不完全，其彈性模量達不到 1000 GPa。如果取 $E = 900$ GPa，則可求出單壁奈米碳管生長的最佳直徑約為 1.11 nm，與實驗結果基本一致。

1. 單壁奈米碳管的形核

當二茂鐵被氫氣引入反應室後，在高溫下環鍵斷開，處於高活性狀態。當與其他鐵原子相撞時，鐵原子之間強烈吸引，聚集成一定尺寸的鐵團簇，並會進一步聚集形成直徑為數十奈米（10～70 nm）的鐵顆粒。奈米鐵顆粒表面的鐵原子所占比例較大，因此具有非常大的比表面能，極不穩定。為使其表面能降低，奈米鐵顆粒會吸附其他原子或分子，如硫原子、碳氫化合物分子等。根據前面的分析，吸附的硫元素提高了奈米鐵顆粒的催化活性，在其表面形成眾多形核點。吸附的碳氫化合物分子在催化劑顆粒表面分解出碳原子，並經過進一步擴散，在形核點析出形成單壁奈米碳管（圖 2-29(a)）。

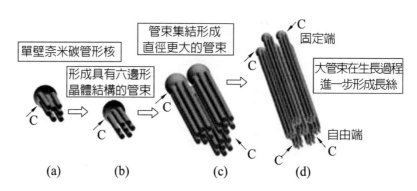

(a)　　　(b)　　　(c)　　　(d)

圖 2-29 單壁奈米碳管長絲的生長模型

2. 單壁奈米碳管束的生長

通常，同一個催化劑顆粒上的形核點之間的差別很小，因此在同一個顆粒上形核生長的單壁奈米碳管的直徑基本一致。在凡德瓦力的作用下，這些單壁奈米碳管會自動調整彼此間的距離，最終集結在一起，形成具有六邊形晶體結構的單壁奈米碳管束（圖 2-29(b)），管間距約為 0.32 nm。圖 2-29 所示為單壁奈米碳管長絲的生長模型。

3. 單壁奈米碳管長絲的形成

單壁奈米碳管束在長度增加的同時，也會由於自組建行為不斷地與其他管束結合，形成直徑更大的管束（圖 2-29(c)），最終形成平均直徑約 0.3 mm 的單壁奈米碳管長絲（圖 2-29(d)）。如果催化劑顆粒在長絲的生長過程中仍處於自由運動狀態，在失去活性前就會隨氫氣流離開反應區，導致長絲停止生長。但在收集產物時發現，單壁奈米碳管長絲大多懸掛在多壁奈米碳管團絮狀產物上，說明催化劑顆粒被團絮狀產物截住，能夠繼續維持長絲的生長。

由於單壁奈米碳管長絲的生長速率很高，可以認為長絲的兩端都有碳源供給，同時生長。在催化劑顆粒一端（固定端），硫可以增加碳在鐵顆粒中的溶解度，使氣－固與固－固介面間碳的濃度梯度增加，進而提高碳在鐵中遷移的推動力。另外，硫也能夠與碳氫分子的 H 作用，生成 HS 基，進一步與石墨層片邊緣的 H 結合生長以釋放懸鍵，促進碳簇沈積到石墨邊緣的懸鍵上 [59]，因而保證了碳氫分子的連續分解。但這一過程畢竟進行得比較緩慢，單壁奈米碳管長絲的長大主要還是源於自由端的生長，由於碳源的不斷沈積使長度快速增加。

導致單壁奈米碳管長絲最終停止生長有以下兩個原因：(1) 固定端的催化劑失去活性而停止生長；(2) 隨著長度的增加，長絲的自由端最終離開反應區，由於溫度降低、碳源供給不足而停止生長。

參考文獻

[1] Journet C, Maser W K, Bernier P, et al. Large-scale production of single-walled carbon nanotubes by the electric-arc technique. Nature, 1997, 388 (6644): 756 ~ 758

[2] Guo T, Nikolaev P, Thess A, et al. Catalytic growth of single-walled nanotubes by laser vaporization. Chem Phys Lett, 1995, 243: 49 ~ 54

[3] Dai HJ, Rinzler AG, Nikolaev P, et al. Single-walled produced by metal-catalyzed disproportionation of carbon monoxide. Chem Phys Lett, 1996, 260: 471 ~ 475

[4] Journet C, Bernier P. Production of carbon nanotubes. Appl Phys A-Mater, 1998, 67: 1 ~ 9

[5] Van der Waals R L, Ticich T M, Curtis V E. Diffusion flame synthesis of single-walled carbon nanotubes. Chem Phys Lett, 2000, 323: 217 ~ 223

[6] Li Y M, Mann D, Rolandi M, et al.Preferential growth of semiconducting single-walled carbon nanotubes by a plasma enhanced CVD method.Nano Lett, 2004, (2): 317 ~ 321

[7] Iijima S. Helical microtubules of graphitic carbon. Nature, 1991, 354: 56 ~ 58

[8] Iijima S, Ichihashi T. Single-shell carbon nanotubes of 1-nm diameter. Nature, 1993, 363: 603 ~ 605

[9] Sun L F, Xie S S, Liu W, et al. Materials-creating the narrowest carbon nanotubes, Nature, 2000, 403 (6768): 384

[10] Qin L C, Zhao X L, Hirahara K, et al. Materials science —— the smallest carbon nanotube. Nature, 2000, 408: 50

[11] Journet C, Maser W K, Bernier P, et al. Large-scale production of single-walled carbon nanotubes by the electric-arc technique. Nature, 1997, 388: 756 ~ 758

[12] Ando Y, Zhao X, Hirahara K, et al. Mass production of single-wall carbon nanotubes by the arc plasma jet method. Chem Phys Lett, 2000, 323: 580 ~ 585

[13] Liu C, Cong H T, Li F, et al. Semi-continuous synthesis of single-walled carbon

nanotubes by a hydrogen arc discharge method. Carbon, 1999, 37: 1865～1868

[14] Saito Y, Tani Y, Miyagawa N, et al. High yield of single-wall carbon nanotubes by arc discharge using Rh-Pt mixed catalysts. Chem Phys Lett, 1998, 294 (6): 593～598

[15] Thess A, Lee R, Nikolaev P, et al. Crystalline ropes of metallic carbon nanotubes. Science, 1996, 273: 483～487

[16] Yudasaka M, Komatsu T, Ichihashi T, et al. Single-wall carbon nanotube formation by laser ablation using double-targets of carbon and metal.Chem Phys Lett, 1997, 278: 102～106

[17] Guo T, Nikolaev P, Thess A, et al. Catalytic growth of single-walled nanotubes by laser vaporization. Chem Phys Lett, 1995, 243: 49～54

[18] Maser W K, Munoz E, Benito A M, et al. Production of high-density single-walled nanotube material by a simple laser-ablation method. Chem Phys Lett, 1998, 292 (4-6): 587～593

[19] Yudasaka M, Yamada R, Sensui N, et al.Mechanism of the effect of NiCo, Ni and Co catalysts on the yield of single-wall carbon nanotubes formed by pulsed Nd: YAG laser ablation. J Phys Chem B, 1999, 103 (30): 6224～6229

[20] Wang Y, Wei F, Luo G H, et al. The large-scale production of carbon nanotubes in a nano-agglomerate fluidized-bed reactor. Chem Phys Lett, 2002, 364: 568～572

[21] Tanemura M, Iwata K, Takahashi K, et al. Growth of aligned carbon nanotubes by plasma-enhanced chemical vapor deposition: Optimization of growth parameters. J Appl Phys, 2001, 90: 1529～1533

[22] Lee C J, Lyu S C, Cho Y R, et al. Diameter-controlled growth of carbon nanotubes using thermal chemical vapor deposition. Chem Phys Lett, 2001, 341: 245～249

[23] Wei B Q, Vajtai R, Jung Y, et al.Organized assembly of carbon nanotubes-cunning refinements help to customize the architecture of nanotube structures.Nature, 2002, 416 (6880): 495～496

[24] Cao A Y, Zhang X F, Xu C L, et al. Grapevine-like growth of single walled carbon nanotubes among vertically aligned multiwalled nanotube arrays. Appl Phys Lett, 2001, 79: 1252 ~ 1254

[25] Kong J, Cassell A M, Dai H J. Chemical vapor deposition of methane for single-walled carbon nanotubes. Chem Phys Lett, 1998, 292: 567 ~ 574

[26] Cassell A M, Raymakers J A, Kong J, et al. Large scale CVD synthesis of single-walled carbon nanotubes. J Phys Chem B, 1999, 103: 6484 ~ 6492

[27] Su M, Zheng B, Liu J. A scalable CVD method for the synthesis of single-walled carbon nanotubes with high catalyst productivity. Chem Phys Lett, 2000, 322: 321 ~ 326

[28] Li Q W, Yan H, Cheng Y, et al. A scalable CVD synthesis of high-purity single-walled carbon nanotubes with porous MgO as support material. J Mater Chem, 2002, 12: 1179 ~ 1183

[29] Liu B C, Lyu S C, Jung S I, et al. Single-walled carbon nanotubes produced by catalytic chemical vapor deposition of acetylene over Fe-Mo/MgO catalyst. Chem Phys Lett, 2004, 383: 104 ~ 108

[30] Peigney A, Coquay P, Flahaut E, et al. A study of the formation of single-and double-walled carbon nanotubes by a CVD method. J Phys Chem B, 2001, 105: 9699 ~ 9710

[31] Wang N, Tang Z K, Li G D, et al. Materials science —— Single-walled 4 angstrom carbon nanotube arrays. Nature, 2000, 408: 50 ~ 51

[32] Pan Z W, Xie S S, Chang B H, et al. Very long carbon nanotubes. Nature, 1998, 394 (6694): 631 ~ 632

[33] Liu C, Cheng H M, Cong H T, et al. Synthesis of macroscopically long ropes of well-aligned single-walled carbon nanotubes.Adv Mater, 2000, 12 (16): 1190 ~ 1192

[34] Ericson L M, Fan H, Peng H Q, et al. Macroscopic, neat, single-walled carbon nanotube fibers. Science, 2004, 305 (5689): 1447 ~ 1450

[35] Zhu H W, Xu C L, Wu D H, et al. Direct synthesis of long single-walled carbon nanotube strands. Science, 2002, 296 (5569): 884 ~ 886

[36] 慈立傑。浮動催化法碳奈米管的製備及其晶化行為的研究：〔博士學位論文〕。北京：清華大學，2000

[37] Tibbetts G G, Bernardo C A, Gorkiewicz D W, et al. Role of sulfur in the production of carbon fiber in the vapor phase. Carbon, 1994, 32: 569 ~ 576

[38] 成會明。奈米碳管：製備、結構、物性及應用。北京：化學工業出版社，2002

[39] Zhu H W, Jiang B, Xu C L, et al. Long super-bundles of single-walled carbon nanotubes. Chem commun, 2002, (17): 1858 ~ 1859

[40] Li Y L, Kinloch I A, Windle A H.Direct spinning of carbon nanotube fibers from chemical vapor deposition synthesis.Science, 2004, 304 (5668): 276 ~ 278

[41] Kim W, Choi H C, Shim M, et al. Synthesis of ultralong and high percentage of semiconducting single-walled carbon nanotubes. Nano Lett. 2002, 2 (7): 703 ~ 708

[42] Huang L M, Cui X D, White B, et al.Long and oriented single-walled carbon nanotubes grown by ethanol chemical vapor deposition. J Phys Chem B, 2004, 108 (42): 16451 ~ 16456

[43] Zheng L X, O'Connell M J, Doorn S K, et al. Ultralong single-wall carbon nanotubes. Nature Mater, 2004, 3 (10): 673 ~ 676

[44] Li W Z, Xie S S, Qian L X, et al. Large-scale synthesis of aligned carbon nanotubes. Science, 1996, 274 (5293): 1701 ~ 1703

[45] Cao A Y, Zhang X F, Xu C L, et al. Grapevine-like growth of single walled carbon nanotubes among vertically aligned multiwalled nanotube arrays. Appl Phys Lett, 2001, 79 (9): 1252 ~ 1254

[46] 曹安源。定向生長碳奈米管薄膜的研究：〔博士學位論文〕。北京：清華大學，2001

[47] Hata K, Futaba D N, Mizuno K, et al. Water-assisted highly efficient synthesis of impurity-free single-waited carbon nanotubes. Science, 2004, 306 (5700): 1362 ~

1364

[48] Zhu H W, Jiang B, Xu C L, et al. Synthesis of high quality single-walled carbon nanotube silks by the arc discharge technique. J Phys Chem B,2003, 107 (27): 6514 ~ 6518

[49] Li H J, Guan L H, Shi Z J, et al. Direct synthesis of high purity single-walled carbon nanotube fibers by arc discharge. J Phys Chem B, 2004, 108(15): 4573 ~ 4575

[50] Wei B Q, Vajtai R, Choi Y Y, et al. Structural characterizations of long single-walled carbon nanotube strands. Nano Lett, 2002, 2 (10): 1105 ~ 1107

[51] Liu J, Rinzler A G, Dai H J, et al. Fullerene pipes. Science, 1998, 280 (5367): 1253 ~ 1256

[52] Nikolaev P, Bronikowski M J, Bradley R K, et al. Gas-phase catalytic growth of single-walled carbon nanotubes from carbon monoxide. Chem Phys Lett, 1999, 313 (1-2): 91 ~ 97

[53] Brown S D M, Corio P, Marucci A, et al. Anti-stokes raman spectra of single-walled carbon nanotubes. Phys Rev B, 2000, 61: R5137 ~ R5140

[54] Alvarez L, Righi A, Rols S, et al. Diameter dependence of raman intensities for single-wall carbon nanotubes. Phys Rev B, 2001, 63: 153401

[55] Pederson M R, Broughton J Q. Nanocapillarity in fullerene tubules. Phys Rev Lett, 1992, 69: 2689 ~ 2692

[56] Ye Y, Ahn C C, Witham C, et al. Hydrogen adsorption and cohesive energy of single-walled carbon nanotubes. Appl Phys Lett, 1999, 74: 2307 ~ 2309

[57] Liu C, Yang Q H, Tong Y, et al. Volumetric hydrogen storage in single-walled carbon nanotubes. Appl Phys Lett, 2002, 80: 2389 ~ 2391

[58] Kotosonov A S, Shilo D V. Electron spin resonance study of carbon nanotubes. Carbon, 1998, 36 (11): 1649 ~ 1651

[59] Bachtold A, Strunk C, Salvetat J P, et al. Aharonov-bohm oscillations in carbon nanotubes. Nature, 1999, 397: 673 ~ 675

單壁奈米碳管
巨觀體的特性

3.1　單壁奈米碳管的結構與性能分析

3.2　單壁奈米碳管巨觀體的基本物理特性

3.3　單壁奈米碳管巨觀體的力學特性

3.4　單壁奈米碳管巨觀體的應用特性

參考文獻

3.1 單壁奈米碳管的結構與性能分析

　　單壁奈米碳管獨特的一維結構，帶來了優異的電學特性和光學特性。構成單壁奈米碳管管身的 C-C 共價鍵是已知的最強共價鍵之一，因此奈米碳管具有優異的力學特性。同時，單壁奈米碳管的化學穩定性、細小的直徑和高的比表面積，也為人們提供了廣闊的性能和應用研究空間。對於單壁奈米碳管的微觀特性，人們已經進行了大量的研究並取得了很大的進展，已經開發出了基於奈米碳管優異性能的、接近實際應用的產品，例如掃描探針 [1, 3]、場效應管元件 [4, 5]，電場發射元件等 [6-8]。眾所皆知，在許多場合下，呈無序分佈的長度僅為微米量級的單壁奈米碳管的性能和應用受到限制，而巨觀長度的單壁奈米碳管可以充分發揮其巨觀操作和微觀優異的性能，因此研究奈米碳管巨觀體的性能有無限的潛在應用價值。

3.1.1 單壁奈米碳管的手性

　　單壁奈米碳管僅由一層石墨層片按照一定螺旋角捲曲而成。理論計算得知，奈米碳管的性能與其幾何結構密切相關，不同結構的奈米碳管具有截然不同的性能。不同類型奈米碳管的結構圖見圖 1-3。圖 1-3 列出了構成單壁奈米碳管的石墨單元模型。$OAB'B$ 是單壁奈米碳管的一個結構單元。為了便於描述各種不同結構的奈米碳管，引入手性向量 C_h（向量 OA）並且定義

$$C_h = na_1 + ma_2 \equiv (n, m) \qquad (3\text{-}1)$$

式中，n, m 為整數，$0 \le |m| \le n$，稱為手性參數；

　　a_1、a_2：單位向量。

　　對於已知手性參數 (n, m) 的奈米碳管，其直徑和螺旋角即已唯一確定，如奈米碳管的直徑 d_C 和螺旋角 θ 分別可以表示為

$$d_C = L/\pi = |C_h| = a\sqrt{n^2 + nm + m^2} \qquad (3\text{-}2)$$

$$\cos\theta = \frac{C_h \cdot a_1}{|C_h||a_1|} = \frac{2n+m}{2\sqrt{n^2+nm+m^2}} \tag{3-3}$$

式（3-2）中，

　　a：單位向量的長度，$a=\sqrt{3}\,a_{C-C}=0.246$ nm。

　　T（向量 OB）：奈米碳管平移向量代表奈米碳管一維晶胞的單元向量。

$$T = t_1 a_1 + t_2 a_2 \equiv (t_1, t_2) \tag{3-4}$$

式中，t_1、t_2：整數，$t_1 = \dfrac{2m+n}{d_R}$，$t_2 = \dfrac{2n+m}{d_R}$；

　　a_1、a_2：單位向量；

　　d_R：$(2m+n)$ 和 $(2n+m)$ 的最大公約數。

　　T 向量指向沿奈米碳管軸向重複奈米碳管單胞的最短方向。T 向量與管軸平行並與 C_h 向量垂直，即奈米碳管沿軸向生長方向。

　　對於不同手性參數 (n, m) 的單壁奈米碳管，可以有不同的螺旋角。當 $m = 0$ 時，奈米碳管的螺旋角 $\theta = 0°$，奈米碳管的橫斷面形狀與扶手椅（armchair）非常類似，如圖 1-3(b)，稱為扶手椅型奈米碳管。當 $|m| = n$ 時，奈米碳管的螺旋角 $\theta = 30°$，奈米碳管的橫斷面的碳原子相互交錯，呈鋸齒狀，如圖 1-3(c)，稱之為鋸齒型奈米碳管（zigzag），扶手椅型和鋸齒型奈米碳管從結構上都可以透過對稱操作使其重合。對於其他情形，奈米碳管的螺旋角 θ 位於 $0°\sim30°$ 之間，其對稱操作無法使碳原子自身重合，因此稱為手性型奈米碳管，如圖 1-3(d) 所示。扶手椅、鋸齒分別概略地描述了圖 1-3(b) 和 (c) 中奈米碳管截面的碳原子排列形狀。奈米碳管電子能帶結構理論研究表示，奈米碳管的電學性能可以表現為導體性和半導體性，並且與其幾何結構密切相關。具體說，對於單壁奈米碳管，若 $n = |m|$ 或者 $m = 0$，則單壁奈米碳管為導體性；若 $n \neq |m|$，則當 $(n-m)/3 = z$（z 為整數）時，單壁奈米碳管呈導體性，否則呈半導體性 [9]。

　　單壁奈米碳管的直徑通常在 $0.7 \sim 2$ nm 間。由於單壁奈米碳管的直徑很

小，表面能很大，因此單壁奈米碳管通常自建組織形成單壁奈米碳管束，以降低系統的表面能。單壁奈米碳管在管束中具有平面三角形結構，其晶格常數為 $a_{01} = d_C + 0.32$ nm[10]。單壁奈米碳管束中，管與管之間靠凡德瓦力結合，但要分離出單根單壁奈米碳管仍很困難。Ruoff 等人[11] 發現，直徑小於 1 nm 的單壁奈米碳管組成束時，單壁奈米碳管能保持其完整的圓柱結構，而當單壁奈米碳管的直徑大於 2.5 nm 時，由於奈米碳管間凡德瓦力的作用而使管的形狀發生改變。實驗發現，直徑比較小的雙壁奈米碳管，比較容易自建組織形成雙壁奈米碳管束[12, 13]，這些雙壁奈米碳管束具有與單壁奈米碳管束相似的結構。

單壁奈米碳管是由石墨層片捲曲而成的，因此奈米碳管具有與石墨相似的性能，如具有很高的昇華溫度、良好的導熱和導電性能。同時，由於單壁奈米碳管的直徑很小、管身曲率很大、石墨層片嚴重扭曲、有獨特的電子結構，所以奈米碳管又具備很多獨特的性能。

圖 3-1 為單壁奈米碳管的電子態密度示意圖[14]。對於手性參數為 (n, m) 的單壁奈米碳管，假設奈米碳管電子態滿足周期性邊界條件，即 $k \cdot C_h = 2\pi z$，式中 z 為整數。由此可知，k 應與 C_h 垂直，如圖 3-1(a) 和 3-1(b) 中的斜線所示，斜線之間的寬度為 $2/d_C$。忽略奈米碳管石墨層片的彎曲影響，令 $k_F = 4\pi(a_1 - a_2)/9a^2_{C-C}$，其中，$a_{C-C}$ 為碳 - 碳鍵長，如果 $k_F \cdot C_h = 2\pi z$，z 為整數，則單壁奈米碳管為導體性能，否則，單壁奈米碳管為半導體性能。圖 3-1(c) 列出了不同直徑和螺旋角的單壁奈米碳管態密度 A、B、C，分別對應圖 3-1(b) 中的 A、B、C 三點。圖 3-1(c) 中的實線為手性參數為 (17, 0) 的單壁奈米碳管（直徑 d_C = 1.33 nm，螺旋角 $\theta = 0°$）的態密度，虛線和點線分別為手性參數為 (13, 6) 的單壁奈米碳管（直徑 d_C = 1.32 nm，螺旋角 $\theta = 18°$）和 (11, 9)（直徑 d_C = 1.36 nm，螺旋角 $\theta = 27°$）的單壁奈米碳管的態密度。可以看出，對於不同手性參數的單壁奈米碳管，其態密度相似，能隙寬度大抵相同，但它們的導電性能卻是可以不同的，手性參數為 (17, 0) 的單壁奈米碳管為導體型，而手性參數為 (13, 6) 和 (11, 9) 的單壁奈米碳管則為半導體型。

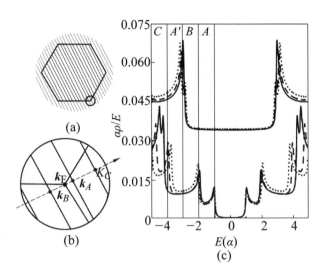

圖 3-1 奈米碳管的電子態密度 [14]

(a) 手性參數為 (11, 9) 的單壁奈米碳管石墨單元六邊形中心布里淵區，平行線表示單壁奈米碳管的許可態，圖中右下角圓圈為費米能級附近的態密度；(b) 為費米能級附近許可態的放大圖；(c) 不同手性參數單壁奈米碳管電子的態密度

　　Rao 等人採用緊束縛模型計算單壁奈米碳管的電子態密度時，發現對於導體型的單壁奈米碳管，沿奈米碳管軸單位元長度的態密度為一常數 [16]：

$$N(E_F) = \frac{8}{\sqrt{3}\pi a |t|} \tag{3-5}$$

式中，a：石墨層的晶格常數；

　　$|t|$：最鄰近 C-C 原子緊束縛重疊能量。

　　圖 3-2 列出了採用緊束縛模型計算出的四種扶手椅型單壁奈米碳管的態密度。可以看出，隨直徑的增加，單壁奈米碳管的能隙寬度逐漸變窄。例如對於手性參數為 (8, 8) 的單壁奈米碳管，其第一能隙寬度（第一導帶和第一價帶之間的寬度）為 1.58 eV，而手性參數為 (11, 11) 的單壁奈米碳管的第一能隙寬度為 1.18 eV。半導體型奈米碳管能隙寬度與其直徑（d_C）呈反比關係，即

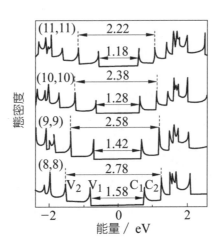

圖 3-2 採用緊束縛模型計算出來的四種扶手椅型單壁奈米碳管的電子態密度 [15]

$$E_g = \frac{|t| a_{C-C}}{d_C}$$ （3-6）

式中，$a_{C-C} = a/\sqrt{3}$，為石墨層片間的 C-C 鍵長。

由此顯示，單壁奈米碳管的能帶寬度隨手性參數的不同而改變，並且奈米碳管的直徑越細，能隙寬度就越寬。

3.1.2　單壁奈米碳管的性能

自從 Iijiam 發現奈米碳管以來，研究人員對奈米碳管的電學、光學、力學等基本性能開展了大量的研究工作。早期對奈米碳管電學和光學等性能的研究主要針對長度為微米量級的微觀奈米碳管，而且有的是在電子顯微鏡下在單根奈米碳管上進行的。

關於奈米碳管的電學性能，早在 1992 年，Hamada[17]、Mintmire[18] 和 Saito[19] 等人，就已從理論上預言奈米碳管的導電性能與其結構之間存在密切聯繫。Saito[16] 認為，約 2/3 的奈米碳管是半導體型，只有 1/3 的奈米碳管為導體型。因而可以將奈米碳管製成場效應管來研究電學性能。導體型的奈米

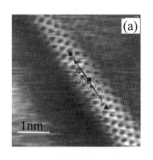 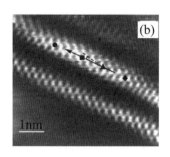

圖 3-3 單壁奈米碳管的掃描穿隧顯微鏡照片 [20]

(a) 管束表面的一根單壁奈米碳管的掃描穿隧顯微鏡照片；(b) 單根單壁奈米碳管的掃描穿隧顯微鏡照片

碳管，可用作奈米導線；而半導體型的奈米碳管，是理想的半導體材料，基於優異性能，奈米碳管可製成各種半導體元件。

1998 年，Lieber 研究小組 [20] 採用掃描穿隧顯微鏡研究了奈米碳管的結構與電學性能的關係。他們的基本想法是首先利用掃描穿隧顯微鏡確定單根單壁奈米碳管的手性參數和螺旋角，如圖 3-3 所示，然後對單根單壁奈米碳管的電學性能進行測量，便可以確定奈米碳管的結構與電學性能之間的關係。透過直接觀察，不同結構的單壁奈米碳管具有不同的電子性能，從實驗上確定了奈米碳管的電學性能與其幾何結構的依賴關係。他們發現，製備態的奈米碳管的直徑和螺旋角分佈很廣，很難出現佔統治地位的結構。

Martel 等人 [21] 利用場效應管來研究奈米碳管的導電性能。圖 3-4 為奈米碳管場效應管的模型，通常以矽（p 型或者 n 型）作為背電極（back gate）。先在矽表面氧化出一層 SiO_2 絕緣層作為絕緣柵層，然後通過光刻或者電子束刻蝕技術鍍上金屬線，分別作為源極（source）和汲極（drain），將奈米碳管

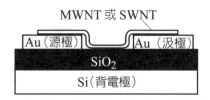

圖 3-4 單壁奈米碳管的場效應管模型 [21]

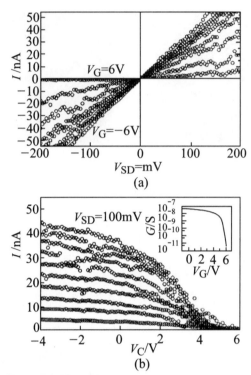

沈積在源極和汲極之間，便構成了由奈米碳管組成的場效應管。

　　圖 3-5 為基於單壁奈米碳管的場效應管的傳輸特性曲線。改變閘電壓，分別測量在不同的源汲電壓下奈米碳管的電流曲線，結果如圖 3-5(a) 所示。可以看出，隨著閘電壓的變化，單壁奈米碳管的電導也發生明顯的改變，即可以通過閘電壓來調控單壁奈米碳管的電導。當閘電壓正偏時，電導減小；當閘電壓負偏時，電導增大，由此顯示奈米碳管在室溫下主要靠電洞導電，單壁奈米碳管的電洞密度達 9×10^6/cm，相當於每 250 個碳原子就有一個空穴，比石墨的電洞密度（每 10000 個碳原子才有 1 個電洞）高 40 倍。若固定源汲極電壓不變，改變閘電壓，測量單壁奈米碳管的電流，結果如圖 3-5(b) 所示。通過閘電壓調節，可以控制奈米碳管電導的大小，單壁奈米碳管場效應管的放大係數可達

到 10^5，如圖 3-5(b) 中的插圖所示。而多壁奈米碳管則沒有明顯的閘效應。

由於奈米碳管尺寸效應帶來誘人的量子電導和超導特性。電流在奈米碳管中的傳輸表現為彈道效應，即電子在奈米碳管中的傳輸不受任何阻力、電子在奈米碳管中的傳輸沒有任何能量消耗。電子在奈米碳管中的傳輸，具有量子效應 [22]。Frank[23] 和 Liang 等人 [24] 分別報導了電子在奈米碳管中的傳輸呈彈道傳輸特性。Frank 等人將奈米碳管束浸入水銀中，如圖 3-6(a) 所示。當奈米碳管浸入水銀的深度增加時，通過奈米碳管的電流發生臺階式的變化，即奈米碳管的電導呈臺階變化。圖 3-6(b) 為奈米碳管電導隨位置變化曲線，可以看出兩個明顯的大臺階。而電導在每次階躍前都有一個小平臺，這是由於隨著奈米碳管位置的變化，第二根奈米碳管開始伸入水銀中產生的。但是在檢測流經奈米碳管的電流時，發現奈米碳管電導的變化並非總是 $G_0 = 4e^2/h$ 的整數倍，而經常發現電導變化 $0.5 \ G_0$，如圖 3-6(c) 所示，這是由於奈米碳管端帽通常為圓錐體的緣故。White 等人 [22] 對奈米碳管的能帶結構研究時發現，呈導體性能的單壁奈米碳管在費米能級（Fermi level）附近具有相互交叉的能帶，因此在電子

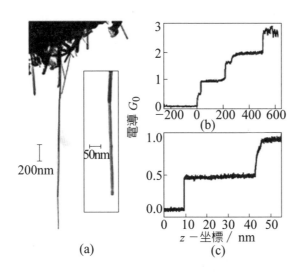

(a)　　　　　(b)　　　　　(c)

圖 3-6　奈米碳管的量子電導 [23]

(a) 長為 2.2 μm、直徑為 14 nm 的奈米碳管穿透電子顯微鏡照片；(b) 奈米碳管電導與奈米碳管伸入水銀深度的關係曲線；(c) 奈米碳管端帽的量子電導行為

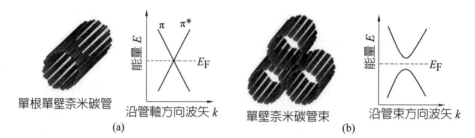

圖 3-7 單壁奈米碳管的結構模型及其能級示意圖 [26]

(a) 單壁奈米碳管的 π 和 π* 能級在費米能級處相交；(b) 單壁奈米碳管束的 π 和 π* 能級在費米能級附近發生分離

傳輸過程，有兩個通道，4 個電子起作用。在理想條件下，單壁奈米碳管具有兩個單位的量子電導，其本徵電阻為 $R = h/4e^2 \approx 6.5$ kΩ（其中 h 為普朗克常數，e 為電子的電量）。事實上，一些直徑較小的多壁奈米碳管（< 25 nm）也表現出量子傳輸特性 [25]。

Ouyang 等人 [26] 採用掃描穿隧顯微鏡對單根單壁奈米碳管的電學性能進行研究。結果證明，單根奈米碳管的 π 和 π* 帶在費米能級處交叉，如圖 3-7(a) 所示。由於奈米碳管之間的相互作用，當單壁奈米碳管組成單壁奈米碳管束時，其電子結構會發生變化，例如手性參數為 (10, 10) 的單壁奈米碳管組成束時，在其態密度中可以產生 0.1 eV 的偽能隙。而其能帶也會在費米能級附近發生分離，如圖 3-7(b) 所示。奈米碳管束中偽能隙的存在會改變奈米碳管的電子態密度和傳輸特性。

由於電子在奈米碳管中的傳輸具有彈道特性，所以單壁奈米碳管的載流能力可達 10^9 A/cm² 量級 [24, 27]，是銅導線導電能力的 1000 倍。Collins 等人 [28] 對多壁奈米碳管通以極限電流時，發現多壁奈米碳管的層與層之間的電學性能並不相同。在單壁奈米碳管束中，由於呈導體性的奈米碳管電阻小，在通以極限電流時最先被空氣氧化掉，而剩下半導體型的奈米碳管，由此可以來控制單壁奈米碳管電學性能。

1996 年，Huang 等人 [29] 通過計算認為，直徑為 0.7 nm 的單壁奈米碳管具有超導性。儘管其超導轉變溫度 T_c 僅為 1.5×10^{-4} K，但這仍預示奈米碳管在超導材料中有潛在應用。1999 年，Kasumov 等人 [30, 31] 在直徑為 1 nm 的單壁奈米碳管上，觀察到了約瑟夫森超導穿隧道效應（Josephson effect），由此證明了單壁奈米碳管具有超導特性，超導轉變溫度為 0.7 K。2001 年，Tang 等人 [32] 對直徑為 0.4 nm 的單壁奈米碳管測量時發現，超導轉變溫度可達 15 K，為已知單質元素中最高的轉變溫度。可以看出，單壁奈米碳管的超導轉變溫度與其幾何結構有關。

多壁奈米碳管的電阻溫度曲線表示多壁奈米碳管通常具有負溫度梯度。Li 等人 [33] 從定向奈米碳管陣列中抽取出多壁奈米碳管束並對其進行測量時發現，其在 700 ～ 1200 K 仍具有負的溫度梯度，即表現為半導體特性。在巨觀狀態下，測量單壁奈米碳管束的電阻溫度曲線發現，在特定溫度 T_k 以下，電阻具有負的溫度梯度；而當溫度大於 T_k 時，為正的溫度梯度，即單壁奈米碳管在 T_k 以上為導體性，說明奈米碳管束在 T_k 處發生由導體向半導體的結構轉變 [34]。

Ebbesen[35] 用四點法測量了單根奈米碳管的導電性，發現不同奈米碳管的電阻有很大差異。Dai[36] 也進行了類似的測試，認為管壁存在的缺陷會急劇降低奈米碳管的導電能力。Fuhrer 等人 [37] 在研究奈米碳管相互交叉的電學性能時發現，當兩根奈米碳管交叉時形成異質結。兩根電學性能相似（如導體型 - 導體型，半導體型 - 半導體型）的奈米碳管交叉形成結時，交叉處具有大小約為 0.1 e^2/h 的電導，而兩根電學性能不同的奈米碳管相接時，產生一個蕭特基障壁（Schottky barrier）[38]。研究還發現，當奈米碳管發生彎曲，或者碳環存在五邊形或七邊形結構缺陷時，單根奈米碳管可以構成最小的二極體，電流只能沿著一個方向流動。

奈米碳管具有獨特的光學性能。單壁奈米碳管的拉曼光譜在波數 100 ～ 400 cm^{-1} 處存在奈米碳管的特徵峰——環呼吸振動模 [15]。單壁奈米碳管的環呼吸峰位僅與奈米碳管直徑有關，而與其螺旋角無關，因此環呼吸振動模常用來確定樣品中單壁奈米碳管的直徑分佈。單壁奈米碳管在紫外—可見光—近紅

外吸收光譜上，還有與 van Hove 奇異性有關的特徵峰 [39, 40]。

Smalley 小組 [41] 發現單壁奈米碳管在特定條件下具有發出螢光的特性。他們採用特殊的處理技術得到單根單壁奈米碳管，發現這些單根奈米碳管能夠在近紅外波段吸收並發出螢光。他們根據大量實驗資料，識別出了 33 種發光奈米碳管吸收和散發出的光所具有的不同波長 [42]。這一成果有望為分析和標定奈米碳管找到一種較快速、簡單的新方法。其最直接的用途可能是在生物醫療和奈米電子學領域。例如，將具有發光特性的奈米碳管包裹在特定蛋白質中輸入人體，這些蛋白質則專門瞄準並附著在腫瘤細胞或發炎組織上。由於人體中沒有組織能在近紅外波段發出螢光，藉由這種辦法探測腫瘤細胞部位的發光奈米碳管，就可以對癌症等疾病進行早期診斷。

Zhang 等人 [43] 發現，單壁奈米碳管在氙燈照射下發生彈性變形，並且觀察到光電效應，在奈米碳管中產生了幾十納安培量級的電流。Cao 等人 [44] 對定向奈米碳管薄膜吸收太陽光的研究顯示，奈米碳管可以吸收 99% 以上的太陽光，有望在太陽能集熱器上得到應用。Ajayan 研究小組 [45] 發現，奈米碳管經強光照射時，能點燃奈米碳管，表示奈米碳管對光的吸收和光熱轉換效率非常高，可以開發遠端光觸發器。Misewich 等人 [46] 報導奈米碳管場效應管有電激發光現象。而 Freitag 等人 [47] 採用紅外雷射激發單壁奈米碳管場效應管時發現有光電導特性。Fan 等人 [48] 對從奈米碳管陣列中抽取的長絲施加電壓，當電壓為 70 V 左右時，奈米碳管開始發射出白熾光。並且，他們對長度為 100 μm、直徑為 10 μm 定向排列的多壁奈米碳管束施加電壓時發現，奈米碳管所發出的光為部分偏振光，其偏振度達 0.33[33]。

基於經驗的 Keating 力模型，對奈米碳管的彈性模量進行計算，結果證明，奈米碳管的彈性模量約為 5 TPa，比最強的金屬銥高 5 倍 [49]。Hernande 等人 [50] 採用非正交緊束縛理論計算，得到單壁奈米碳管的彈性模量為 1.24 TPa，比其他類型的奈米管，如 BN，BC_3 和 BC_2N 都高。而 Wong 等人 [51] 根據緊束縛理論計算的結果表示，奈米碳管的彈性模量與管徑和手性相關不大，為 1.24 TP，與石墨的彈性模量相當。儘管採用不同理論計算有差別，但

都證明奈米碳管具有很高的彈性模量。

　　單壁奈米碳管的直徑一般為 0.7 ～ 2 nm，長度為微米量級，很難直接進行拉伸實驗，許多力學性能的資料都是基於複合材料或者透過間接的方法獲得的。Yu 等人 [52] 在掃描電子顯微鏡和原子力顯微鏡下對單壁奈米碳管束進行拉伸，測出微米長的單壁奈米碳管束抗拉強度為 13 ～ 52 GPa，平均值為 30 GPa，彈性模量為 320 ～ 1470 GPa，平均值為 1.002 TPa。Andrews 等人 [53] 將單壁奈米碳管和瀝青複合，使瀝青複合纖維的拉伸強度和彈性模量分別提高了 90% 和 150%。Zhu 等人 [54] 將純化處理後的單壁奈米碳管與環氧樹脂複合，由於單壁奈米碳管純化處理後表面產生大量官能基，使複合材料的抗拉強度和彈性模量分別提高了 18% 和 30%。這些結果體現了單壁奈米碳管用作複合材料增強相的潛力。

　　單壁奈米碳管的中空管狀結構，增大了奈米碳管的比表面積，因而具有優異的氣體吸附性能。在常溫下，奈米碳管就可以吸附如 H_2[54]、NH_3[55]，O_2[56] 等氣體。奈米碳管在吸附一些氣體後，電阻發生改變，由此，奈米碳管可以作為化學感測器 [57-60]。馬仁志將奈米碳管粉末壓製成巨觀體，研究了在超級電容器上的潛在應用 [61]。奈米碳管有良好的導熱性，導熱係數達 6600 W/(m·K) [62]，是已知材料中最高的。

　　上述研究顯示，奈米碳管，特別是單壁奈米碳管具有非常優異的性能以及廣泛的、誘人的潛在應用前景，並且奈米碳管優異的性能與其幾何結構和電子結構相關。應該指出的是，上述性能大多是基於長度為微米量級的奈米碳管測量的，有的還是在電子顯微鏡下對單根或者單束單壁奈米碳管進行的測量，這為奈米碳管的實際應用帶來很大限制，因此研究奈米碳管巨觀體的基本性能和使用性能具有重要的意義。

3.2 單壁奈米碳管巨觀體的基本物理特性

自從具有巨觀尺寸的單壁奈米碳管長絲和薄膜製取成功後，人們逐漸開始關注巨觀狀態下奈米碳管是否依然保持優異的性能，奈米碳管巨觀體與碳纖維等體材料在性能上的差異以及奈米碳管巨觀體的應用等。

3.2.1 電學特性

理論和實驗都已證實，單根的單壁奈米碳管根據其手性參數可以表現為導體和半導體。當單壁奈米碳管經過自建組織形成管束時，由於凡德瓦力的作用，奈米碳管的能帶結構發生變化，原本交叉的導帶和價帶發生分離，因而其電學性能也相應地發生改變。

首先研究單壁奈米碳管長絲的電阻的變化規律。將直徑為 50 μm～0.5 mm，長為 2 cm 的單壁奈米碳管長絲放置在石英片上，採用四點法在室溫下測量其伏安特性。如圖 3-8 所示，單壁奈米碳管長絲在電壓不太大的情況下，其伏安特性基本保持線性關係，I-V 曲線符合歐姆定律，證明構成管束的單壁奈米碳管具有良好的定向性和連續性，每束奈米碳管都相當於一根導線。

使用四點法進一步檢測不同直徑的單壁奈米碳管長絲（直徑在 50 μm～0.5 mm 之間）的電阻率隨溫度的變化規律，結果如圖 3-9 所示。與微觀下測量的

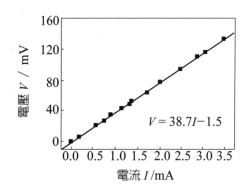

圖 3-8 單壁奈米碳管長絲的 I-V 曲線

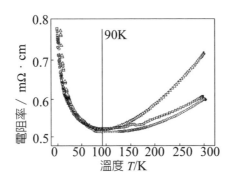

圖 3-9 三根單壁奈米碳管長絲的 ρ-T 曲線

變化規律相似，單壁奈米碳管長絲的電阻率在溫度 90 K 時發生轉變，隨著溫度的升高，從負溫度梯度轉變為正溫度梯度。在 90 ～ 300 K 溫度區間，單壁奈米碳管長絲的電阻率與溫度呈增函數關係，電阻率為 0.5 ～ 0.7 mΩ · cm，平均值為 0.6 mΩ · cm，約為單根單壁奈米碳管束電阻率的 6 倍，但遠低於巨觀量單壁奈米碳管原始產物和壓塊的電阻率[63]（見圖 3-10）。較低的電阻率表示，長絲中的單壁奈米碳管具有本徵的巨觀長度（分米量級），形成了連續的導電通道。如果進一步優化合成及純化技術，使半導體型單壁奈米碳管含量降低，並提高晶化程度，去除缺陷，有望進一步提高單壁奈米碳管長絲的導電性能。

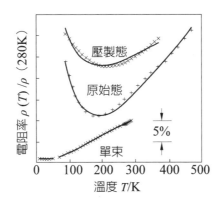

圖 3-10 單壁奈米碳管微觀測量的 R-T 曲線

　　與單壁奈米碳管束微觀測量 [64] 相比，單壁奈米碳管長絲的電學性能與微觀時相似，都顯示了隨著溫度的降低，電阻率先降後升，出現一個最低電阻率溫度。可以看出，單壁奈米碳管的電阻率隨溫度的變化並不十分明顯，表示單壁奈米碳管的電學性能與通常金屬的電學性能存在一定差異。但是，直接合成的單壁奈米碳管長絲的最低電阻率溫度比，由微米長度的單壁奈米碳管束壓製成的奈米碳管壓塊和直接生長的奈米碳管的轉變溫度低，更接近單根的單壁奈米碳管束。由此證明，單壁奈米碳管長絲的電學性能依然保持了微觀狀態下優異的電學性能，並且優於由微米長度單壁奈米碳管束組成的奈米碳管壓塊。

　　單壁奈米碳管長絲在低溫時電阻率隨溫度降低而急劇增加，在 4.2 ～ 90 K 溫度區間，呈現典型的半導體特性，這可能是由於一維結構的局域化造成費米能級處出現能隙所致。對奈米碳管電阻率隨溫度降低顯示出先降後升的趨勢，朱宏偉等人 [65] 認為這是由於單壁奈米碳管在組成管束時，產生了一個非常小的、寬度僅為 1 ～ 3 mV 的能隙。我們知道，當單壁奈米碳管組成管束時，奈米碳管電子的 π 和 π* 軌道在費米能級 E_F 處發生分離，即在導帶和價帶之間產生一個偽能隙 [26]。為了研究奈米碳管長絲的偽勢，朱宏偉等人採用四點法對經過純化處理（以去除樣品中的催化劑顆粒和非晶碳等雜質）的單壁奈米碳管長絲（樣品 1）進行了電阻隨溫度變化曲線測量。作為對比，還測量了製備態下的單壁奈米碳管長絲（樣品 2）的電阻溫度曲線。假設導帶與費米能級的寬度和價帶與費米能級的寬度相等，即 $E_c - E_F = E_F - E_v = E_g/2$ 時，由於偽勢的存在，單壁奈米碳管長絲的電阻溫度特性曲線可以表示為

$$R = \frac{A_1}{\ln\left[1 + \exp\left(\frac{-E_g}{2kT}\right)\right]} \tag{3-7}$$

式中，A_1：與電阻有關的參數；

　　E_g：能隙寬度（eV）；

　　k：玻爾茲曼常數；

T：溫度（K）。

採用式（3-7）對單壁奈米碳管長絲的電阻溫度特性曲線進行擬合（見圖 3-11(b) 和 3-11(c)），分別可以計算出純化處理前後的單壁奈米碳管長絲的能帶寬度分別為 1.03 meV 和 1.4 meV。從曲線擬合結果可以看出，單壁奈米碳管長絲的電阻溫度特性曲線在溫度低於 200 K 時，符合式（3-7），而高於 200 K 時存在偏差，因此需要對式（3-7）進行修正。考慮溫度對載流子遷移速率的影響，將式（3-7）修正為

$$R = \frac{A_2}{\ln\left[1 + \exp\left(\dfrac{-E_g}{2kT}\right)\right]}(1 + CT^3) \tag{3-8}$$

式中，A_2, C：係數。

對長絲的電阻溫度特性曲線進行擬合（見圖 3-11(b) 和 3-11(c)），可以計算出純化處理前後，單壁奈米碳管長絲的能隙寬度分別為 1.21 meV 和 1.6 meV。假設單壁奈米碳管長絲的態密度在能隙處為 0，單壁奈米碳管長絲的電阻在溫度為 0 K 時趨於無窮大。但採用式（3-8）擬合，當溫度小於 10 K 時，擬合結果與實測曲線還是發生部分偏差，仍需要進一步修正。

以上擬合都是基於費米能級位於價帶和導帶的中央的假設建立起來的，但實際上，費米能級往往不在中央。考慮費米能級不在導帶和價帶中央時，需將式（3-8）進一步修正為

$$R = \frac{A}{\ln\left[1 + \exp\left(-\dfrac{d_1}{kT}\right)\right] + D\ln\left[1 + \exp\left(-\dfrac{d_2}{kT}\right)\right]}(1 + CT^3) \tag{3-9}$$

式中，$d_1 = E_c - E_F$；

$d_2 = E_F - E_v$；

$D = N_p\mu_p / N_n\mu_n$；

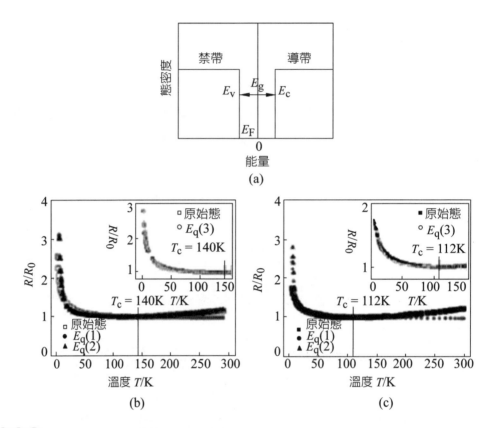

圖 3-11 單壁奈米碳管束的電阻溫度曲線

(a) 單壁奈米碳管束的能帶簡圖；(b) 純化處理後的單壁奈米碳管長絲測量與擬合；(c) 製備態下的單壁奈米碳管長絲測量與擬合

N_p, N_n —— 分別為長絲中 p 型和 n 型單壁奈米碳管的載流子濃度；

μ_p 和 μ_n —— 分別為長絲中 p 型和 n 型單壁奈米碳管載流子的遷移速率；

A, C —— 係數。

採用式（3-9）可以在整個測量溫度範圍內有效地符合實測曲線，如圖 3-11(b) 和 (c) 中的插圖所示。由式（3-9）和單壁奈米碳管長絲的電阻溫度特性曲線，可以計算出純化處理前後長絲的能隙寬度 E_g 分別為 1.7 meV 和 1.85 meV。並且長絲的費米能級確實不在導帶和價帶的正中間，而是非常接近於導

帶（或者價帶）的邊緣，僅約為 0.1 ～ 0.15 meV。對不同的單壁奈米碳管長絲電阻溫度特性曲線進行測量，然後採用式（3-9）進行擬合，發現單壁奈米碳管長絲的能隙寬度都在 1 ～ 3 meV 之間。由此可知，單壁奈米碳管長絲的能帶寬度（1 ～ 3 meV）是由於單壁奈米碳管組成管束和長絲中所特有的，受雜質的影響很小。在單壁奈米碳管自組織形成長絲時，由於存在一個非常小的勢壘（能隙寬度），因此導致了單壁奈米碳管長絲的電阻隨著溫度的變化而出現最小值。

Li 等人[66] 採用原位場效應管的方法測量了奈米碳管的電學性能，發現奈米碳管在巨觀尺度上依然具有典型的場效應管特徵。圖 3-12(a) 為一根長度為 4 mm 的單壁奈米碳管束場效應管的損耗曲線。單壁奈米碳管長絲的電導率隨閘電壓的變化表現出滯後現象。隨著閘電壓從反向增加到 −5 V 時，奈米碳管的電導迅速減小到最小值，接近於 0.5 nS。而隨著閘電壓從正向減小到約 3 V 時，奈米碳管的電導迅速增加到最大值，達 20 nS，表示單壁奈米碳管長絲場效應管的電導開關比達到了 40，而它們最大的開關比可達到 300。並且奈米碳管的損耗曲線具有良好的可重複性。

由於 Li 等人合成的單壁奈米碳管束是在兩個金屬小方塊之間直接生長，

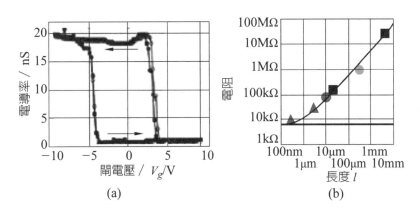

(a)　　　　　　　(b)

圖3-12 **單壁奈米碳管長絲的電導率及閘電壓的關係曲線** [66]

(a) 單壁奈米碳管束場效應管的損耗曲線，箭頭所指為兩個測量方向；(b) 奈米碳管室溫電阻隨長度變化曲線

中間通過一個耗損層相隔，因此可以直接測量電阻率。奈米碳管與金屬之間接觸良好，接觸電阻很小。對於一根長 0.4 cm、直徑 20 μm 的奈米碳管電阻為 6 MΩ，由此計算出來的奈米碳管束單位長度的電阻為 7 kΩ/μm，單壁奈米碳管絲的電阻率為 1.4×10^{-8} $\Omega \cdot$ cm，比巨觀測量的低 4 個數量級，比金屬銅的電阻率還低。他們測量了不同長度的奈米碳管的電阻，並計算出單壁奈米碳管的單位長度電阻為 6 kΩ/μm，如圖 3-12(b) 所示，圖中水平線為奈米碳管彈道效應的極限電阻，6.5 kΩ。

上述結果說明，單壁奈米碳管的電阻率不會隨著長度的增加而變小，單壁奈米碳管巨觀體依然保持微觀時的優異電學性能。因此人們可以考慮奈米碳管巨觀體在電子領域的實際應用。

3.2.2 光學特性

1. 偏振拉曼光譜

Gommans 和 Anglaret 等人 [67-69] 研究了經純化處理後的定向單壁奈米碳管的偏振拉曼光譜，他們發現，單壁奈米碳管拉曼光譜的環呼吸振動模和 G 峰強度受雷射偏振方向影響。當入射雷射偏振方向平行於單壁奈米碳管管軸方向時，拉曼散射峰強度最強。

Gommans 等人 [68] 的研究結果證明，具有方向性的單壁奈米碳管的拉曼峰強度與 $\cos^4\theta$ 成正比（θ 是奈米碳管管軸與入射光的夾角）。對於由很多單壁奈米碳管組成的單壁奈米碳管長絲，其拉曼峰的總強度應該為每根單壁奈米碳管的拉曼峰疊加，因此奈米碳管長絲的拉曼峰強度可以表示為

$$I(\Psi) = \int_{\Psi - \pi/2}^{\Psi + \pi/2} cF(\theta - \Psi, \Delta)\cos^4\theta \, \mathrm{d}\theta \qquad （3\text{-}10）$$

式中，θ：單壁奈米碳管管軸與入射光之間的夾角；

Ψ：奈米碳管長絲與入射光的夾角；

$F(\theta - \Psi, \Delta)$：由參數 Δ 描述的角寬度分佈函數；

c：參數，使 $\theta = 0$ 時拉曼峰強度最大；

Δ：分佈函數的半高寬。

要確定奈米碳管的偏振拉曼光譜的關鍵，在於如何確定函數 $F(\theta - \Psi, \Delta)$ 來描述奈米碳管的偏振拉曼光譜。Hwang 等人[69] 發現，採用 Lorentz 函數可以很清楚地來描述奈米碳管拉曼峰的強度。

$$F(\theta - \Psi, \Delta) = \frac{\Delta/2\pi}{(\theta - \Psi)^2 - (\Delta/2)^2} \qquad （3\text{-}11）$$

如果組成單壁奈米碳管長絲的奈米碳管排列整齊，並且有很強的取向性，則單壁奈米碳管長絲的拉曼光譜，將隨著長絲的方向與入射雷射方向的改變而發生明顯的變化，並且單壁奈米碳管的取向性越好，其強度之間的比值就越大。圖 3-13 為 Hwang 等人[69] 採用單壁奈米碳管長絲複合材料在不同的偏振角下測量得到的偏振拉曼光譜。從中可以明顯觀察到單壁奈米碳管的環呼吸峰，和 G 峰的強度隨偏振角的變化而改變。當單壁奈米碳管複合纖維與入射雷射的夾角在 5° 時，拉曼峰的強度最強，隨著偏振角的增大，拉曼峰的強度迅速減小，當偏振角為 90°，拉曼峰（環呼吸峰和 G 峰）的強度最弱。

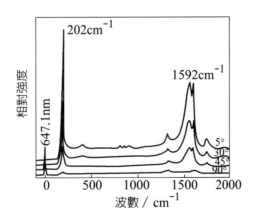

圖 3-13 單壁奈米碳管複合材料的偏振拉曼光譜

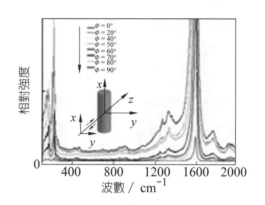

圖3-14 單壁奈米碳管長絲的偏振拉曼光譜

　　對於直接合成的單壁奈米碳管長絲，如果組成長絲的每一個管束都排列整齊，即管束有嚴格的取向時，則長絲的拉曼光譜強度與入射光夾角有關。朱宏偉等人對直接合成的單壁奈米碳管長絲的偏振拉曼光譜進行了研究。設入射雷射偏振方向和單壁奈米碳管長絲的交角為 ϕ。單壁奈米碳管長絲的偏振拉曼光譜檢測在室溫下進行，樣品台可以旋轉以改變 ϕ，實驗在 Renishow 2000 上進行，雷射波長為 632.8 nm。

　　圖 3-14 中的插圖是一根單壁奈米碳管沿 x 軸取向的示意圖。如果樣品中單壁奈米碳管定向性較差，排列無序，則其偏振拉曼光譜的特徵峰強度不會隨 ϕ 而變化。從偏振拉曼光譜中可以看出，環呼吸振動峰和 G 峰強度都隨 ϕ 的增加而逐漸減小，說明長絲中的單壁奈米碳管束具有良好的定向性。與定向性差的單壁奈米碳管 ／ PMMA（有機玻璃）複合材料的偏振拉曼光譜相比，直接合成的單壁奈米碳管長絲的環呼吸，和 G 峰強度隨偏振角的改變更加明顯，說明單壁奈米碳管束在長絲中具有良好的取向性。

2. 紫外─可見光─近紅外光譜

　　紫外─可見光─近紅外光譜（UV-vis-near IR）可用於檢測單壁奈米碳管的直徑分佈。將電弧法合成的單壁奈米碳管巨觀薄膜溶於二氯苯中，超聲分散

為均勻的懸浮液，製成 UV-vis-near IR 檢測的樣品。

　　圖 3-15 顯示了單壁奈米碳管的 UV-vis-near IR 光譜。所有光譜資料都以樣品在 1300 nm 處的強度為標準進行歸一化處理。與低純度的單壁奈米碳管粉末不同，單壁奈米碳管薄膜在三個波段出現明顯的吸收峰：1600 nm 附近的強峰源於半導體型單壁奈米碳管的一級 van Hove 奇異性；而二級 van Hove 奇異性出現在 900 nm 附近；位於 600nm 附近的吸收峰來自金屬型單壁奈米碳管的一級 van Hove 奇異性[70]。從圖中可以看出，van Hove 奇異峰同背景疊加在一起，從紫外光往近紅外光逐漸降低。van Hove 峰位隨單壁奈米碳管直徑的變化而明顯不同。小直徑單壁奈米碳管的 van Hove 奇異性出現在較短的波長範圍。所觀察到的吸收峰是由樣品中各種尺寸的單壁奈米碳管 van Hove 躍遷疊加形成的。單壁奈米碳管的直徑 d_C 同入射光的波長 λ 有如下關係：

$$d_C = \frac{2\beta\gamma_0\, a_{C-C}}{E_g} \tag{3-12}$$

$$E_g = h\nu = \frac{hc}{\lambda} \tag{3-13}$$

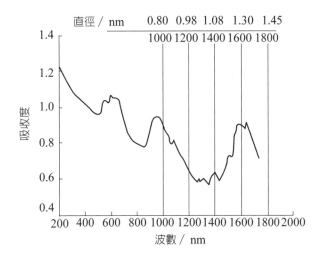

圖3-15 單壁奈米碳管的 UV-vis-near IR 光譜

式中，γ_0：C-C 緊束縛重疊能（eV）；

　　　a_{C-C}：C-C 鍵長（nm），$a_{C-C} = 0.144$ nm；

　　　β：校正係數，$\beta = 1.3$；

　　　E_g：半導體型單壁奈米碳管的能隙（eV）；

　　　h：普朗克常量，$h = 6.626 \times 10^{-34}$ J · s；

　　　v：入射光的頻率（Hz）；

　　　c：光速（m/s），$c = 3 \times 10^8$ m/s；

　　　λ：入射光的波長（nm）。

由圖 3-15 中 1200 nm 附近的峰位和式（3-8）、式（3-9），可求出薄膜中單壁奈米碳管的直徑分佈在 1.2 ～ 1.4 nm 之間。UV-vis-near IR 光譜是一種比拉曼光譜更可靠的檢測單壁奈米碳管直徑分佈方法。對於拉曼光譜，因為不同直徑單壁奈米碳管的共振增強現象，光譜中環呼吸振動峰的相對強度，不能代表不同直徑單壁奈米碳管的相對含量，所以拉曼光譜並不能有效地追蹤合成和純化過程中不同單壁奈米碳管的相對變化。但 UV-vis-near IR 光譜不同，不同單壁奈米碳管 van Hove 奇異性的躍遷力矩近似，受直徑影響很小，因此可以從 UV-vis-near IR 光譜中，直接獲取樣品中單壁奈米碳管的相關資訊。

3.2.3 熱學特性

1. 比熱容

石墨層片堆疊成三維石墨導致 c 軸方向上聲子的離散，大大降低了低溫比熱容，奈米碳管束中也存在類似效應 [71]。在一根單壁奈米碳管束中，聲子在六邊形點陣中同時沿單根奈米碳管和管間的平行通道進行傳播，縱向（管中）及橫向（管間）方向都產生離散。從直徑為 1.4 nm 的奈米碳管的一個無限六邊形點陣的聲學聲子模式計算結果和實驗結果證明 [72]，聲子能帶沿管軸方向急劇離散，但在橫向方向較弱。另外，因為管間存在非零的剪切模量，「扭曲」模式成為一個光學模式。同單根奈米碳管相比，該離散的淨效應即為顯著降低

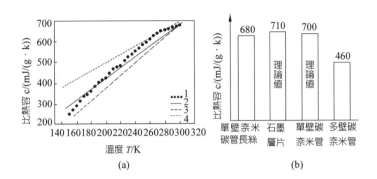

圖 3-16 單壁奈米碳管比熱容

(a) 單壁奈米碳管的比熱容隨溫度的變化曲線，其中 1：單壁奈米碳管長絲，2：單根單壁奈米碳管，3：單壁奈米碳管束，4：石墨；(b) 不同類型奈米碳管常溫比熱容的對比

在低溫時的比熱容。圖 3-16(a) 為單壁奈米碳管長絲的比熱容隨溫度的變化曲線。隨著溫度的升高，單壁奈米碳管長絲的比熱容呈增長趨勢（曲線 1），曲線 2、3 和 4 分別為單根單壁奈米碳管、單壁奈米碳管束和石墨層片隨溫度變化的理論曲線。從圖中可以看出，由於單壁奈米碳管的管狀結構導致的聲學模式增強，其低溫比熱容明顯低於石墨層片的比熱容。單壁奈米碳管長絲的比熱容（室溫時約為 680 mJ/(g·K)）變化曲線已經接近於單根單壁奈米碳管的理論值。另外，單壁奈米碳管長絲的比熱容大於單壁奈米碳管束理論值，說明管束中管間的耦合作用相對較弱。圖 3-16(b) 為理論值和實驗值的比較圖，可見單壁奈米碳管長絲在室溫下的比熱容明顯高於多壁奈米碳管[49]，而與單根單壁奈米碳管和石墨層片的理論值相當。

2. 熱導率

圖 3-17(a) 為單壁奈米碳管長絲的熱導率隨溫度的變化曲線。隨著溫度的升高，單壁奈米碳管長絲的熱導率呈增長趨勢。在 240 K 附近，曲線的斜率有所減小，這可能是因為發生了 Umklapp 散射[49]。圖 3-17(b) 是同其他單壁奈米碳管及多壁奈米碳管的比較結果。對於不同單壁奈米碳管產物來說，雖然熱導率隨溫度的增長趨勢相同，但熱導率的大小受單壁奈米碳管排列方式的影響

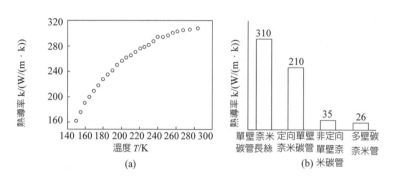

圖 3-17 單壁奈米碳管長絲的熱導率隨溫度的變化及各種奈米碳管熱導率的對比

(a) 單壁奈米碳管長絲的熱導率隨溫度的變化曲線；(b) 各種奈米碳管熱導率的對比

很大。對於無序排列的單壁奈米碳管呈棉絮狀的樣品，室溫下的熱導率約為 35 W/(m · K)，而對其進行定向處理後，熱導率可增加至 210 W/(m · K) [73]，同高度有序的石墨在室溫下的熱導率在同一數量級。由於這種「定向」單壁奈米碳管的長度有限，連續性較差，管身存在較多管束之間的搭接，所以單根單壁奈米碳管和具有超長連續結構的管束的熱導率將更高。從圖 3-17(b) 可看出，單壁奈米碳管長絲的熱導率約為非定向單壁奈米碳管和多壁奈米碳管熱導率的 10 倍，並高於經純化處理呈定向的非連續結構的單壁奈米碳管。

3. 熱電勢

熱電勢是指在一定溫度下，由於溫差而在物體中產生的電勢（單位是 μV/K）。熱電勢的大小對費米能級處的能帶彎曲相當敏感，可以用來代表佔主導地位的電子傳輸行為。通過熱電勢隨溫度的變化關係可以確定物體的導電類型：對於純金屬，熱電勢與溫度呈線性增函數關係；對於具有能隙的半導體材料，熱電勢同溫度呈減函數關係 [74]。因此通過對單壁奈米碳管長絲熱電勢的檢測，可以對其導電性有更深層次的理解。

圖 3-18 中的曲線 1 為單壁奈米碳管長絲的熱電勢隨溫度的變化曲線。在低溫範圍內（4.2 ～ 75 K），長絲的熱電勢與溫度呈線性遞增關係，呈現出金屬特性；在 100 K 後趨於平緩。從曲線的趨勢可以看出，當溫度 $T \to 0$ K 時，

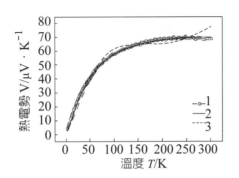

圖 3-18 單壁奈米碳管長絲的熱電勢隨溫度的變化曲線

1：實測曲線；2：擬合曲線 S_1；3：擬合曲線 S_2

熱電勢將逐漸消失。上述現象與圖 3-10 所示的導電性相悖，說明單壁奈米碳管長絲在低溫區電阻升高的原因與普通材料不同，是由於管束間存在很小的能隙引起的。

從曲線 1 的形狀來看，單壁奈米碳管長絲的熱電勢與溫度的關係不能用簡單的金屬或半導體模型來解釋。對於單根金屬型單壁奈米碳管，「電子—電洞」具有完美的對稱性，因此熱電勢恒為零。當單壁奈米碳管集結形成管束時，「電子—電洞」對稱性會被破壞而產生熱電勢。現從這一點出發來分析長絲的熱電勢變化規律。由於長絲中同時存在金屬型管和半導體型管，因此假設其中存在兩個平行的導電通道。而熱電勢主要由金屬型通道控制[74]，如果金屬型通道的電阻率同溫度 T 呈增函數關係，則長絲的總熱電勢 S_1 為

$$S_1 = AT + (B\lambda + CT)\exp\left(\frac{-\lambda}{T}\right) \qquad (3\text{-}14)$$

如果金屬型通道的電阻率是一個常數，則奈米碳管長絲的總電勢 S_2 為

$$S_2 = AT + \left(\frac{B\lambda}{T} + C\right)\exp\left(\frac{-\lambda}{T}\right) \qquad (3\text{-}15)$$

式中，S_1，S_2：單壁奈米碳管長絲的熱電勢（μV/K）；

T：溫度（K）；

λ：能隙溫度（K）；

A, B, C：常數（$\mu V/K^2$）。

分別按式（3-14）和（3-15）對單壁奈米碳管長絲的熱電勢資料進行擬合，得到曲線 2 和 3。可以看出，在整個溫度範圍內，曲線 2 與實驗資料符合得很好，說明金屬型通道反映的是金屬型單壁奈米碳管的導電特性，即電導率同溫度 T 呈增函數關係。擬合結果證明當單壁奈米碳管形成管束時，其中的「電子—電洞」對稱性確實被破壞，電子從金屬型管傳輸至半導體型管，使前者為電洞導電，後者為電子導電，都顯示出金屬行為。這不僅解釋了單壁奈米碳管長絲具有較大的正熱電勢（約 70 $\mu V/K$），也說明長絲在低溫範圍電阻的增大並非源於一維結構局域化所產生的半導體能隙。

3.3　單壁奈米碳管巨觀體的力學特性

3.3.1　巨觀拉伸性能

奈米碳管的巨觀拉伸實驗，是檢測奈米碳管巨觀力學性能的重要方法。1999 年，大陸中國科學院物理所解思深小組對長為 1.92 mm、直徑為 20 μm 的定向多壁奈米碳管進行了巨觀拉伸。圖 3-19(a) 為定向多壁奈米碳管束的載

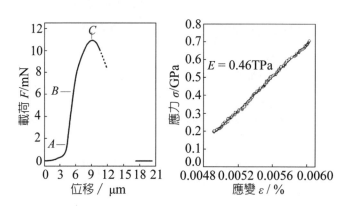

圖 3-19 多壁奈米碳管束的拉伸結果

(a) 位移—載荷曲線；(b) 應力—應變曲線

荷—位移曲線。如何計算定向奈米碳管的實際承載面積，是確定奈米碳管的抗拉強度和彈性模量的關鍵。他們在計算奈米碳管束的截面積時，除去了奈米碳管束的間隙以及奈米碳管內腔孔隙，計算出了奈米碳管的抗拉強度為 3～6 GPa，彈性模量為 0.3～0.6 TPa，如圖 3-19(b) 所示，約為鋼的 10 倍 [75]。

中國科學院金屬所的成會明小組 [76] 對單壁奈米碳管／聚氯乙烯複合物進行了巨觀拉伸實驗。所用單壁奈米碳管用催化裂解法合成，將製備態的單壁奈米碳管浸入聚氯乙烯四氫呋喃飽和溶液中，15 min 後取出，在空氣中乾燥。待四氫呋喃完全揮發後即得單壁奈米碳管／聚氯乙烯複合物。圖 3-20 為試樣拉斷後的單壁奈米碳管複合物的斷口照片。可以看出，樣品從中間斷裂（圖 3-20(a)），證明複合物承受了載荷。斷口掃描電子顯微鏡觀察發現，奈米碳管的中心部位被完全拔出而留下空洞（見圖 3-20(b)）。有的部位可以看到大量沿軸向排列的單壁奈米碳管束分佈在複合物基體上，並出現裂紋 , 如圖 3-20(c) 所示。而有的部位則可以看到被拉斷的奈米碳管束，如圖 3-20(d) 所示。

朱宏偉的研究小組採用立式浮動催化裂解法合成的單壁奈米碳管長絲，具有分米量級的長度，可以方便地進行巨觀操作，直接進行拉伸性能的研究。長絲中的應力取決於承受載荷的真實橫截面，而這一點很難即時確定。另外，解釋拉伸結果的另一個困難是，由於樣品固定和載入方式不同，平行的細絲之間

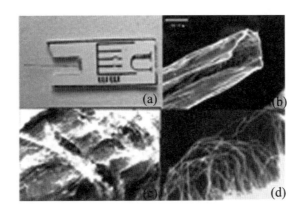

圖 3-20 單壁奈米碳管／聚氯乙烯複合材料拉伸斷裂之後的照片

(a) 巨觀照片；(b) 較低倍數掃描電子顯微鏡照片；(c)、(d) 為圖 (b) 不同部位的高倍掃描電子顯微鏡照片

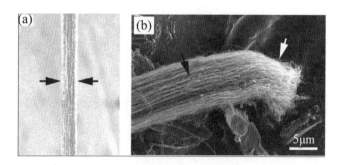

圖 3-21 單壁奈米碳管長絲拉伸前後的掃描電子顯微鏡照片

(a) 拉伸前；(b) 拉伸後

或者細絲中奈米碳管之間會發生滑移，進而導致應變在很大範圍內變動。實驗記錄了釐米長度的單根單壁奈米碳管細絲的拉伸實驗資料，對長絲的力學性能（例如彈性模量）進行了下限保守估算。

拉伸實驗所用樣品皆為原始單壁奈米碳管長絲，長度為幾釐米。首先將長絲分為直徑約為 5 ～ 20 μm 的細絲。並在掃描電子顯微鏡下測量細絲的初始直徑（圖 3-21(a)）。使用銀膠將細絲粘於兩片硬紙板上，然後將拉伸樣品裝在拉伸實驗設備（SSTM-1-PC）上（載入範圍為 0.001 ～ 200 N）。從載入到拉斷，由於定向排列的單壁奈米碳管之間的滑移和真實塑性變形，細絲經歷了兩種不同的應變：彈性應變和塑性應變，分別見圖 3-21(b) 中的黑箭頭和白箭頭。圖 3-22 所示的應力應變曲線說明在拉斷前確實發生了滑移和塑性變形。考慮到在形變過程中細絲的直徑可能發生變化，以及在形變發生時很難確定直徑的改變，圖 3-22 同時列出了真實應力（σ_T）—真實應變（ε_T）曲線，同工程應力和應變不同，真實應力可根據載入時每一點的應變推算出來。真實應變 ε_T 定義為

$$\varepsilon_T = \ln\left(\frac{L_f}{L_0}\right) \qquad (3\text{-}16)$$

式中，L_f：樣品的真實長度（cm）；

L_0：樣品的原始長度（cm）。

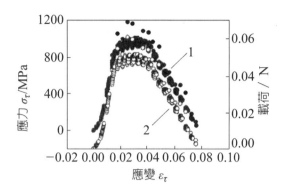

圖 3-22 單壁奈米碳管長絲的應力—應變曲線
1：應力應變曲線；2：載荷應變曲線

　　真實應變也可以表示為 $\varepsilon_T = 2 \ln(D_0/D_f)$，假設樣品體積是一個常量，$D_0$ 和 D_f 分別為測量過程中樣品的原始直徑和真實直徑。這樣，真實應力（σ_T）可以表述為

$$\sigma_T = \frac{P}{A} = 4 \frac{Pe^\varepsilon T}{\pi D_0^2} \tag{3-17}$$

式中，P：載荷（N）；

　　　A：承受載荷的真實截面積（mm^2）。

　　因為在 $\varepsilon < 0.1$ 時，$\ln(1 + \varepsilon) \approx \varepsilon$，所以真實應力—應變曲線在彈性應變範圍內同載荷—工程應變曲線具有幾乎相同的斜率。彈性模量可由低應變區（小於 2%）的應力—應變曲線的直線部分推算出來，分佈在 49 ～ 77 GPa 之間。該值約為迄今發表的單壁奈米碳管條帶的彈性模量的 5 倍[77]、高質量單壁奈米碳管紙（**buckypaper**）的 50 倍[78]，也是迄今為止實測單壁奈米碳管一維巨觀體彈性模量最高值。

　　這些單壁奈米碳管長絲易於手工操作，表示該種長絲並不像其他方法合成的單壁奈米碳管團聚物那麼容易脆斷。當然，直接拉伸檢測得到的彈性模量還達不到單根單壁奈米碳管的理論值，這是因為無法嚴格確定細絲的實際橫截面和承受載荷，所以得到的彈性模量值是相對保守的。

晶體材料的硬度由其體積彈性模量決定，而體積彈性模量的大小受化學鍵的性質影響較大。對於共價晶體，共價鍵的強度和壓縮係數決定著晶體的抗變形能力。下面對單壁奈米碳管長絲的體積彈性模量進行分析。根據熱力學第一定律，可得

$$Q = U + PV \qquad (3\text{-}18)$$

式中，Q：外界供給系統的熱量；

$\quad$ U：系統的內能；

$\quad$ P：壓力；

$\quad$ V：體積。

PV 為系統所作的膨脹功。式（3-18）寫成微分形式為

$$\delta Q = \mathrm{d}(U + PV) \qquad (3\text{-}19)$$

在恆壓條件下，下列等式成立：

$$\delta Q = \mathrm{d}U + P\mathrm{d}V \qquad (3\text{-}20)$$

假設系統與外界沒有能量交換，則 $\delta Q = 0$，於是：

$$P = -\frac{\mathrm{d}U}{\mathrm{d}V} \qquad (3\text{-}21)$$

$\mathrm{d}U$ 是指伴隨體積變化 $\mathrm{d}V$ 而產生的能量變化，所以壓力隨體積的變化為

$$\frac{\mathrm{d}P}{\mathrm{d}V} = -\frac{\mathrm{d}^2U}{\mathrm{d}V^2} \qquad (3\text{-}22)$$

根據體積彈性模量 B 的定義：

$$B = -V\frac{\mathrm{d}P}{\mathrm{d}V} = V\frac{\mathrm{d}^2U}{\mathrm{d}V^2} \qquad (3\text{-}23)$$

體積彈性模量 B 是內能 U 和體積 V 的函數。而體積彈性模量也是材料（晶體）強度的一種度量，即物體發生一定形變所需能量的一種度量。體積彈性模量越高，材料的強度越大。對於某種材料（晶體）來說，假如已知其化學鍵長，基於經驗的模型，即可對其共價的、固體的體積彈性模量進行計算，即有如下的 B 值（Mbar）的定量關係式 [79]：

$$B = \frac{19.71 - 2.2\lambda}{d^{3.5}}$$ （3-24）

式中，d：鍵長（Å）；

λ：化合物離子化的度量，對金剛石，$\lambda = 0$；對 BN（氮化硼），$\lambda = 1$。

奈米碳管的 C-C 鍵長 $d = 1.44$Å，由式（3-24）計算得 $B = 5.5$ Mbar = 731.5 GPa，高於金剛石的 $B = 4.35$ Mbar。但對於單根單壁奈米碳管或多壁奈米碳管，多種理論計算表示其體積彈性模量僅約 191 GPa。這說明式（3-24）對奈米碳管並不直接適用。當單壁奈米碳管形成管束時，體積彈性模量將大幅度降低。從圖 3-21 可以看出，由超長單壁奈米碳管（直徑約 1.1 nm）組成的管束具有最高的體積彈性模量（$B = 38$ Gbar），證明其應具有很高的強度。奈米碳管的屈服強度 σ_s 與彈性模量 E 成正比，即

$$\sigma_s = \beta E$$ （3-25）

其中 β 在 0.05 ～ 0.1 之間。對於理想的單壁奈米碳管，晶化程度較好，純度較高，β 值可取為 0.05。對於由催化裂解法合成的單壁奈米碳管長絲，本身存在某些缺陷，從巨觀拉伸結果可看出 $\beta \approx 0.03$，則單壁奈米碳管的屈服強度 $\sigma_s = 0.03E$。由拉伸結果可知，超長單壁奈米碳管束的彈性模量 $E = 150$ GPa，所以 $\sigma_s = 4.5$ GPa，若 E 按實測的 77 GPa 計算，則 $\sigma_s = 1.16$ GPa。從表 3-1 中可以看出，單壁奈米碳管長絲的抗拉強度（取實測值 2.4 GPa）約是鋼絲的 5.7 倍，比強度約為碳纖維的 2 倍、鋼絲的 56 倍、鋁絲的 13 倍、鈦絲的 7 倍；比模量則是鋼絲和鋁絲的 7 倍、鈦絲的 7.5 倍，與高模量碳纖維相當。

○表 3-1 單壁奈米碳管長絲與其他材料力學性能比較

材料	抗拉強度 / GPa	彈性模量 / GPa	相對密度	比強度 / GPa	比模量 / GPa
單壁奈米碳管長絲	2.4	150	0.8 ❶	3.0	188
高強度碳纖維	3.5～7.0	225～228	1.75	1.43～1.71	129～130
高模量碳纖維	2.4～3.5	350～580	1.75	0.8～1.43	200～234
鋼絲	0.42	210	7.8	0.054	27
鋁絲	0.63	74	2.7	0.23	27
鈦絲	1.96	117	4.7	0.42	25

注：❶單壁奈米碳管長絲的密度實測值為 0.8 g/cm^3，所以相對密度為 0.8。

　　彈性模量的物理本質表徵著原子間的結合力。奈米碳管之所以具有如此優異的力學性能，同其六邊形碳環結構以及碳原子之間的結合力有密切關係。碳原子之間通過較強的共價鍵結合，碳原子最外層的 4 個電子通過 sp^2 混成，產生 3 個能級相同的軌道與其他碳原子形成結合力較強的 σ 鍵。另外一個電子也可以和其他碳原子形成 π 鍵。σ 鍵使奈米碳管形成獨特、穩定的微觀管狀結構。

　　因為奈米碳管具有非常獨特的微觀結構，所以表現出良好的穩定性，尤其是軸向穩定性。結構的穩定性使奈米碳管表現出良好的抗變形能力，即非常高的彈性模量。同時，奈米碳管這種微觀結構也顯現出它的各向異性，即軸向和徑向的力學性能及其他物理化學性能有很大不同。

3.3.2 複合材料的特性

　　朱宏偉的研究小組將單壁奈米碳管長絲同環氧樹脂複合後，可以製成長達 20 cm 的一維複合材料，對其表面構造進行檢測，可以看出二者良好地結合在一起，如圖 3-23 所示。複合纖維的直徑約為 50 μm。單壁奈米碳管的斷裂通過剪切力轉移，為了達到其斷裂的最大應力，單壁奈米碳管必須滿足最小長徑比 l_c/d，根據無方向性纖維複合材料公式，最小長徑比表示為

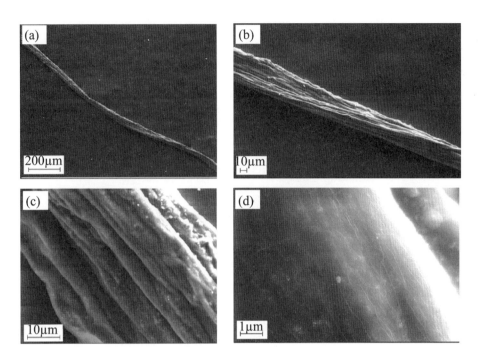

圖 3-23 一維單壁奈米碳管複合材料的掃描電子顯微鏡照片
(a) 低倍；(b) 較低倍；(c) 較高倍數；(d) 高倍

$$\frac{l_c}{d} = \frac{\sigma_{\max}}{2\tau} \qquad (3\text{-}26)$$

式中，$\sigma_{\max}$：單壁奈米碳管長絲的抗拉強度（GPa），根據拉伸實驗結果，取單
根單壁奈米碳管的抗拉強度 11.2 GPa；

τ：介面剪切應力（GPa），取 0.05 GPa。

計算得知實現最大斷裂應力的長徑比為 112：1，而直接合成的單壁奈米碳
管長絲的長徑比為 10^8：1，因此可充分滿足要求。由於單壁奈米碳管長絲具有
良好的定向性和很高的彈性模量，所以它作為增強劑時能夠吸收能量，進而使
製備的複合材料得到增強。故有

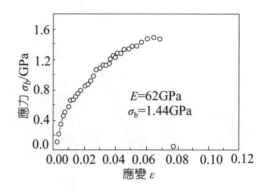

圖 3-24 單壁奈米碳管長絲環氧複合材料的應力—應變曲線

$$\sigma_c = \sigma_f V_f + \sigma_m(1 - V_f) \qquad (3\text{-}27)$$

式中，σ_f：單壁奈米碳管長絲的抗拉強度（GPa），取 2.4 GPa；

$\quad\quad\sigma_m$：聚合物基體的抗拉強度（GPa），取 0.055 GPa；

$\quad\quad V_f$：單壁奈米碳管長絲的體積分數（%），取 50%。

計算複合材料的理論抗拉強度 $\sigma_c = 1.23$ GPa。

對一維碳奈米複合材料進行巨觀拉伸實驗，應力—應變曲線如圖 3-24 所示。從圖中可以看出，複合材料的抗拉強度實測值為 1.44 GPa，比理論值提高了 17%。而彈性模量（62 GPa）比長絲的最大彈性模量（77 GPa）略有下降，但仍然位於 49 ～ 77 GPa 範圍內，這主要是因為複合材料在拉伸過程中發生了較大的變形。

單壁奈米碳管長絲／環氧樹脂複合在斷裂時的伸長率達到 7%，斷口的微觀構造如圖 3-25 所示。可以發現整根長絲在一處整齊斷裂，一部分管束在斷裂後彈回，說明在斷裂前承受了很大的應力。

採用同樣的方法可以將石墨電弧法合成的單壁奈米碳管巨觀薄膜製成二維奈米複合材料。單壁奈米碳管薄膜是由長度為數十微米的管束相互糾纏構成，以此為增強劑同環氧樹脂和固化劑複合，形成二維奈米複合材料，表面構造如

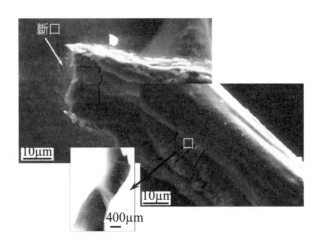

圖 3-25 單壁奈米碳管長絲複合材料斷口的掃描電子顯微鏡照片

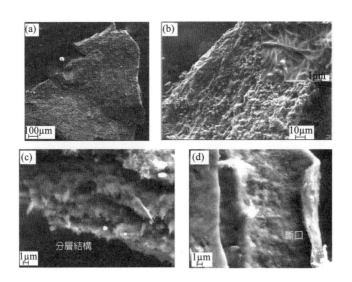

圖 3-26 單壁奈米碳管膜複合材料的拉伸後的掃描電子顯微鏡照片

圖 3-26(a) 和 (b) 所示，環氧樹脂將彎曲的管束緊密包覆，並填充了大部分管
束間的空隙，且薄膜仍然保持原有的分層結構（圖 3-26(c)）。

　　對單壁奈米碳管膜／環氧樹脂二維複合材料進行巨觀拉伸實驗，應力—
應變曲線如圖 3-27 所示。從圖中可以看出，二維奈米複合材料在拉伸過程中
發生了約 11% 的應變變形，複合材料的抗拉強度為 0.34 GPa，彈性模量約為

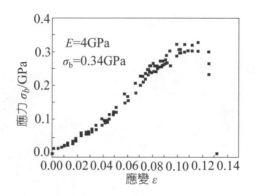

圖 3-27 單壁奈米碳管膜／環氧樹脂複合材料的應力—應變曲線

4 GPa，其總體力學性能遠遠低於單壁奈米碳管長絲複合材料，說明管束的定向性和連續性對基體的增強是至關重要的。圖 3-27 中的應力—應變曲線的初始階段較為平緩，可能是因為彎曲的管束被拉直，接下來應力增加變快，管束之間產生滑移，進一步發生變形。雖然薄膜中的單壁奈米碳管長度僅為數十微米，但其長徑比（8000：1）亦能滿足式（3-26）的要求。當拉力增加到臨界點時，複合材料斷裂。斷口同樣出現回縮現象（圖 3-26(d)）。

　　綜合以上分析，將單壁奈米碳管長絲和薄膜環氧樹脂複合材料與其他複合材料的力學性能進行比較，如表 3-2 所示。單壁奈米碳管長絲／環氧樹脂一維複合材料的抗拉強度和比強度最高，比強度是高強度碳纖維／環氧樹脂複合材料的 1.66 倍、鋁合金的 13.45 倍。比彈性模量為 64 GPa，是鋁合金和鎂合金的 2.46 倍。其最大的優點是具有很小的相對密度（比高強度碳纖維／環氧樹脂複合材料的密度低 35%）。在航空工程的碳纖維複合材料應用實例中，重量減輕 35%，可節省費用 50%，導彈的射程可提高 120%。同時，單壁奈米碳管長絲的合成技術簡單、熱穩定性和抗衝擊性良好，在複合材料領域具有潛在應用價值。

　　中國科學院解思深研究小組 [78] 將浮動催化裂解法合成的單壁奈米碳管薄膜直接進行力學拉伸實驗，測量了單壁奈米碳管薄膜的巨觀性能。圖 3-28 為單壁奈米碳管薄膜經過拉伸後的斷口電子顯微鏡照片。圖 3-28(b) 為單壁奈米碳管薄膜經過純化處理後的掃描電子顯微鏡照片，從中可以看到將薄膜撕開後

●表 3-2　單壁奈米碳管長絲和薄膜環氧樹脂材複合材料與其他複合材料力學性能 [80] 比較

複合材料	抗拉強度 / GPa	彈性模量 / GPa	相對密度	比強度 / GPa	比模量 / GPa
單壁奈米碳管長絲 / 環氧樹脂	1.44	62	0.975 ❶	1.48	64
單壁奈米碳管薄膜 / 環氧樹脂	0.34	4	0.875 ❷	0.39	4.6
高強度碳纖維 / 環氧樹脂	1.33	155	1.50	0.89	103
高模量碳纖維 / 環氧樹脂	0.636	302	1.69	0.38	179
鋁合金	0.296	70	2.71	0.11	26
鎂合金	0.276	46	1.77	0.16	26

注：❶環氧樹脂的相對密度為 1.15，單壁奈米碳管長絲 / 環氧樹脂複合材料相對密度為 (1.15 + 0.8)/2 = 0.975；

　　❷單壁奈米碳管薄膜的密度實測值為 0.6 g/cm^3，其環氧樹脂複合材料相對密度為 (1.15 + 0.6)/2 = 0.875

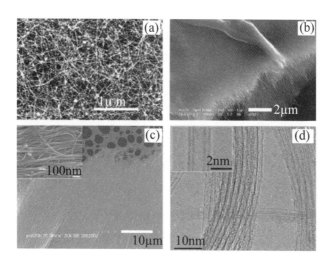

圖 3-28　單壁奈米碳管膜拉伸前後的電子顯微鏡照片 [78]

(a) 低倍掃描電子顯微鏡照片；(b) 斷口掃描電子顯微鏡照片；(c) 斷口穿透電子顯微鏡照片（插圖為斷口處局部放大的穿透電子顯微鏡照片）；(d) 高解析穿透電子顯微鏡照片

的斷口照片。可以看出，單壁奈米碳管撕開處還是相對整齊。單壁奈米碳管膜經過純化處理後，變得更為緊密（見圖 3-28(c)），從而可以提高其抗拉強度。

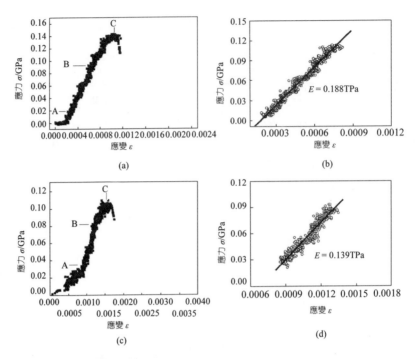

圖 3-29 **單壁奈米碳管薄膜的應力—應變曲線** [78]

(a) 純化處理後的應力—應變曲線;(b) 是圖 (a) 的局部放大圖;(c) 純化處理前的應力—應變曲線;(d) 是圖 (c) 的局部放大圖

　　圖 3-29 為單壁奈米碳管薄膜的應力—應變曲線。對於經過純化處理後的單壁奈米碳管薄膜,其抗拉強度為 120 MPa,彈性模量可達 180 GPa。但是薄膜幾乎不能承受任何變形,其最大變形量不足為 0.1%,如圖 3-29(a) 和 (b) 所示。對於直接合成的單壁奈米碳管膜,無論是抗拉強度還是彈性模量,都比純化處理後的有所降低,其變形量也不足 0.15%,彈性模量則可達 150 GPa,如圖 3-29(c) 和 (d)。由於他們直接合成的單壁奈米碳管膜是由大量的、長度較短的管束疊加而成的,因此該薄膜的抗拉強度偏低。

3.4 單壁奈米碳管巨觀體的應用特性

3.4.1 奈米導線

單壁奈米碳管長絲本身即可作為一維奈米導線。採用四點法檢測四根不同直徑 D 的單壁奈米碳管長絲在室溫下的載流能力，如圖 3-30 所示。從圖中可以看出，單壁奈米碳管長絲的最大載流密度為 0.4×10^9 A/cm^2，平均值為 0.2×10^9 A/cm^2。當電流超過長絲的載流極限後，繼續增加電流，單壁奈米碳管長絲在缺陷處燃斷，並伴有發光現象。銅導線正常工作時的載流密度僅為 10^3 A/cm^2，在 10^6 A/cm^2 時即燒毀。單壁奈米碳管長絲的載流密度為銅導線的 400 倍，而其密度僅為 0.8 g/cm^3，約為銅導線密度的 1/11，因此採用單壁奈米碳管長絲作為導線更具實際意義。

從圖 3-30 中可以看出，隨著單壁奈米碳管長絲直徑的減小，載流能力呈增長趨勢。這是因為其徑向熱導率較低，對於直徑較大的長絲（$D>0.5$ mm），熱量不易散失，導致溫度升高而燒毀。在室溫下，單壁奈米碳管長絲的軸向熱導率為 310 W/(m・K)，低於銅導線的熱導率 397 W/(m・K)。但隨著電流的增大，溫度逐漸升高，單壁奈米碳管長絲的熱導率呈增長趨勢，而金屬的熱導率一般隨溫度的升高而減小，如銅的熱導率在 300℃ 時就已降至 293 W/(m・K)，低於單壁奈米碳管長絲的熱導率。因此單壁奈米碳管長絲隨著電流的增大

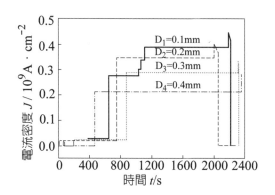

圖 3-30 單壁奈米碳管長絲的載流能力

顯示出更強的載流能力。

對於直接合成的長度為分米量級的單壁奈米碳管長絲，在光學顯微鏡下可以分成直徑為微米量級的細絲；在原子力顯微鏡下則可進一步分成直徑為奈米量級的超長管束，使其載流能力進一步增強（達到 10^9 A/cm^2），這樣它們就可以用於各種尺度的電子元件中。另外，在原子力顯微鏡下可以根據要求對管束進行加工，這不僅可用作奈米電子元件中的導線，也可以用於原子力顯微鏡和掃描穿隧顯微鏡的探針。目前比較成熟的電子光刻技術可生成 50 nm 的微導線，但由於量子效應和小尺寸效應，金屬在奈米尺度中顯示出某些異常的物理性質，如熔點降低，導致熱穩定性等性能降低。而單壁奈米碳管長絲最終可細分為直徑約 1 nm 的單根超長單壁奈米碳管，仍然保持良好的導電性、載流能力和熱穩定性，因此更具實用價值。

3.4.2 奈米電纜

在導電性良好的單壁奈米碳管長絲外包覆一層絕緣材料，可製成「奈米電纜」。在立式浮動催化裂解法中，採用下述技術可以在單壁奈米碳管長絲外生長一層碳奈米纖維，從而實現這一目的。在實驗中通氫氣（100 mL/min），升溫至 1000℃ 左右時開始通氫氣並停止氫氣，接下來的反應分為兩步進行：①首先將反應溫度定為 1160℃，反應溶液的流量為 0.5 mL/min，氫氣流量為 250 mL/min；②保溫 20 min 後，降溫到 1050℃，反應溶液的流量提高至 0.8 mL/min，氫氣的流量設定為 120 mL/min。15 min 後斷電冷卻，通氫氣並停止氫氣，至室溫取出產物。

產物中的單壁奈米碳管絲狀電纜為內外兩層的結構，外層由定向排列的碳奈米纖維組成（圖 3-31(a)），內芯則為大量密集排列的定向單壁奈米碳管束，如圖 3-31(b) 所示。單壁奈米碳管電纜的結構模型如圖 3-31(c) 所示。奈米電纜的外層碳奈米纖維由晶化程度較差的石墨層片構成，由於結構上的不連續性，導電性較差，顯示出半導體或絕緣體的特徵；電纜內芯單壁奈米碳管束具有良好的定向性和連續性。

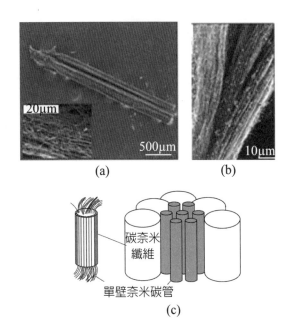

圖 3-31 單壁奈米碳管長絲電纜

(a) 奈米電纜外層包裹一層碳纖維；(b) 奈米電纜內芯為單壁奈米碳管長絲；(c) 奈米電纜的結構模型

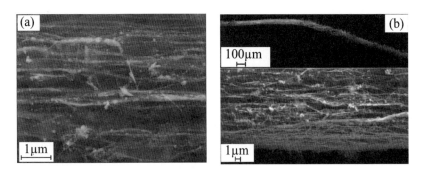

圖 3-32 外覆金屬氧化物的單壁奈米碳管長絲

(a) 氧化鎢；(b) 氧化鉬

　　另外，利用單壁奈米碳管長絲這種超長連續的結構作為模板，對其進行填充、包覆等反應，可以合成含有其他物質的一維奈米材料。圖 3-32 所示即為以單壁奈米碳管長絲為範本，在其表面包覆鎢的氧化物或鉬的氧化物。

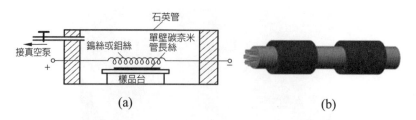

圖 3-33 單壁奈米碳管長絲奈米異質結構的合成

(a) 實驗裝置簡圖；(b) 異質結構模型

　　反應裝置如圖 3-33(a) 所示，將單壁奈米碳管長絲置於鉬絲或鎢絲上，反應室抽真空至 2 Pa 左右，通電加熱，鉬絲或鎢絲蒸發後沈積在單壁奈米碳管表面生成相應的氧化物。由於氧化物同單壁奈米管的導電性質不同，是一種異質結構，因此對單壁奈米碳管模板的某些部位進行保護，可以生成如圖 3-33(b) 所示的異質結構。這些徑向異質結構有望製成具有同軸柵極的場效應管[81]，為奈米電子元件的開發奠定基礎。

參考文獻

[1]　Wong S S, Joselevich E, Woolley A T, et al.Covalently functionalized nanotubes as nanometre-sized probes in chemistry and biology. Nature, 1998, 394: 52～55

[2]　Kim P, Lieber C M. Nanotube nanotweezers.Science,1999, 286: 2148～2150

[3]　Cheung C L, Hafner J H, Lieber C M. Carbon nanotube atomic force microscopy tips: Direct growth by chemical vapor deposition and application to high-resolution imaging. P Natl Acad Sci USA, 2000, 97: 3809～3813

[4]　Huang Y, Duan X F, Cui Y, et al. Logic gates and computation from assembled nanowire building blocks. Science, 2001, 294: 1313～1317

[5]　Misewich J A, Martel R, Avouris P, et al. Electrically induced optical emission from a carbon nanotube FET. Science, 2003, 300: 783～786

[6]   Deheer W A, Chatelain A, Ugarte D. A carbon nanotube field-emission electron source. Science, 1995, 270: 1179 ~ 1180

[7]   Zhou G, Duan W H, Gu B L. Dimensional effects on field emission properties of the body for single-walled carbon nanotube. Appl Phys Lett, 2001, 79: 836 ~ 838

[8]   Zheng X, Chen G H, Li Z B, et al. Quantum-mechanical investigation of field-emission mechanism of a micrometer-long single-walled carbon nanotube. Phys Rev Lett, 2004, 92: 106803

[9]   Dresselhaus M S, Dresselhaus G, Avouris P. Carbon nanotubes: synthesis, structure, properties, and applications. Berlin: Springer, New York, 2001

[10]   Rols S, Almairac R, Henrard L, et al. Diffraction by finite-size crystalline bundles of single wall nanotubes. Eur Phys J B, 1999, 10: 263 ~ 270

[11]   Ruoff R S, Tersoff J, Lorents D C, et al. Radial deformation of carbon nanotubes by van der Waals forces. Nature, 1993, 364: 514 ~ 516

[12]   Flahaut E, Bacsa R, Peigney A, et al. Gram-scale CCVD synthesis of double-walled carbon nanotubes. Chem Commun, 2003, 12: 1442 ~ 1443

[13]   Charlier A, McRae E, Heyd R, et al. Classification for double-walled carbon nanotubes. Carbon, 1999, 37: 1779 ~ 1783

[14]   White C T, Mintmire J W, Density of states reflects diameter in nanotubes.Nature, 1998, 394 (6688): 29 ~ 30

[15]   Rao A M, Richter E, Bandow S, et al.Diameter-selective raman scattering from vibrational modes in carbon nanotubes. Science, 1997, 275 (5297): 187 ~ 191

[16]   Saito R, Dresselhaus M S, Dresselhaus G. Physical properties of carbon nanotubes. London: Imperial Cooege Press, 1998

[17]   Hamada N, Sawada S I, Oshiyama A. New one-dimensional conductors: Graphitic Microtubules. Phys Rev Lett, 1992, 68 (10): 1579 ~ 1581

[18]   Mintmire J W, Dunlap B I, White C T. Are fullerene tubules metallic? Phys Rev Lett, 1992, 68(5), 631 ~ 634

[19]   Saito R, Fujita M, Dresselhaus G. Electronic structure of chiral graphene tubules. Appl Phys Lett, 1992, 60(18): 2204 ~ 2206

[20]   Odom T W, Huang J L, Kim P, et al. Atomic structure and electronic properties of single-walled carbon nanotubes. Nature, 1998, 391 (6662): 62 ~ 64

[21]   Martel R, Schmidt T, Shea H R, et al. Single-and multi-wall carbon nanotube field-effect transistors. Appl Phys Lett, 1998, 73(17): 2447 ~ 2449

[22]   White C T, Todorov T N. Quantum electronics-nanotubes go ballistic. Nature, 2001, 411: 649 ~ 651

[23]   Frank S, Poncharal P, Wang Z L, et al. Carbon nanotube quantum resistors. Science, 1998, 280: 1744 ~ 1746

[24]   Liang W J, Bockrath M, Bozovic D, et al. Fabry-Perot interference in a nanotube electron waveguide. Nature, 2001, 411: 665 ~ 669

[25]   Langer L, Bayot V, Grivei E, et al. Quantum transport in a multiwalled carbon nanotube. Phys Rev Lett, 1996, 76 (3): 479 ~ 482

[26]   Ouyang M, Huang J L, Cheung C L, et al.Energy gaps in "metallic" Single-Walled Carbon Nanotubes. Science, 2001, 292: 702 ~ 705

[27]   Baughman R H, Zakhidov A A, de Heer W A.Carbon nanotubes-the route toward applications. Science, 2002, 297: 787 ~ 792

[28]   Collins P C, Arnold M S, Avouris P. Engineering carbon nanotubes and nanotube circuits using electrical breakdown. Science, 2001, 292: 706 ~ 709

[29]   Huang Y H, Okada M, Tanaka K, et al. Estimation of superconducting transition temperature in metallic carbon nanotubes. Phys Rev B, 1996, 53: 5129 ~ 5132

[30]   Kasumov A Y, Deblock R, Kociak M, et al. Supercurrents through single-walled carbon nanotubes. Science, 1999, 284: 1508 ~ 1511

[31]   Kociak M, Kasumov A Y, Gueron S, et al. Superconductivity in ropes of single-walled carbon nanotubes. Phys Rev Lett, 2001, 86: 2416 ~ 2419

[32]   Tang Z K, Zhang L Y, Wang N, et al. Superconductivity in 4 angstrom single-walled

carbon nanotubes. Science, 2001, 292: 2462 ~ 2465

[33] Li P, Jiang K L, Liu M, et al. Polarized incandescent light emission from carbon nanotubes. Appl Phys Lett, 2003, 82: 1763 ~ 1765

[34] Fischer J E, Dai H J, Thess A, et al. Metallic resistivity in crystalline ropes of single-wall carbon nanotubes. Phys Rev B, 1997, 55: R4921 ~ R4924

[35] Ebbesen T W, Lezec H J, Hiura H, et al. Electrical conductivity of individual carbon nanotubes. Nature, 1996, 382: 54 ~ 56

[36] Dai H J, Wong E W, Lieber C M. Probing electrical transport in nanomaterials: Conductivity of individual carbon nanotubes. Science, 1996, 272: 523 ~ 526

[37] Fuhrer M S, Nygard J, Shih L, et al. Crossed nanotube junctions. Science, 2000, 288: 494 ~ 497

[38] Odintsov A A. Schottky barriers in carbon nanotube heterojunctions, Phys Rev Lett, 2000, 85: 150 ~ 153

[39] Jost O, Gorbunov A A, Pompe W, et al. Diameter grouping in bulk samples of single-walled carbon nanotubes from optical absorption spectroscopy. Appl Phys Lett, 1999, 75: 2217 ~ 2219

[40] Chiang I W, Brinson B E, Smalley R E, et al. Purification and characterization of single-wall carbon nanotubes. J Phys Chem B, 2001, 105: 1157 ~ 1161

[41] O'Connell M J, Bachilo S M, Huffman C B, et al. Band gap fluorescence from individual single-walled carbon nanotubes. Science, 2002, 297: 593 ~ 596

[42] Bachilo S M, Strano M S, Kittrell C, et al. Structure-assigned optical spectra of single-walled carbon nanotubes. Science, 2002, 298: 2361 ~ 2366

[43] Zhang Y, Iijima S. Elastic response of carbon nanotube bundles to visible light. Phys Rev Lett, 1999, 82: 3472 ~ 3475

[44] Cao A Y, Zhang X F, Xu C L, et al. Tandem structure of aligned carbon nanotubes on Au and its solar thermal absorption. Sol Energ Mat Sol C, 2002, 70: 481 ~ 486

[45] Ajayan P M, Terrones M, de la Guardia A, et al. Nanotubes in a flash-Ignition and

reconstruction. Science, 2002, 296: 705

[46] Misewich J A, Martel R, Avouris P, et al. Electrically induced optical emission from a carbon nanotube FET. Science, 2003, 300: 783 ~ 786

[47] Freitag M, Martin Y, Misewich J A, et al. Photoconductivity of single carbon nanotubes. Nano Lett, 2003, 3: 1067 ~ 1071

[48] Jiang K L, Li Q Q, Fan S S. Nanotechnology: Spinning continuous carbon nanotube yarns-carbon nanotubes weave their way into a range of imaginative macroscopic applications. Nature, 2002, 419: 801

[49] Dresselhaus M S, Dresselhaus G, Avouris P. Carbon nanotubes: synthesis, structure, properties, and applications. New York: Springer, 2000

[50] Hernandez E, Goze C, Bernier P, et al. Elastic properties of C and $B_xC_yN_z$ composite nanotubes. Phys Rev Lett, 1998, 80: 4502 ~ 4505

[51] Wong E W, Sheehan P E, Lieber C M. Nanobeam mechanics: Elasticity, strength, and toughness of nanorods and nanotubes. Science, 1997, 277: 1971 ~ 1975

[52] Yu M F, Files B S, Arepalli S, et al. Tensile loading of ropes of single wall carbon nanotubes and their mechanical properties. Phys Rev Lett, 2000, 84: 5552 ~ 5555

[53] Andrews R, Jacques D, Rao A M, et al. Nanotube composite carbon fibers. Appl Phys Lett, 1999, 75: 1329 ~ 1331

[54] Zhu J, Kim J D, Peng H Q, et al. Improving the dispersion and integration of single-walled carbon nanotubes in epoxy composites through functionalization. Nano Lett, 2003, 3: 1107 ~ 1113

[55] Dillon A C, Jones K M, Bekkedahl T A, et al. Storage of hydrogen in single-walled carbon nanotubes. Nature, 1997, 386: 377 ~ 379

[56] Gadd G E, Blackford M, Moricca S, et al. The world's smallest gas cylinders. Science, 1997, 277: 933 ~ 936

[57] Collins P G, Bradley K, Ishigami M, et al. Extreme oxygen sensitivity of electronic properties of carbon nanotubes. Science, 2000, 287: 1801 ~ 1804

[58] Kong J, Franklin N R, Zhou C W, et al. Nanotube molecular wires as chemical sensors. Science, 2000, 287: 622 ~ 625

[59] Collins P G, Bradley K, Ishigami M, et al. Extreme oxygen sensitivity of electronic properties of carbon nanotubes. Science, 2000, 287: 1801 ~ 1804

[60] Modi A, Koratkar N, Lass E, et al. Miniaturized gas ionization sensors using carbon nanotubes. Nature, 2003, 424: 171 ~ 174

[61] 馬仁志，奈米碳管壓製體的性能及工程應用的研究：〔博士學位論文〕。北京：清華大學，2000

[62] Berber S, Kwon Y K, Tomanek D. Unusually high thermal conductivity of carbon nanotubes. Phys Rev Lett, 2000, 84: 4613 ~ 4616

[63] Fischer J E, Dai H, Thess A, et al. Metallic resistivity in crystalline ropes of single-wall carbon nanotubes. Phys Rev B, 1997, 55: R4921 ~ R4924

[64] Ural A, Li Y M, Dai H J. Electric-field-aligned growth of single-walled carbon nanotubes on surfaces. Appl Phys Lett, 2002, 81: 3464 ~ 3466

[65] Zhu H W, Zhao G L, Masarapu C, et al.Super-small energy gaps of single-walled carbon nanotube strands. Appl Phys Lett, 2005, 86 (20): 203107

[66] Li S D, Yu Z, Rutherglen C, et al.Electrical properties of 0.4 cm long single-walled carbon nanotubes. Nano Lett, 2004, 4 (10): 2003 ~ 2007

[67] Anglaret E, Righi A, Sauvajol J L, et al. Raman resonance and orientational order in fibers of single-wall carbon nanotubes. Phys Rev B, 2002, 65: 165426

[68] Gommans H H, Alldredge J W, Tashiro H, et al. Fibers of aligned single-walled carbon nanotubes: Polarized Raman Spectroscopy. J Appl Phys, 2000, 88: 2509 ~ 2514

[69] Hwang J, Gommans H H, Ugawa A, et al. Polarized spectroscopy of aligned single-wall carbon nanotubes. Phys Rev B, 2000, 62: R13310 ~ R13313

[70] Kim P, Odom T W, Huang J L, et al. Electronic density of states of atomically resolved single-walled carbon nanotubes: van hove singularities and end states. Phys

Rev Lett, 1999, 82: 1225 ~ 1228

[71] Benedict L X, Louie S G, Cohen M L. Heat capacity of carbon nanotubes. Solid State Commun, 1996, 100: 177 ~ 180

[72] Hone J, Batlogg B, Benes Z, et al. Quantized phonon spectrum of single-wall carbon nanotubes. Science, 2000, 289: 1730 ~ 1733

[73] Hone J, Llaguno M C, Nemes N M, et al. Electrical and thermal transport properties of magnetically aligned single wall carbon nanotube films. Appl Phys Lett, 2000, 77: 666 ~ 668

[74] Hone J, Ellwood I, Muno M, et al. Thermoelectric power of single-walled carbon nanotubes. Phys Rev Lett, 1998, 80: 1042 ~ 1045

[75] Pan Z W, Xie S S, Lu L, et al. Tensile tests of ropes of very long aligned multiwall carbon nanotubes. Appl Phys Lett, 1999,74 (21): 3152 ~ 3154

[76] Ren Y, Fu Y Q, Liao K, et al. Fatigue failure mechanisms of single-walled carbon nanotube ropes embedded in epoxy. Appl Phys Lett, 2004, 84: 2811 ~ 2813

[77] Treacy M M J, Ebbesen T W, Gibson J M. Exceptionally high Young's modulus observed for individual carbon nanotubes. Nature, 1996, 381: 678 ~ 680

[78] Song L, Ci L, Lv L, et al. Direct synthesis of a macroscale single-walled carbon nanotube non-woven material. Adv Mater, 2004, 16: 1529

[79] Liu A Y, Cohen M L. Prediction of new low compressibility solids. Science, 1989, 245: 841 ~ 842

[80] 沈觀林。複合材料力學。北京：清華大學出版社，1996

[81] Lauhon L J, Gudiksen M S, Wang C L, et al. Epitaxial core-shell and core-multishell nanowire heterostructures. Nature, 2002, 420: 57 ~ 61

雙壁奈米碳管
巨觀體的製取

4.1　雙壁奈米碳管的合成方法

4.2　雙壁奈米碳管巨觀體的合成技術

4.3　雙壁奈米碳管巨觀體的後處理技術

4.4　雙壁奈米碳管的表徵

4.5　雙壁奈米碳管巨觀體的生長機制

參考文獻

4.1　雙壁奈米碳管的合成方法

　　Iijima 發現奈米碳管後，人們就在電弧法合成奈米碳管的產物中發現了具有不同層數的奈米碳管。1993 年，Iijima 和 Bethune 同時發現單壁奈米碳管 [1, 2]，之後 Smalley [3] 研究小組採用雷射蒸發法，Dai 等人 [4] 採用催化裂解法，Journet 等人 [5] 採用電弧法都成功地合成了具有一定純度和產量的單壁奈米碳管，人們逐漸把研究的注意力轉移到了性能優異的單壁奈米碳管上，對單壁奈米碳管的制取、表徵、性能以及潛在應用進行了大量的研究，取得了令人矚目的成績。對於多壁奈米碳管的製備，產量可以高達 15 kg/h [6]，已接近產業化生產，但是，迄今為止，對於單壁奈米碳管的製備，人們尚未在產量上取得突破，進而限制了性能優異的單壁奈米碳管的實際應用。人們在研究奈米碳管時發現，不同方法合成具有不同形態、層數、結構、純度和晶化程度的多壁奈米碳管，在性能上存在著差異，並且單壁奈米碳管的性能明顯優於多壁奈米碳管。單壁奈米碳管和多壁奈米碳管之間的差異，除了源於直徑不同以外，還來自於多壁奈米碳管各管層之間的相互作用。為研究奈米碳管層數對其性能的影響，僅包含兩層管壁的雙壁奈米碳管，成為了研究奈米碳管性能隨層數變化而變化的最佳對象。

　　儘管人們已經可以採用不同的合成方法較容易地製備出單壁奈米碳管，但是，合成具有一定純度的雙壁奈米碳管，則是在最近幾年才得以實現 [7]。雙壁奈米碳管的內徑與單壁奈米碳管的直徑相當，通常為 0.4 ～ 2 nm，雙壁奈米碳管的外徑也僅比單壁奈米碳管的直徑大 0.7 ～ 0.8 nm，因此可以預期雙壁奈米碳管與單壁奈米碳管具有相近的性能。另外，由於存在內外層管之間的相互作用，雙壁奈米碳管可能具備自身獨特的性能。因此，雙壁奈米碳管與單壁奈米碳管和多壁奈米碳管是密切相關的類型。為此，有必要通過對比單壁、多壁奈米碳管來研究雙壁奈米碳管的性能，旨在深入認識奈米碳管層數對性能的影響；此外還要研究雙壁奈米碳管的製取方法和它的生長機制，為控制奈米碳管層數奠定基礎。

雙壁奈米碳管是由兩層石墨層片按照一定螺旋角捲曲而成的雙層管狀結構。一般認為，雙壁奈米碳管的穩定性取決於雙壁奈米碳管的內外層直徑，而與螺旋角無關。但是，Charlier 等人 [8] 的計算證明，雙壁奈米碳管的內外層管的間距與內外層奈米碳管的螺旋角有關，隨螺旋角不同而改變，其值可以在 0.33 ～ 0.42 nm 之間變化。在高解析穿透電子顯微鏡下測量的雙壁奈米碳管的內外層間距最大可達 0.41 nm，比一般的多壁奈米碳管的層間距 0.34 nm 大 21%，也比石墨層間距 0.335nm 大 26%。大的層間距使雙壁奈米碳管的電子能帶結構與多壁奈米碳管的不同，而與單壁奈米碳管接近。但是由於雙壁奈米碳管內外層管間有相互作用，又具有與單壁奈米碳管不同的能帶結構，由此可以預測雙壁奈米碳管將具有獨特的電學、光學、力學等性能。因此，雙壁奈米碳管的合成及其性能的研究已成為近期奈米碳管研究的一個熱點。

雙壁奈米碳管的合成方法與單壁奈米碳管的相似，都需要在較高的溫度下才能進行。目前，人們通過電弧法、雷射蒸發法和催化裂解法成功地合成了雙壁奈米碳管。本章首先介紹雙壁奈米碳管的合成方法，然後介紹直接合成雙壁奈米碳管巨觀體的製備方法。本節列舉了幾種雙壁奈米碳管的合成方法，目的在能夠有選擇地合成特定類型的奈米碳管，瞭解合成具有不同性能特徵的奈米碳管之必要技術條件。

4.1.1　單壁奈米碳管內插 C60 法

1998 年，Smith 等人 [9] 在高解析電子顯微鏡下觀察到，在經過純化和退火處理後的單壁奈米碳管，其管腔中存在排列整齊的 C60 分子鏈。之後，Iijima 小組 [10] 研究發現，將雷射蒸發法製取的單壁奈米碳管在質量分數為 70% 的硝酸中回流處理後，可使單壁奈米碳管的端帽打開。2001 年，Bandow [11] 等人將開口的單壁奈米碳管與 C60 分子在苯溶液中加熱到 400℃，保溫 24 h 後，C60 分子便進入到單壁奈米碳管空腔中，形成 C60 鏈，如圖 4-1(a) 所示。隨後，他們將內插有 C60 的單壁奈米碳管在真空中加熱到 1100℃，使內插於單壁奈米碳管空腔內的 C60 相互連接，形成雙壁奈米碳管的內層管，見圖

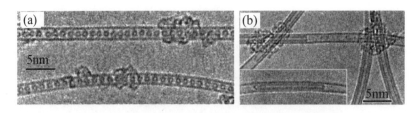

圖 4-1 C60 內插法合成雙壁奈米碳管的高解析穿透電子顯微鏡照片

(a) 單壁奈米碳管內插 C60 形成 C60 鏈；(b) C60 連接後形成的雙壁奈米碳管

4-1(b)。在 C60 相互連接形成奈米碳管時，由於雙壁奈米碳管的外層手性已經固定，雙壁奈米碳管內層管的手性只能按照一定螺旋角進行組裝，由此可以控制內層奈米碳管的直徑和螺旋角。從圖 4-1(b) 可以看出，所形成的雙壁奈米碳管僅為局部雙壁奈米碳管，在沒有 C60 鏈的地方，仍然保持為單壁奈米碳管。這是較早穩定獲得雙壁奈米碳管的方法之一，其技術比較複雜，產率也比較低，不利於雙壁奈米碳管的性能和應用研究。

4.1.2 電弧法

電弧法是合成單壁奈米碳管的常用方法。2001 年，Hutchison [12] 最先採用電弧放電法合成了雙壁奈米碳管。他們對氫電弧法進行改進，在金屬催化劑 Co、Ni、Fe 粉末中加入少量的 S，將催化劑粉末焙燒後與石墨粉混合填充到陽極石墨中。在 Ar：H_2 = 1：1（體積比）的氣體保護下引弧放電，在陰極石墨孔中即可收集到毫克量級的雙壁奈米碳管。在高解析穿透電子顯微鏡下觀察時發現，雙壁奈米碳管的外徑為 1.9 ～ 5 nm，雙壁奈米碳管的層間距可達到 0.41 nm，見圖 4-2(a) 和 4-2(b)。他們估計雙壁奈米碳管的純度可達 80%。2004 年，Sugai [13] 等人改用高溫脈衝電弧法合成單壁奈米碳管的技術，也合成了雙壁奈米碳管。他們分別將「原子比為 0.7%/0.7/98.6 的 Ni/Co/C 和 1.0%/4.2%/94.8 的 Yi/Ni/C（金屬粉末 / 石墨粉）混合物填充到石墨陽極」。將石墨電極放置在加熱電爐的中央，在氫氣保護中加熱到 1000 ～ 1400℃ 後，在兩個石墨電極之間引發脈衝電弧（600 μs，40 ～ 60 A，50 Hz）。從石墨電極

圖 4-2　電弧放電法合成雙壁奈米碳管的高解析穿透電子顯微鏡照片

(a) 一根內徑為 4 nm 的雙壁奈米碳管；(b) 一根直徑沿軸線方向變化的雙壁奈米碳管

揮發出的蒸氣在載氣和催化劑的作用下形成含有雙壁奈米碳管的粉末。圖 4-3(a) 為產物的高解析穿透電子顯微鏡照片，顯示雙壁奈米碳管的兩層管壁，雙壁奈米碳管的內外直徑分佈分別為 $0.8 \sim 1.2$ nm 和 $1.6 \sim 2.0$ nm。他們將雙壁奈米碳管的產物在 500℃ 的空氣中純化處理時發現，隨著純化時間的延長，雙壁奈米碳管拉曼光譜中小波數環呼吸振動模的數量減少，而位於 214 cm^{-1} 附近的環呼吸振動模變化不大，證明 214 cm^{-1} 的拉曼峰是由雙壁奈米碳管的內層管受激引起，而 136 cm^{-1} 附近的環呼吸振動峰是由雙壁奈米碳管的外層管受激引起的。對產物在空氣中 500℃ 氧化 90 min 後進行拉曼光譜分析顯示，其環呼吸振動模中出現了兩個強的拉曼峰，分別對應於雙壁奈米碳管的內外層管徑（見圖 4-3(b)）。他們還發現，採用高溫脈衝電弧法合成雙壁奈米碳管的優化技術，幾乎與合成單壁奈米碳管的技術完全相同，因此認為雙壁奈米碳管與單壁奈米碳管生長技術是非常接近的。

4.1.3　化學氣相沈積法

　　化學氣相沈積法是合成單壁奈米碳管及其巨觀體的最常用方法之一。由於雙壁奈米碳管與單壁奈米碳管的直徑非常接近，因此也可以採用化學氣相沈積法合成雙壁奈米碳管。又由於化學氣相沈積法合成單壁奈米碳管所選用的催化劑載體、催化劑和碳源等具有很大的多樣性，因此，採用化學氣相沈積法合成

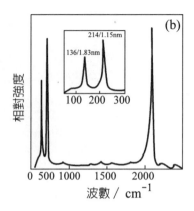

圖 4-3 高溫脈衝電弧法合成的雙壁奈米碳管

(a) 高解析穿透電子顯微鏡照片；(b) 拉曼光譜

雙壁奈米碳管的優化技術，就成為近期雙壁奈米碳管研究的焦點。

慈立傑 [14] 等人在採用浮動催化裂解法合成單壁奈米碳管時，為了提高單壁奈米碳管的產量，在二茂鐵催化劑前驅體中加入了少量的硫磺，他們發現奈米碳管的產量並沒有很大的提高，卻在產物中發現了較多的雙壁奈米碳管，並且發現內徑僅為 0.4 nm 的雙壁奈米碳管。由此，他們認為硫對雙壁奈米碳管的形成有促進作用。隨後，他們通過技術參數的改進，使雙壁奈米碳管的純度有所提高 [15]。Flahaut E 等人 [16] 採用 MgO 作為催化劑載體，鈷作催化劑，甲烷為碳源，合成了質量純度約 77% 的雙壁奈米碳管。他們在產物中發現了環狀的雙壁奈米碳管束 [17]。Li 等人 [18] 採用 MgO 作為催化劑載體，採用直徑 4 nm 以下的鈷顆粒為催化劑，也合成了雙壁奈米碳管，而且雙壁奈米碳管上的非晶碳等雜質很少，如圖 4-4 所示。Liu 等人採用 MgO/Al$_2$O$_3$ 等為載體，分別以甲烷 [19]、酒精 [20]、正己烷 [21] 為碳源，合成了單壁和雙壁奈米碳管的混合物。他們合成的雙壁奈米碳管產量與單壁奈米碳管的產量相當，可達到每小時克量級。

由上述研究可見，無論是採用石墨電弧法還是催化裂解法，都可以合成一定量的雙壁奈米碳管，並且在產物中，除了雙壁奈米碳管以外，通常都伴隨有

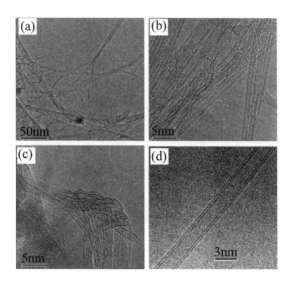

圖 4-4 催化裂解法合成的雙壁奈米碳管的穿透電子顯微鏡照片 [18]

(a) 雙壁奈米碳管的穿透電子顯微鏡照片；(b) 雙壁奈米碳管束的高解析穿透電子顯微鏡照片；(c) 彎折雙壁奈米碳管的高解析穿透電子顯微鏡照片；(d) 外徑為 3 nm 的單根雙壁奈米碳管的高解析穿透電子顯微鏡照片

一定數量的單壁奈米碳管，有時甚至還發現三層管壁的多壁奈米碳管，因此雙壁奈米碳管的合成，可以透過改變單壁奈米碳管生長條件來實現。雙壁奈米碳管的直徑與單壁奈米碳管非常接近，因此雙壁奈米碳管的生長條件與單壁奈米碳管的生長條件相似，因此，幾乎所有用於單壁奈米碳管合成的方法都可以發展為合成雙壁奈米碳管的方法。單壁奈米碳管具有優異的性能和廣泛的應用前景，儘管人們可以合成達克量級的單壁奈米碳管，甚至可以合成長達 20 ～ 40 cm 的單壁奈米碳管長絲，但是要進而獲得克量級的、具有釐米長度的單壁奈米碳管，困難是很大的。雙壁奈米碳管的性能與單壁奈米碳管的相近，比多壁奈米碳管優越，但合成雙壁奈米碳管的技術參數範圍比單壁奈米碳管要寬，在很多場合下可以替代單壁奈米碳管。此外，雙壁奈米碳管是兩層結構，內外層奈米碳管之間存在一定的相互作用，且內外層間距可以在 0.33 ～ 0.42 nm 之間改變，與多壁奈米碳管的層間距 0.34 nm 及石墨層片間距 0.335 nm 相比，存在很大的差別，所以可以預期雙壁奈米碳管在電學、光學、吸附氣體等方面

有優異的性能。

目前，雙壁奈米碳管的合成已取得一定的進展，但還是存在產量少、純度低、長度僅為微米量級等問題。為此，獲得巨觀長度的奈米碳管，並且精確控制其直徑、層數，甚至螺旋角等是目前科學家們追求的目標。

4.2 雙壁奈米碳管巨觀體的合成技術

作者對雙壁奈米碳管巨觀體的合成技術進行了較系統的研究，以二甲苯溶液作為碳源，二茂鐵為催化劑，硫為添加劑，採用催化裂解法成功地合成了雙壁奈米碳管巨觀薄膜和長絲 [22]。

以二甲苯為碳源合成雙壁奈米碳管薄膜和長絲時，將二茂鐵和硫磺按照莫耳比 Fe：S = 10：1 的比例溶解在二甲苯中，配製成反應溶液。反應溶液在精密流量泵的帶動下，被輸入反應室中。碳源分解出來的碳簇在二茂鐵分解出來的鐵催化劑顆粒的作用下，形成雙壁奈米碳管。奈米碳管被氫氣迅速帶出反應區，沈積在反應室的冷端（溫度小於 300℃）。由於雙壁奈米碳管的生長速度很快，在溶液進入反應器 10 s 後，便可觀察到長度大於 10 cm 的雙壁奈米碳管長絲懸掛在反應室的後端。隨著反應的進行，還可以觀察到大量雙壁奈米碳管薄膜被載氣帶出反應區。與以甲烷為碳源合成雙壁奈米碳管不同，以二甲苯為碳源合成雙壁奈米碳管時，雙壁奈米碳管的產量很大，生長速度也很快。

該方法與常用合成定向奈米碳管陣列的實驗裝置非常接近，見圖 4-5 [23]。為了獲得雙壁奈米碳管，需要對實驗技術進行適當的改進。首先，除去放置在反應區中用於定向奈米碳管陣列生長的襯底，使雙壁奈米碳管形成長大後很快離開反應區，進而停止徑向增長；其次，將反應溫度提高到 1100℃ 以上；第三，增加反應溶液中催化劑的濃度，以提供更多的奈米碳管生長所需的催化劑顆粒；第四，在反應溶液中加入硫，提高催化劑的活性和奈米碳管的生長速率。為了可控地合成雙壁奈米碳管，需要對奈米碳管的生長技術進行進一步地研究，以找出雙壁奈米碳管的最佳技術參數。

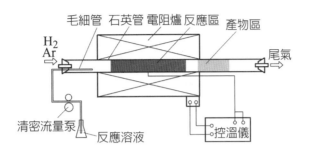

毛細管 石英管 電阻爐 反應區　產物區

H₂
Ar

尾氣

清密流量泵　反應溶液

控溫儀

圖 4-5 化學氣相沈積法合成雙壁奈米碳管的技術簡圖

4.2.1 雙壁奈米碳管巨觀體合成技術參數

　　當反應溶液由流量泵輸入反應室約 10 s 後，便可觀察到絲狀產物被載氣帶出反應區並且附在石英管的冷端（冷端溫度小於 300℃）。隨著反應繼續進行，大量黑色膜狀產物被載氣帶出反應區，沈積在靠近電爐的石英管壁上，該處溫度為 100～300℃。反應溶液的進給量很小，呈滴狀輸入反應室中。實驗發現，在實驗條件適合時，每輸入一滴溶液，皆可見到一片奈米碳管薄膜被帶出反應區，雙壁奈米碳管薄膜和長絲的生長時間相同，隨載氣流量不同約為 5～10 s。無論是雙壁奈米碳管長絲還是雙壁奈米碳管薄膜，得到的尺寸均達到或者超過 10 cm。雙壁奈米碳管長絲是由長度釐米量級的雙壁奈米碳管束組成的，雙壁奈米碳管長絲的生長速率高達 2～6 cm/min，遠比多壁奈米碳管薄膜陣列的生長速率 50 μm/min 要高 100 倍[24]，也比立式浮動催化裂解法合成單壁奈米碳管長絲的生長速率高 5 倍[25]。雙壁奈米碳管具有很高的生長速率，它與碳源的進給方式和適宜的載氣流量是分不開的。

　　圖 4-6 中雙壁奈米碳管巨觀產物的合成技術參數為：反應溫度 1150℃，催化劑質量濃度 67 mg/mL，添加劑硫磺的含量 Fe：S = 10：1（莫耳比），反應溶液進給速率 0.08 mL/min，氫氣和氬氣流量分別為 3000 mL/min 和 500 mL/min，反應時間 15 min。箭頭 A、B 所指分別為長 35 cm 和 10 cm 的雙壁奈米碳管長絲，產物更多是以奈米碳管薄膜的形式存在，如箭頭 C 所指。雙壁

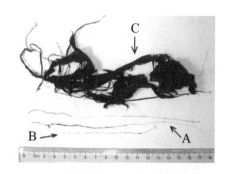

圖 4-6 以二甲苯為碳源合成雙壁奈米碳管的巨觀產物（箭頭 A、B 分別指向長度為 35 cm 和 10 cm 的雙壁奈米碳管長絲，箭頭 C 指向雙壁奈米碳管薄膜）

奈米碳管薄膜是由大量、長度釐米量級的雙壁奈米碳管束組成的，可以分解成更小的薄膜或者細絲。雙壁奈米碳管長絲和薄膜都可以隨意彎曲和折疊，具有良好的柔韌性。實驗證明，反應溶液進給速率較小，有利於獲得雙壁奈米碳管長絲；進給速率較大時，產物中很少有雙壁奈米碳管長絲存在。

製備態下雙壁奈米碳管長絲和薄膜的掃描電子顯微鏡照片，分別如圖 4-7(a) 和 4-7(b) 所示。結果顯示，長絲和薄膜皆由大量雙壁奈米碳管束組成。雙壁奈米碳管束的長度通常可達釐米量級。從圖中可以看出，以二甲苯為碳源合成的雙壁奈米碳管長絲和雙壁奈米碳管薄膜，具有很高的純度，產物中的雜質量很少，雙壁奈米碳管的形態也較平直，這可能與雙壁奈米碳管的快速生長有關。

圖 4-8(a) 為雙壁奈米碳管薄膜的穿透電子顯微鏡照片，可見大部分雙壁奈米碳管束沿一定方向排列，但是由於載氣流量的作用，雙壁奈米碳管束也發生彎曲。在穿透電子顯微鏡下很少觀察到非晶碳以及催化劑顆粒等雜質，表示雙壁奈米碳管的純度很高。圖 4-8(b) 為雙壁奈米碳管的高解析穿透電子顯微鏡照片，可以清晰看出雙壁奈米碳管的雙層管狀結構，其內外層間距為 0.34～0.4 nm，雙壁奈米碳管自建組織排列成平面三角晶。產物中奈米碳管層數的統計結果證明，雙壁奈米碳管在產物中的體積分數約為 85%。樣品的內外直徑分佈統

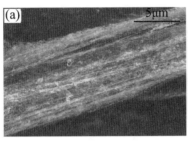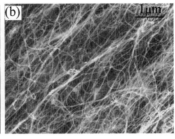

圖 4-7 雙壁奈米碳管的掃描電子顯微鏡照片

(a) 雙壁奈米碳管長絲的掃描電子顯微鏡照片；(b) 雙壁奈米碳管薄膜的掃描電子顯微鏡照片

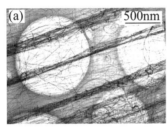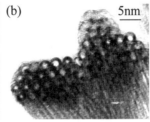

圖 4-8 以二甲苯為碳源合成雙壁奈米碳管薄膜的穿透電子顯微鏡照片

(a) 低倍穿透電子顯微鏡照片；(b) 高解析穿透電子顯微鏡照片

計說明雙壁奈米碳管的內外直徑分別分佈在 0.7～2 nm 和 1.4～2.8 nm，其直徑符合高斯分佈，見圖 4-9(a) 和 4-9(b)。

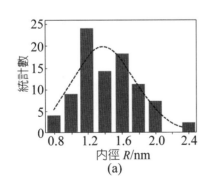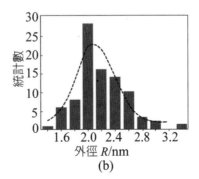

圖 4-9 雙壁奈米碳管內外直徑分佈圖

(a) 雙壁奈米碳管內徑分佈圖；(b) 雙壁奈米碳管外徑分佈圖

4.2.2 催化劑濃度的影響

選定以下合成技術參數：反應溫度 1180℃，反應溶液進給速率 0.1 mL/min，氫氣和氬氣的流量分別為 3000 mL/min 和 500 mL/min，催化劑和硫磺的莫耳比為 10：1，改變反應溶液中催化劑的濃度，研究催化劑濃度對雙壁奈米碳管產量、純度以及直徑的影響。

圖 4-10 為不同催化劑濃度下合成收集到產物的穿透電子顯微鏡照片。隨著溶液中催化劑濃度的升高，收集到產物的數量不斷增大。當催化劑的質量濃度為 80 mg/mL 時，反應 10 min 便可以收集到約 140 mg 雙壁奈米碳管薄膜。

對不同反應溫度下產物的穿透電子顯微鏡觀察結果證明，催化劑濃度較低時，產物中雙壁奈米碳管薄膜中催化劑的含量很少，奈米碳管的純度較高，可達到 90% 以上，如圖 4-10(a) 和 4-10(b) 所示。但是，隨催化劑濃度增加，產物中催化劑顆粒的直徑和數量不斷增加，見圖 4-10(c) 和 4-10(d)。此時，在產物中可以看到催化劑顆粒被較厚的非晶碳包裹，因而影響催化劑對雙壁奈米碳管生長的作用，導致產物生長速率的下降，催化劑顆粒尺寸通常大於 10 nm。

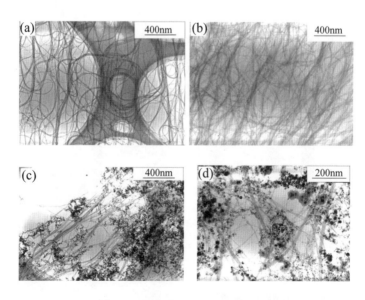

圖 4-10 不同催化劑濃度合成雙壁奈米碳管的穿透電子顯微鏡照片

(a) 33 mg/mL；(b) 67 mg/mL；(c) 80 mg/mL；(d) 120 mg/mL

當催化劑和碳源被帶入反應區時，二茂鐵分解出鐵原子，由於載氣的流量很大，反應區中催化劑濃度相對較低，分解出來的鐵原子相互碰撞形成細小的鐵顆粒，碳原子在其表面吸附並析出，形成雙壁奈米碳管。

催化劑濃度也影響反應區中催化劑顆粒的直徑。儘管在產物中觀察到的催化劑顆粒直徑與雙壁奈米碳管直徑沒有嚴格的對應關係，但是溶液中催化劑的濃度對雙壁奈米碳管的直徑有影響。雙壁奈米碳管是在催化劑顆粒上形核和長大的，因此催化劑顆粒大小還是可以影響雙壁奈米碳管的直徑。對不同催化劑濃度下合成的雙壁奈米碳管，進行高解析穿透電子顯微鏡觀察證明（圖 4-11(a) 是催化劑濃度為 33 mg/mL 時，產物的高解析穿透電子顯微鏡照片），樣品中存在不同內徑的雙壁奈米碳管，也可以分辨出具有三層管壁的多壁奈米碳管。雙壁奈米碳管的內徑較小，主要分佈在 1.2 nm 以下。圖 4-11(b) 是催化劑濃度為 50 mg/mL 時樣品的高解析穿透電子顯微鏡照片，可以看出雙壁奈米碳管的內徑比較均勻，主要在 1 ～ 1.2 nm 之間。隨著催化劑濃度的增加，雙壁奈米碳管內徑的分佈也發生變化。圖 4-11(c) 是催化劑濃度為 67 mg/mL 時，雙壁奈米碳管束的高解析穿透電子顯微鏡照片，可知，管束中存在內徑為 1 nm（見

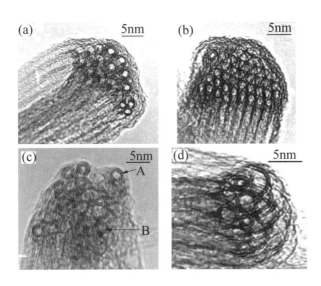

圖 4-11 不同催化劑濃度下產物的高解析穿透電子顯微鏡照片
(a) 33 mg/mL；(b) 50 mg/mL；(c) 67 mg/mL；(d) 100 mg/mL

箭頭 A）和 1.6 nm（見箭頭 B）的雙壁奈米碳管。圖 4-11(d) 是催化劑濃度為 100 mg/mL 時，雙壁奈米碳管的高解析穿透電子顯微鏡照片，由此得知，當催化劑濃度較低時，產物中存在直徑細小的雙壁奈米碳管，其內徑分佈範圍較寬；當催化劑濃度較高時，雙壁奈米碳管的內徑分佈範圍較窄，而且直徑較大。

　　樣品的拉曼光譜表徵也有類似的結果。圖 4-12 為不同催化劑濃度時雙壁奈米碳管薄膜的拉曼光譜。催化劑濃度較低時，雙壁奈米碳管的內徑分佈範圍較寬，如圖 4-12(a) 所示，雙壁奈米碳管的環呼吸振動模分佈範圍較寬，在波數 154.56 cm^{-1}，191.12 cm^{-1}，215.17 cm^{-1}，254.6 cm^{-1} 和 279.62 cm^{-1} 處都有較強的環呼吸振動峰，由此說明了雙壁奈米碳管的內徑分佈範圍較寬，主要在 0.8～1.5 nm 之間。當催化劑濃度為 0.5 mg/mL 時，儘管拉曼光譜中環呼吸振動峰的波數變化不大，但波數為 193.04 cm^{-1} 和 213.24 cm^{-1} 的環呼吸振動

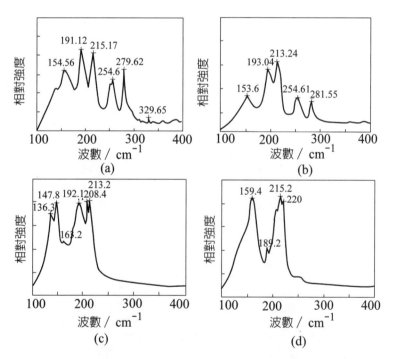

圖 4-12 不同催化劑濃度時產物的拉曼光譜（雷射光波長為 632.8 nm）

(a) 33 mg/mL；(b) 50 mg/mL；(c) 67 mg/mL；(d) 100 mg/mL

峰強度增強，證明產物中內徑為 1.0 ～ 1.2 nm 的雙壁奈米碳管佔優勢，這與高解析穿透電子顯微鏡的檢測結果一致。催化劑濃度繼續增加至 67 mg/mL 時，環呼吸振動峰的波數分別位於 136.3 cm^{-1}、147.8 cm^{-1} 和 163.2cm^{-1}。拉曼光譜中波數小的環呼吸振動峰強度增強，而波數大於 250 cm^{-1} 的環呼吸振動峰幾乎分辨不出，如圖 4-12(c) 和 4-12(d) 所示。表示催化劑濃度較高時，雙壁奈米碳管的內徑變大，這與高解析穿透電子顯微鏡下的測量結果也是一致的。

4.2.3 溶液進給速率的影響

溶液進給速率的大小影響碳原子在反應區中的分壓，即影響反應區中原子的濃度，因此對雙壁奈米碳管的純度和產量有很大影響。溶液通過一個精密流量泵輸入反應室中，流量泵的最小進給速率為 0.007 mL/min。實驗反應溫度 1180℃，催化劑質量濃度 50 mg/mL，氫氣和氬氣的流量分別為 3000 mL/min 和 500 mL/min，保持催化劑和硫磺的質量比為 10：1 不變，改變溶液的進給量，研究其對產物產量的影響。

圖 4-13 為反應 10 min 後收集到的產物產量與溶液進給速率的關係曲線。產物的產量與溶液進給速率呈增函數關係。當溶液進給速率小於 0.08 mL/min 時，產物中主要為雙壁奈米碳管，如圖 4-14(a) 和 4-14(b) 所示。當溶液進給速率增加時，產物中非晶碳和催化劑顆粒雜質增加，如圖 4-14(c) 所示。當溶液進給速率為 0.12 mL/min 時，由於碳源的濃度較大，在雙壁奈米碳管束上沈

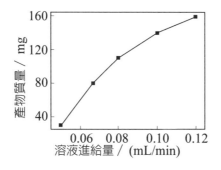

圖 4-13 不同溶液進給量對收集到產物質量的曲線（反應時間為 10 min）

圖 4-14 反應溶液的不同進給速率下，合成產物的穿透電子顯微鏡照片

(a) 0.05 mL/min；(b) 0.08 mL/min；(c) 0.1 mL/min；(d) 0.12 mL/min

積了一層較厚的非晶碳，如圖 4-14(d) 所示，奈米管形成帶狀的碳纖維。纖維的直徑為 15 ～ 40 nm，沿著長度方向纖維的直徑發生變化，這說明了該碳纖維是由雙壁奈米碳管束沈積非晶碳而形成的。

　　催化劑是溶解在二甲苯溶液中的，當反應溶液進給速率增加時，催化劑的進給量也增加，使得反應區中催化劑原子濃度增加，因而催化劑顆粒團聚長大的幾率增大。較大直徑的催化劑顆粒不利於雙壁奈米碳管的形核和長大，而易形成被非晶碳或石墨層片包裹的雜質顆粒。當溶液進給速率超過一定值時，進給量越大，則雜質顆粒的數量就越多。

　　反應溫度在 1100℃ 左右時，奈米碳管的生長由碳簇 C_n 在管柱上沈積而成。碳簇有兩個來源，一是二甲苯分解，二是二茂鐵催化劑分解。奈米碳管的生長反應可表達為

$$C_8H_{10} \longrightarrow 4C_2 + 10H \qquad\qquad (4\text{-}1)$$

$$Fe(C_5H_5)_2 \longrightarrow Fe + 5C_2 + 10H \qquad\qquad (4\text{-}2)$$

$$nC_2 \longrightarrow 2C_n \qquad\qquad (4\text{-}3)$$

由式（4-1）、（4-2）和（4-3）可知，碳源流量增加，有利於雙壁奈米碳管的生長，其生長速率與反應區中 C_n 的分壓有關。因此當碳源濃度增加時，奈米碳管的生長速度加快，奈米碳管產量增大。但是，當碳源濃度飽和後，隨碳源濃度增加，奈米碳管生長速度不變，而非晶碳量增加，因而導致雙壁奈米碳管的純度降低。

綜上所述，反應溶液的進給量控制在 0.067 ～ 0.1 mL/min 時，可以獲得產量較大，純度較高的雙壁奈米碳管。

4.2.4 反應溫度的影響

反應溫度對催化劑和碳原子的活性有很大影響。當實驗條件不變，催化劑質量濃度為 50 mg/mL，溶液進給速率為 0.08 mL/min，氬氣和氫氣的流量分別為 3000 mL/min 和 500 mL/min，催化劑和硫的質量比為 10：1 時，僅改變反應溫度來研究其對產物產量的影響。

當反應溫度高於 900℃ 時，幾乎收集不到奈米碳管。與合成定向奈米碳管薄膜不同，採用二甲苯為碳源合成雙壁奈米碳管需要更高的反應溫度。當反應溫度低於 950℃，反應後收集不到產物。反應溫度為 950℃ 時，開始出現雙壁奈米碳管薄膜，並隨反應溫度的提高，產物的數量迅速提高。反應溫度 1180℃ 時，反應 10 min 後收集到的產物可達 140 mg。

不同反應溫度產物的穿透電子顯微鏡觀察結果見圖 4-15。反應溫度 950℃ 時，大部分產物為小直徑的多壁奈米碳管，層數很少，僅約為 5 層；直徑通常為 5 ～ 10 nm，可通過自建組織形成多壁奈米碳管束。樣品中還存在少量雙壁奈米碳管和直徑約 20 nm 的多壁奈米碳管，見圖 4-15(a)。這說明反應溫度較低，不利於雙壁奈米碳管的生長。反應溫度高於 1000℃ 時，產物中出現較多雙壁奈米碳管束，如圖 4-15(b) 所示。但產物中也出現較多的催化劑顆粒，這是由於其活性不高的緣故。隨反應溫度升高，產物中雙壁奈米碳管的含量增

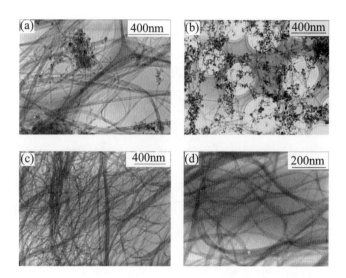

圖 **4-15** 不同反應溫度下，產物的穿透電子顯微鏡照片

(a) 反應溫度為 950℃；(b) 反應溫度為 1050℃；(c) 反應溫度為 1150℃；(d) 反應溫度為 1180℃

大，當反應溫度高於 1100℃ 後，產物中雙壁奈米碳管的純度明顯提高（見圖 4-15(c)、4-15(d)），並且幾乎沒有雜質顆粒。

　　對不同反應溫度下合成產物的拉曼光譜研究發現，在反應溫度 950℃ 時，產物中開始出現雙壁奈米碳管，如圖 4-16 中的曲線 a 所示，但雙壁奈米碳管

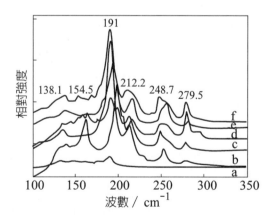

圖 **4-16** 不同的反應溫度產物的拉曼光譜

a: 950℃；b: 1000℃；c: 1050℃；d: 1100℃；e: 1150℃；f: 1180℃

的環呼吸振動峰很弱，說明產物中雙壁奈米碳管的含量較低，這與穿透電子顯微鏡觀察結果一致。產物的環呼吸振動峰隨著反應溫度的升高而增強，證明產物中雙壁奈米碳管的含量隨反應溫度升高而提高。反應溫度高於 1000℃ 時，樣品的拉曼光譜即表現出明顯的雙壁奈米碳管資訊，如圖 4-16 中的曲線 b 所示，圖中出現兩個主要的環呼吸振動峰，分別位於 200 cm^{-1} 和 170 cm^{-1} 附近。圖 4-16 中的曲線 c，d，e，f 分別為反應溫度為 1050℃，1100℃，1150℃ 和 1180℃ 時產物的拉曼光譜曲線。隨著反應溫度升高，產物的環呼吸振動峰數量基本保持不變，波數隨溫度的升高，向小波數方向移動，但是偏移的幅度很小，顯示了雙壁奈米碳管的直徑隨溫度的升高略有增大，但增大的幅度很小。

4.3 雙壁奈米碳管巨觀體的後處理技術

在優化的技術參數條件下，採用二甲苯為碳源可以獲得質量分數（純度）大於 90% 的雙壁奈米碳管巨觀體。對於純度不高的樣品，可以通過後處理技術來獲得高純度的雙壁奈米碳管。由掃描電子顯微鏡和穿透電子顯微鏡的觀察可知，在製備狀態下，產物中沒有多壁奈米碳管，雜質主要是指被非晶碳包裹的催化劑顆粒及附著在管束上的非晶碳，因此在選擇純化處理技術時，只需要將催化劑和包裹在其表面的非晶碳除去即可。作者先採用雙氧水將非晶碳氧化暴露出催化劑顆粒後，再用鹽酸溶解鐵催化劑顆粒的技術，來進行產物純化處理 [26]。純化處理的具體技術步驟如下：

將雙壁奈米碳管浸泡在體積分數為 30% 的雙氧水中，浸泡時間為 72 h。除去管束表面的非晶碳，以及包覆在催化劑顆粒上的碳石墨層片。加入濃鹽酸，除去鐵催化劑顆粒。蒸餾水清洗至洗液呈中性。在 100℃ 下烘乾，即獲得純淨的雙壁奈米碳管。

採用雙氧水和鹽酸純化處理技術的原理為

$$H_2O_2 \longrightarrow H_2O + [O] \tag{4-4}$$

$$2[O] + C \longrightarrow CO_2 \uparrow \qquad\qquad (4\text{-}5)$$

$$Fe + 2H^+ \longrightarrow Fe^{2+} + H2 \uparrow \qquad\qquad (4\text{-}6)$$

雙壁奈米碳管浸泡在雙氧水的過程中，可觀察到在雙壁奈米碳管表面產生大量氣體，加入濃鹽酸之後，溶液迅速變為黃綠色，這表示鐵催化劑顆粒已被氧化為 Fe^{2+}。產物中，晶體缺陷較多的石墨層片和非晶碳顆粒容易被雙氧水氧化，而雙壁奈米碳管則由於晶化程度高、晶格完整性好，因而化學穩定性高，而在純化處理中保存下來。

對純化處理前、後的樣品進行掃描電子顯微鏡觀察，結果如圖 4-17 所示。純化處理前，大部分雙壁奈米碳管束被非晶碳和催化劑顆粒覆蓋，見圖 4-17(a)。純化處理後雙壁奈米碳管束非常純淨，幾乎觀察不到催化劑顆粒存在，見圖 4-17(b)。證明採用雙氧水和濃鹽酸處理，可以去除樣品中絕大部分催化劑顆粒和非晶碳顆粒，提高奈米碳管的純度。

圖 4-18(a) 為純化處理前樣品的穿透電子顯微鏡照片。在未純化處理的樣品中除了雙壁奈米碳管束以外，還有較多的催化劑和非晶碳等雜質顆粒。圖 4-18(b) 為雙氧水中浸泡 24 h 後樣品的穿透電子顯微鏡照片。可看出大部分催化劑顆粒已經被除去，但在雙壁奈米碳管束表面存在一些囊狀的奈米碳顆粒，這是由於包覆在催化劑顆粒表面的非晶碳部分被氧化，催化劑顆粒被鹽酸溶解

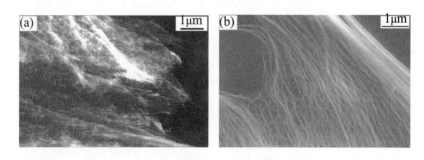

圖 4-17 純化處理前後雙壁奈米碳管的掃描電子顯微鏡照片

(a) 純化處理前；(b) 純化處理後

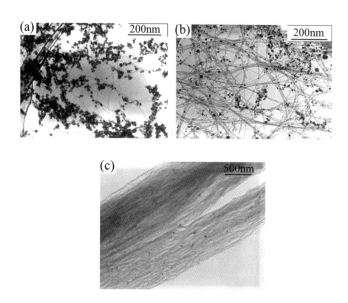

圖 4-18 純化處理前後，雙壁奈米碳管的穿透電子顯微鏡照片

(a) 純化處理前；(b) 雙氧水浸泡 24 h 後；(c) 雙氧水浸泡 72 h 後

後而殘留下來的。而在雙氧水中浸泡 72 h 後，產物中就幾乎看不到雜質顆粒了，如圖 4-18(c) 所示。所以採用雙氧水和濃鹽酸進行純化處理，確實可以將絕大部分催化劑顆粒和非晶碳除去，獲得高純度的雙壁奈米碳管。為了縮短純化處理的時間，可以先將雙壁奈米碳管在 450℃ 的空氣中氧化 30 min，再將雙壁奈米碳管在雙氧水中浸泡 24 h，可以獲得純度高於 90% 的雙壁奈米碳管。

純化處理前後的樣品能譜分析結果顯示，處理後的樣品檢測不到鐵的資訊，說明鐵催化劑完全被去除，如圖 4-19 中的曲線 b 所示，而圖 4-19 中的曲線 a 明顯有鐵的資訊。圖 4-19 中的曲線 b 還顯示，經雙氧水處理後，樣品氧含量增加，說明純化處理後，雙壁奈米碳管束表面產生羥基和羰基等官能基。這些官能基可通過高溫熱處理除去。樣品中還檢測到矽的資訊，這可能是在製樣過程中帶入的。

純化處理前後樣品的拉曼光譜分析顯示，處理後雙壁奈米碳管的拉曼峰波數基本不變，而強度增強，如圖 4-20 所示。說明純化處理並不破壞雙壁奈米

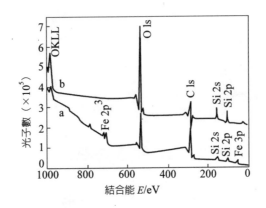

圖 4-19 純化處理前後，樣品的能譜

a：純化處理前；b：純化處理後

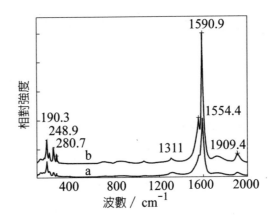

圖 4-20 純化處理前後，雙壁奈米碳管的拉曼光譜（激發光波長為 632.8 nm）

a：純化處理前；b：純化處理後

碳管的結構，但卻使純度提高。對於奈米碳管的拉曼光譜，G 峰強度（I_G）和 D 峰強度（I_D）的比值表徵樣品晶化的程度。純化處理前樣品的 $I_G/I_D = 14.7$，純化處理後的 $I_G/I_D = 25.2$，證明純化處理後，非晶碳的含量顯著降低，樣品的晶化程度改善，這與掃描電子顯微鏡和穿透電子顯微鏡的檢測結果是一致的。

　　圖 4-21 為雙壁奈米碳管純化處理前、後的熱失重分析譜圖。圖 4-21 中的曲線 a 顯示純化處理前的雙壁奈米碳管在 900℃ 的空氣中氧化時，重量反而上

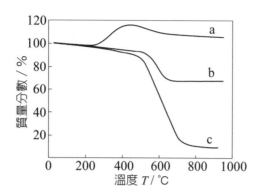

圖 4-21 雙壁奈米碳管的熱失重分析（TGA）譜
a：純化處理前；b：H_2O_2 浸泡 24 h；c：H_2O_2 浸泡 72 h

升，是因為存在較多鐵催化劑顆粒被氧化，生成了紅褐色的 Fe_2O_3。圖 4-21 中的曲線 b 和曲線 c 顯示雙壁奈米碳管有較高的熱穩定性，在溫度 500℃ 左右開始氧化，到 650℃ 才完全氧化。溫度低於 500℃ 時樣品發生熱失重，可能是樣品中的水分蒸發、官能基分解以及非晶碳雜質氧化所致。在 500℃ 以下，樣品的失重率僅約為 5%，說明非晶碳雜質的含量很低，不足 5%。隨雙氧水浸泡時間延長，樣品的總失重率增加，說明催化劑雜質顆粒的含量下降。由失重率 w 可以計算產物中雙壁奈米碳管的含量，如下式：

$$\frac{80y}{12x+56y} \times 100\% = w \qquad (4\text{-}7)$$

式中，x：樣品中碳的莫耳數（mol）；

　　　y：樣品中鐵的莫耳數（mol）；

　　　w：氧化後的失重率（%）。

　　由式（4-7）計算出的純化處理前後，樣品中雙壁奈米碳管的質量分數分別為：原始樣品中 26.5%；H_2O_2 浸泡 24 h 後 53.1%；H_2O_2 浸泡72 h 後 93.3%。因此，對於原始樣品中雙壁奈米碳管含量不夠高的樣品，利用雙氧水和鹽酸進行純化處理，可以獲得純度高於 90% 的雙壁奈米碳管。

4.4 雙壁奈米碳管的表徵

4.4.1 電子顯微鏡表徵

雙壁奈米碳管直徑很小，與單壁奈米碳管近似，製備態下雙壁奈米碳管通常由凡德瓦力的作用形成管束。圖 4-22 給出了 Flahaut 等人 [16] 採用催化裂解法合成的雙壁奈米碳管的掃描電子顯微鏡照片。雙壁奈米碳管束在掃描電子顯微鏡下的構造與單壁奈米碳管的非常相似，可明顯分辨出其管束結構，較大的管束還分成若干細小的管束，這與通常較粗大的多壁奈米碳管有明顯的差別。可以通過掃描電子顯微鏡觀察初步區分雙壁奈米碳管和多壁奈米碳管，但尚不能確定產物中的確包含雙壁奈米碳管，仍需進一步檢測和表徵。

在穿透電子顯微鏡下，雙壁奈米碳管的管束結構更加明顯。圖 4-23(a) 和 (b) 分別採用化學氣相沈積法合成的奈米碳管的低倍和高倍穿透電子顯微鏡照片，雙壁奈米碳管束結構更加清晰可見。雙壁奈米碳管束沒有明顯的中空，與單壁奈米碳管相似，而明顯區別於普通的多壁奈米碳管。雙壁奈米碳管束通常由幾根到十幾根雙壁奈米碳管組成，管束的柔韌性很好，可以光滑地彎曲。有時還可以觀察到從較粗的管束分叉成兩根或者多根細小的管束。由於雙壁奈米碳管的內徑很小，低倍下很難觀察到管腔。因此穿透電子顯微鏡可進一步區分雙壁奈米碳管和多壁奈米碳管。

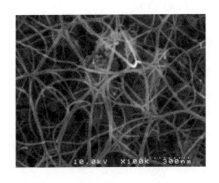

圖 4-22 雙壁奈米碳管的掃描電子顯微鏡照片

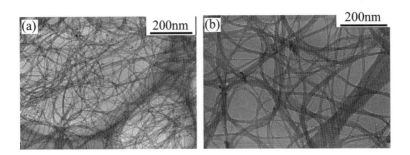

圖 4-23 奈米碳管的穿透電子顯微鏡照片

(a) 低倍；(b) 高倍

在高解析穿透電子顯微鏡下，可明確觀察到雙壁奈米碳管的雙層管狀結構。圖 4-24(a) 給出了 Flahaut 等人採用化學氣相沈積技術合成的雙壁奈米碳管

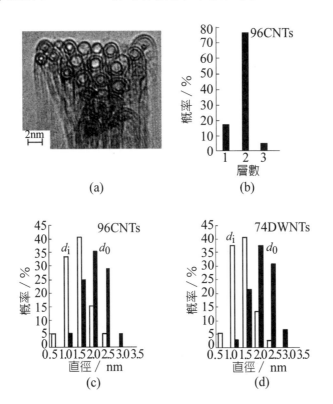

圖 4-24 雙壁奈米碳管的高解析穿透電子顯微鏡照片及層數和直徑統計分佈圖

(a) 高解析穿透電子顯微鏡照片；(b) 奈米碳管層數統計分佈圖；(c) 奈米碳管內外直徑統計分佈圖；(d) 雙壁奈米碳管的內外直徑統計分佈圖

橫截面和管柱的高解析穿透電子顯微鏡照片[16]。從管柱的高解析穿透電子顯微鏡照片可明顯看出與管軸平行的兩層管壁，其內外層間距達到 0.4 nm。從雙壁奈米碳管橫截面的高解析穿透電子顯微鏡照片，可以清楚地看出雙壁奈米碳管的雙層圓柱管結構，也可以明顯看出雙壁奈米碳管與單壁奈米碳管的差別。在管束中除了雙壁奈米碳管以外，有時還可以看到單壁奈米碳管或者三壁奈米碳管，這是由於單壁奈米碳管和三壁奈米碳管的生長條件與雙壁奈米碳管相近，由於雙壁奈米碳管生長條件的細微波動而導致的。對高解析穿透電子顯微鏡下觀測到的奈米碳管層數和內外直徑的統計結果證明，樣品主要是由雙壁奈米碳管組成（圖 4-24(b)），雙壁奈米碳管的內層直徑主要分佈在 1.0～1.5 nm 之間；外層直徑主要分佈在 1.6～2.5 nm 之間（圖 4-24(d)）。對 96 根奈米碳管的內外直徑進行統計（圖 4-23(c)），發現樣品中奈米碳管內外直徑分佈與雙壁奈米碳管的相近，顯示了樣品中奈米碳管的直徑主要分佈在 1.0～3.0 nm。在高解析穿透電子顯微鏡下測量雙壁奈米碳管的層間距可以發現，雙壁奈米碳管的層間距要比一般多壁奈米碳管的 0.34 nm 稍大，有時甚至可以達到 0.42 nm。由於雙壁奈米碳管和單壁奈米碳管在外觀、結構甚至很多性能上都非常相似和接近，因此，高解析穿透電子顯微鏡是目前區分單壁奈米碳管和雙壁奈米碳管的最直接和最有力檢測手段。

4.4.2　拉曼光譜表徵

單壁奈米碳管的拉曼光譜在低波數（100 ～ 400 cm⁻¹）處有與其直徑相對應的特徵峰（環呼吸振動模式，環呼吸振動峰）。環呼吸振動峰來自於單壁奈米碳管的碳原子在雷射激發下沿徑向的振動。奈米碳管的直徑較大時，如普通的多壁奈米碳管，則沒有明顯的環呼吸振動峰。對於雙壁奈米碳管，其內層即為單壁奈米碳管，而外徑又與此單壁奈米碳管的直徑非常接近，因此雙壁奈米碳管的拉曼光譜也存在與其直徑相關的環呼吸振動峰。並且，如果雙壁奈米碳管的外徑較小（如小於 3 nm）時，其內外層管的環呼吸振動峰會出現很好的對應關係。

　　Bandow 等人 [11] 首先對以單壁奈米碳管內插 C60 法合成的雙壁奈米碳管進行了拉曼光譜研究。他們所用的拉曼光譜儀的型號為 RAMANOR-T-64000，雷射光的波長為 632.8 nm。圖 4-25 為雙壁奈米碳管合成的不同步驟下樣品的拉曼光譜。拉曼光譜中尚未內插入 C60 的單壁奈米碳管，其環呼吸振動峰主要分佈在波數 160 cm^{-1} 的附近，見圖 4-25(a)。其環呼吸振動峰可以用洛侖茲函數進行擬合，分成幾個小峰。將 C60 插入單壁奈米碳管的內腔後，其環呼吸振動峰稍向小波數偏移，但是環呼吸振動峰的數目變化不大，而且還是主要集中在 160 cm^{-1} 附近，見圖 4-25(b)。這主要是由於插入 C60 後，單壁奈米碳管受 C60 的擠壓而直徑稍增大的緣故。將內插 C60 鏈

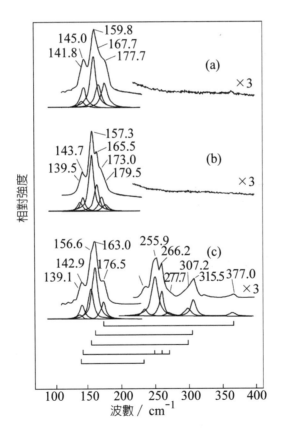

圖 4-25　雙壁奈米碳管的拉曼光譜圖

(a) 單壁奈米碳管；(b) 內插 C60 的單壁奈米碳管；(c) 1200°C 熱處理後

的單壁奈米碳管在 1200℃ 下進行退火處理，單壁奈米碳管內腔的 C60 相互連接形成雙壁奈米碳管的內腔後，其拉曼光譜出現了明顯的變化。除了原來存在的環呼吸振動峰以外，在低波數處出現了幾個明顯的環呼吸振動峰，見圖 4-25(c)。雙壁奈米碳管外層管的環呼吸振動峰峰位，較原始和內插 C60 的單壁奈米碳管環呼吸振動峰向大波數方向偏移。分析認為這可能是由於形成雙壁奈米碳管後內外層之間的相互作用而導致的。對其進行細緻研究時發現，新出現的每一個環呼吸振動峰都可以與單壁奈米碳管原來的環呼吸振動峰相對應，如表 4-1 所示。表 4-1 中，雙壁奈米碳管的內外直徑都是按照單壁奈米碳管環呼吸振動峰的波數 $\omega_r(cm^{-1})$ 和直徑 $d_t(nm)$ 之間的關係：

$$\omega_r = 223.75/d \tag{4-8}$$

從表 4-1 可以看出，雙壁奈米碳管的內外層直徑之間的差別為 0.71 + 0.05 nm，即雙壁奈米碳管內外層間距為 0.36±0.03 nm，比石墨層間距 0.335 nm 要大約 7%，也比多壁奈米碳管層間距 0.34 nm 大約 6%，這與高解析穿透電子顯微鏡觀測的結果是一致的。隨後多個研究小組對採用不同方法合成的雙壁奈米碳管的拉曼光譜進行研究，也得到了相類似的結果 [14, 27]。

成會明研究小組 [28] 對採用電弧法合成的雙壁奈米碳管進行拉曼光譜研究

◯表 4-1　雙壁奈米碳管擬合後的環呼吸振動峰波數及其對應的直徑

外層管		內層管	
波數 / cm^{-1}	直徑 / nm	波數 / cm^{-1}	直徑 / nm
139.1	1.61	240.2	0.93
142.9	1.57	255.9	0.87
		266.2	0.84
		277.7	0.81
156.6	1.43	307.2	0.73
163	1.37	315.5	0.71
176.5	1.27	377.0	0.59

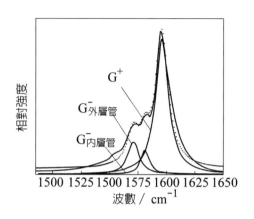

圖中標示：

G^+

G^-外層管

G^-內層管

相對強度

波數 / cm⁻¹

1500 1525 1500 1575 1600 1625 1650

圖 4-26 雙壁奈米碳管拉曼的 G 帶光譜

時發現，除了可以從環呼吸振動模的波數，分辨出雙壁奈米碳管的內外層管以外，雙壁奈米碳管的 G 帶也與其內外層管存在某種程度上的對應關係。圖 4-26 為雷射波長 632.8 nm 的雷射激發下，雙壁奈米碳管 G 帶的拉曼光譜。雙壁奈米碳管的 G 帶可以明顯看出由一個主峰和兩個肩峰組成。經過洛侖茲曲線進行分峰處理，可以分為 G^+ 和兩個 G^- 峰，其中 G^+ 峰來源於碳原子沿著管軸方向的振動。而兩個 G^- 峰則分別來源於雙壁奈米碳管內外層石墨層中的碳原子沿著圓周方向的振動。而對於單壁奈米碳管的 G 峰則通常只有一個肩峰；多壁奈米碳管的 G 峰則沒有肩峰。

4.4.3 XPS 表徵

Choi 等人 [29] 對以 MgO 為載體，Co/Mo 為催化劑合成的雙壁奈米碳管進行了 XPS 分析。他們分別採用光子能量為 360，625 和 1265 eV 的射線源對樣品進行激發，得到樣品的總譜，如圖 4-27(a) 所示。C 1s 電子的探測深度分別約為 1、2 和 5 nm。圖 4-27(b) 為 C 1s 在不同能量的 X 射線激發所得 C 1s 的 XPS 譜。雙壁奈米碳管的 XPS 譜都可以採用兩條洛侖茲曲線擬合，峰的中心分別位於 284.6 和 285.3 eV 處。隨著激發射線能量的增加，雙壁奈米碳管 C 1s 的兩個峰的半高寬線性增加，例如，對於 284.6 eV 的峰，隨著射線能量

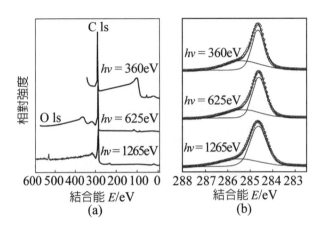

圖 4-27 雙壁奈米碳管的 XPS 光譜

(a) 總譜；(b) 碳的 C 1s 譜

從 360 eV，625eV 增加到 1265 eV，其半高寬分別從 0.64 eV，0.71 eV 增加到 0.88 eV。分析認為這是由於雙壁奈米碳管管束中凡德瓦力的作用導致。激發射線的能量越高，所探測的奈米碳管的深度越深。對於光子能量為 360 eV 的射線只能獲取奈米碳管束外層區域電子結構的平均資訊。隨著 X 射線能量的增加，探測的深度越深，就可以探測到位於雙壁奈米碳管管束更內層的電子狀態。在管束的內部，雙壁奈米碳管受到凡德瓦相互作用要比表面碳原子的強，因此電子狀態能量分佈更寬，即雙壁奈米碳管 C 1s 峰半高寬增加。

4.5 雙壁奈米碳管巨觀體的生長機制

由本章第二節的討論可知，在催化劑中二茂鐵和硫的莫耳比為 10：1 時，在一定的技術參數條件下，均可以合成雙壁奈米碳管，並且雙壁奈米碳管的生長技術與採用相同方法合成單壁奈米碳管的技術接近，由此可以推斷，雙壁奈米碳管與單壁奈米碳管的生長機制是非常相似的。但是什麼因素可以控制雙壁奈米碳管或單壁奈米碳管的生長？作者發現，我們無論是採用二甲苯為碳源合成雙壁奈米碳管，還是以電弧法和催化裂解法合成雙壁奈米碳管，通常需要加

入一定量的硫添加劑。並且，當其他技術參數最優時，作者已經可以初步通過改變催化劑中硫的濃度來調控奈米碳管的層數。為何當硫的濃度較低時（如 Fe：S = 100：5，莫耳比），可以獲得單壁奈米碳管，而隨著硫濃度的升高至 Fe：S = 10：1 時，在產物中主要為雙壁奈米碳管呢？本節在實驗的基礎上，對雙壁奈米碳管的生長機制進行討論分析，並且提出雙壁奈米碳管的生長模型。

范守善研究小組 [30] 採用碳的同位素 ^{13}C，對催化裂解法合成多壁奈米碳管進行標定，目的在研究催化裂解法合成奈米碳管的生長機制。首先將沈積好催化劑顆粒的基片放入化學氣相沈積反應室中。然後先後通入 ^{12}C 和 ^{13}C 同位素乙烯氣體，獲得長度約為 10 μm 的多壁奈米碳管薄膜。反應結束後，用原子力顯微鏡的鎢尖針從多壁奈米碳管陣列中，抽取一束多壁奈米碳管束製成穿透電子顯微鏡樣品，並在穿透電子顯微鏡下觀察，發現催化劑顆粒僅存在於多壁奈米碳管底端，並且奈米碳管是連續生長的，不隨著更換氣體而產生中斷點。

對奈米碳管陣列採用進行拉曼光譜的表徵顯示，先引入的 ^{12}C 位於多壁奈米碳管的頂部，後引入的 ^{13}C 位於奈米碳管的底部，並且在頂部沒有 ^{13}C 的存在，由此證明了多壁奈米碳管的生長方式是所謂的「帽」式生長方式。即多壁奈米碳管的生長是所有層數同時從催化劑表面析出，而不是先形成少數幾層管壁，然後再「外敷」或者「內敷」其他層管壁。

作者在實驗過程中發現，在合適的技術參數下，產物主要由雙壁奈米碳管組成，而沒有層數大於 10 層以上的多壁奈米碳管。當雙壁奈米碳管束在反應區停留的時間較長時，所獲得的產物是表面沈積了較厚非晶碳的帶狀碳奈米纖維（纖維的最大寬度小於 40 nm），而不是晶化良好的多壁奈米碳管。由此表示，雙壁奈米碳管是在形核過程就具有了兩層管壁，而不是先形成單壁奈米碳管，然後再形成另外一層管壁而生長為雙壁奈米碳管的。因此，作者認為決定奈米碳管是單壁、雙壁還是多壁奈米碳管的關鍵在於奈米碳管的形核階段。

奈米碳管的形核主要是碳原子在催化劑顆粒表面吸附和析出。奈米碳管在催化劑表面析出時，需要克服一定障壁，因此碳原子首先在催化劑顆粒表面能

量最低處析出。對於沒有添加劑的情形，由於催化劑顆粒表面的能量起伏較小，碳原子在催化劑表面析出沒有優勢位置，因而在整個催化劑顆粒表面析出，形成包裹在催化劑表面的非晶碳，如圖 4-28(a) 所示。

對於有添加劑的情形，由於硫（作為表面活性元素）在催化劑顆粒表面富集形成表面能更低的微區，碳原子首先在這些微區上析出，形成奈米碳管晶核。因此，奈米碳管的生長速率迅速增加，導致了產物中奈米碳管的含量增加，如圖 4-28(b) 和 4-28(c) 所示。微區直徑的大小決定了奈米碳管的直徑和層數。

圖 4-29 為雙壁奈米碳管的形核過程示意圖。二茂鐵加熱分解出鐵原子團簇。在載氣的作用下，鐵原子團簇相互碰撞形成細小的鐵顆粒。硫磺與二茂鐵是同時進入反應區的，雖然硫的含量較低（鐵和硫的質量比為 10：1），但它在固態 α-Fe 和 γ-Fe 中，幾乎不溶解。因此在鐵原子團簇形成鐵原子顆粒時，硫原子在鐵顆粒表面吸附並聚集在催化劑表面，形成一個富含硫的微區，如圖

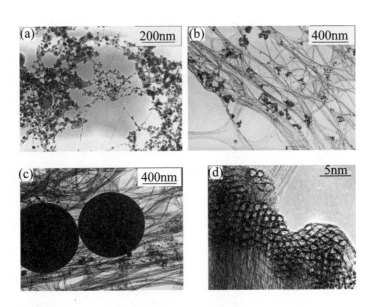

圖 4-28 不同硫磺濃度下，產物的穿透電子顯微鏡照片
(a) 不添加硫；(b) Fe：S＝100：5（莫耳比）；(c) Fe：S＝100：20；(d) Fe：S＝100：5

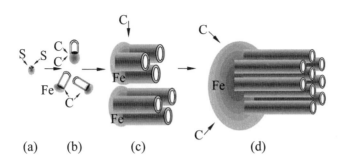

圖 4-29 雙壁奈米碳管的形核過程示意圖

(a) 硫在鐵催化劑顆粒表面聚集；(b) 雙壁奈米碳管在富硫微區析出；(c) 雙壁奈米碳管形成小的雙壁奈米碳管束；(d) 小的雙壁奈米碳管形成大的雙壁奈米碳管束

4-29(a) 所示。由於該微區的表面自由能較鐵顆粒的自由能低，因此碳原子最容易在該微區聚集，形成一個析出優勢位置。因而，雙壁奈米碳管最先在該處形核，如圖 4-29(b) 所示。雙壁奈米碳管在沿軸向生長的同時，在凡德瓦力的作用下自建組織形成雙壁奈米碳管束，如圖 4-29(c) 所示。隨著催化劑顆粒的進一步增大，硫不斷在催化劑顆粒表面聚集，因而雙壁奈米碳管還可以繼續形核。細小的雙壁奈米碳管束在載氣的作用下，可通過凡德瓦作用力形成更大的雙壁奈米碳管束，如圖 4-29(d) 所示。

由圖 1-3 奈米碳管的結構示意圖可知，無論對於何種手性的奈米碳管，其橫截面上每個碳原子都會包含懸鍵。因而碳原子最容易修補懸鍵，而使奈米碳管可以高速地沿著軸線方向生長。由於截面上碳原子數量參差不齊的程度為原子數量級，因此在碳源供給充足的條件下，雙壁奈米碳管可按照連續生長方式長大。

另一方面，當雙壁奈米碳管的長度達到微米量級後，由於奈米碳管的密度僅約為鐵的 1/8，因此雙壁奈米碳管的生長方向與載氣的流動方向一致，這與在掃描電子顯微鏡下觀察到的奈米碳管束大體沿著一定方向排列的結果是吻合的。此時載氣的流動，對雙壁奈米碳管的生長也有提拉作用，因而促進雙壁奈米碳管沿其軸向生長，如圖 4-30 所示。與多壁奈米碳管不同，在雙壁奈米碳

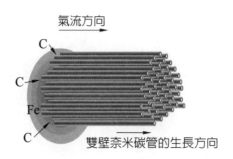

氣流方向

C

C

Fe

C

雙壁奈米碳管的生長方向

圖 4-30 雙壁奈米碳管束的長大模型

管的管腔中很少觀察到催化劑顆粒，這表示雙壁奈米碳管的生長是碳原子在催化劑顆粒表面析出的結果。並且，在穿透電子顯微鏡觀察時，很少觀察到在管束的端部有催化劑顆粒，這可能是由於當雙壁奈米碳管停止生長時，因熱力學的原因，奈米碳管端帽自動閉合而與催化劑顆粒的存在與否無關。這與多壁奈米碳管的生長機制不同，後者是完全靠鐵顆粒表面作為襯底進行形核與長大；而此時雙壁奈米碳管則是靠鐵顆粒表面上聚集的硫作為襯底進行形核與長大。

參考文獻

[1] Iijima S, Ichihashi T. Single-shell carbon nanotubes of 1-nm diameter.Nature, 1993, 363: 603~605

[2] Bethune D S, Kiang C H, de Vries M S, et al. Cobalt-catalysed growth of carbon nanotubes with single-atomic-layer walls. Nature, 1993, 363: 605~607

[3] Guo T, Nikolaev P, Thess A, et al. Catalytic growth of single-walled nanotubes by laser vaporization. Chem Phys Lett, 1995, 243: 49~54

[4] Dai H J, Rinzler A G, Nikolaev P, et al. Single-walled produced by metal-catalyzed disproportionation of carbon monoxide. Chem Phys Lett, 1996, 260: 471~475

[5] Journet C, Maser W K, Bernier P, et al. Large-scale production of single-walled carbon nanotubes by the electric-arc technique. Nature, 1997, 388 (6644): 756~758

[6] Wang Y, Wei F, Luo G H, et al. The large-scale production of carbon nanotubes in a nano-agglomerate fluidized-bed reactor. Chem Phys Lett, 2002, 364: 568~572

[7] Saito R, Matsuo R, Kimura T, et al. Anomalous potential barrier of double-wall carbon nanotube. Chem Phys Lett, 2001, 348: 187~193

[8] Charlier A, McRae E, Heyd R, et al. Classification for double-walled carbon nanotubes. Carbon, 1999, 37: 1779~1783

[9] Smith B W, Monthioux M, Luzzi D E. Encapsulated C-60 in carbon nanotubes. Nature, 1998, 396 (6709): 323~324

[10] Hirahara K, Suenaga K, Bandow S, et al. One-dimensional metallofullerene crystal generated inside single-walled carbon nanotubes. Phys Rev Lett, 2000, 85 (25): 5384~5387

[11] Bandow S, Takizawa M, Hirahara K, et al. Raman scattering study of double-wall carbon nanotubes derived from the chains of fullerenes in single-wall carbon nanotubes. Chem Phys Lett, 2001, 337 (1-3): 48~54

[12] Hutchison J L, Kiselev N A, Krinichnaya E P, et al. Double-walled carbon nanotubes fabricated by a hydrogen arc discharge method. Carbon, 2001, 39 (5): 761~770

[13] Flahaut E, Laurent C H, Peigney A. Catalytic CVD synthesis of double and triple-walled carbon nanotubes by the control of the catalyst preparation. Carbon, 2005, 43: 375~383

[14] Ci L J, Rao Z L, Zhou Z P, et al. Double wall carbon nanotubes promoted by sulfur in a floating iron catalyst CVD system. Chem Phys Lett, 2002, 359 (1-2): 63~67

[15] Zhou Z P, Ci L J, Chen X H, et al. Controllable growth of double wall carbon nanotubes in a floating catalytic system. Carbon, 2003, 41: 337~342

[16] Flahaut E, Bacsa R, Peigney A, et al. Gram-scale CCVD synthesis of double-walled carbon nanotubes. Chem Commun, 2003, 12: 1442~1443

[17] Colomer J F, Henrard L, Flahaut E, et al. Rings of double-walled carbon nanotube bundles. Nano Lett, 2003, 3: 685~689

[18] Li W Z, Wen J G, Sennett M, et al. Clean double-walled carbon nanotubes synthesized by CVD. Chem Phys Lett, 2003, 368: 299~306

[19]   Liu B C, Lyu S C, Lee T J, et al. Synthesis of single- and double-walled carbon nanotubes by catalytic decomposition of methane. Chem Phys Lett, 2003, 373: 475~479

[20]   Lyu S C, Lee T J, Yang C W, et al. Synthesis and characterization of high-quality double-walled carbon nanotubes by catalytic decomposition of alcohol. Chem Commun, 2003, 12: 1404~1405

[21]   Lyu S C, Liu B C, Lee S H, et al. Large-scale synthesis of high-quality double-walled carbon nanotubes by catalytic decomposition of n-hexane. J Phys Chem B, 2004, 108: 2192~2194

[22]   Wei J Q, Jiang B, Wu D H, et al. Large-scale synthesis of long double-walled carbon nanotubes. J Phys Chem B, 2004, 108 (26): 8844~8847

[23]   Zhang X F, Cao A Y, Wei B Q, et al.Rapid growth of well-aligned carbon nanotube arrays. Chem Phys Lett, 2002, 362 (3-4): 285~290

[24]   Jiang B, Wei J Q, Ci L J, et al. Preparation of double-walled carbon nanotubes. Chin Sci Bull, 2004, 49 (1): 107~110

[25]   Zhu H W, Xu C L, Wu D H, et al. Direct synthesis of long single-walled carbon nanotube strands. Science, 2002, 296 (5569): 884~886

[26]   Wei J Q, Ci L J, Jiang B, et al. Preparation of highly pure double-walled carbon nanotubes. J Mater Chem, 2003, 13: 1340~1344

[27]   Li F, Chou S G, Ren W C, et al. Identification of the constituents of double-walled carbon nanotubes using Raman spectra taken with different laser-excitation energies. J Mater Res, 2003, 18: 1251~1258

[28]   Li L X, Li F, Liu C, et al. Synthesis and characterization of double-walled carbon nanotubes from multi-walled carbon nanotubes by hydrogen-arc discharge. Carbon, 2005, 43: 623~629

[29]   Choi H C, Kim S Y, Jang W S, et al. X-ray photoelectron spectroscopy studies of double-walled carbon nanotube bundles synthesized using thermal chemical vapor deposition. Chem Phys Lett, 2004, 399: 255~259

[30]   Liu L, Fan S S. Isotope labeling of carbon nanotubes and a formation of ^{12}C-^{13}C nanotube junctions. J Am Chem Soc, 2001, 123: 11502~11503

雙壁奈米碳管
巨觀體的性能

5.1　雙壁奈米碳管性能的研究

5.2　雙壁奈米碳管巨觀體的光學特性

5.3　雙壁奈米碳管巨觀體的電激發光

5.4　雙壁奈米碳管巨觀體的力學特性

參考文獻

5.1 雙壁奈米碳管性能的研究

雙壁奈米碳管是單壁奈米碳管向多壁奈米碳管過渡的一種類型，是最簡單的多壁奈米碳管。雙壁奈米碳管的結構與普通多壁奈米碳管有所不同，其層間距通常比多壁奈米碳管的大，使得雙壁奈米碳管內外層管間的相互作用，對奈米碳管造成特殊的影響。因此，可以預期雙壁奈米碳管的性能與單壁、多壁奈米碳管的性能由於結構不同而存在差異。另外，研究雙壁奈米碳管的性能與單壁奈米碳管、多壁奈米碳管的差異，也有利於理解多壁奈米碳管中不同層數對性能的影響規律，所以研究雙壁奈米碳管的性能具有重要意義。

關於雙壁奈米碳管結構的理論研究，Saito 等人 [1] 在研究 (5, 5) @(10, 10) ❶ 和 (9, 0) @(18, 0) 類型的雙壁奈米碳管能量分佈時發現，由於雙壁奈米碳管層間的相互作用，使一部分能量散射發生分離。Charlier 等人 [2] 考慮內外層奈米碳管幾何結構的約束和奈米碳管內外層之間相互作用的方式，計算了雙壁奈米碳管層間間距，發現雙壁奈米碳管的內外層間距可以不等於多壁奈米碳管的 0.34 nm，而是在 0.33 ～ 0.42 nm 之間變化，並且雙壁奈米碳管的層間距與構成雙壁奈米碳管的內外層手性參數相關。Kiang [3] 和 Popov [4] 等人在研究多壁奈米碳管層間距與其半徑之間的關係時發現，多壁奈米碳管的層間距與其最內層奈米碳管的半徑有關，如圖 5-1 所示。內層半徑越小，層間距越大，當內層半徑大於 4 nm 時，層間距趨於恒定的 0.34 nm。雙壁奈米碳管的內層半徑即為單壁奈米碳管的半徑，一般為 0.34 ～ 1.0 nm。根據圖 5-1，雙壁奈米碳管內外層間距通常大於 0.34 nm，因此雙壁奈米碳管的內外層間距較普通的多壁奈米碳管大，內外層間的相互作用相對較弱。由此可以預測雙壁奈米碳管的性能更接近於單壁奈米碳管。

Saito 等人 [5] 採用凡德瓦勢模型對不同手性參數的雙壁奈米碳管勢能進行

---

❶ (5, 5) @(10, 10) 是指手性參數為 (5, 5) 的奈米碳管嵌在手性參數為 (10, 10) 的奈米碳管內腔而形成一套雙壁奈米碳管。

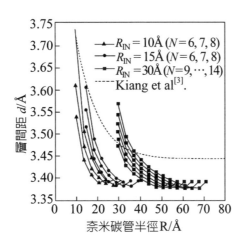

內圖 5-1 多壁奈米碳管層間距與其半徑的關係

計算，發現不同類型的雙壁奈米碳管具有不同的障壁形狀和方向，並且障壁大小也不同，如圖 5-2 所示。圖 5-2(a) 為內層手性為 (9, 0)，外層手性為 (18, 0) 的雙壁奈米碳管的障壁形狀與軸線平行，表示該雙壁奈米碳管的內外層管壁沿著軸線方向相互移動時，幾乎不受任何阻力。而對於內外層奈米碳管手性分別為 (5, 5) 和 (10, 10) 的雙壁奈米碳管，其障壁形狀垂直於軸線方向，致使內外層管之間相互轉動不受阻力。他們還發現，雙壁奈米碳管的穩定性，依賴於內外層管的手性而非內外層管的間距，即雙壁奈米碳管在較大的層間距時也可以穩定存在。

　　雙壁奈米碳管的層間距較大，內外層之間的相互作用較弱，其內外層管之間可較容易移動和轉動，因此雙壁奈米碳管本身可以用作奈米量級的軸承，如圖 5-3 為 Zhang 等人 [6] 模擬出的雙壁奈米碳管軸承模型。內外層管之間的摩擦力為每個原子 10^{-4} nN 量級，雙壁奈米碳管軸承的轉速可高達 5×10^{11} r/s 而不發生褶皺。由於雙壁奈米碳管內外層間的摩擦力極小，致使雙壁奈米碳管軸承的固有頻率消失。雙壁奈米碳管軸承在微電子元件和奈米電子元件將有廣泛的應用前景。

　　Kociak 等人 [7] 對用電弧法獲得雙壁奈米碳管的電子傳輸特性進行了研究。

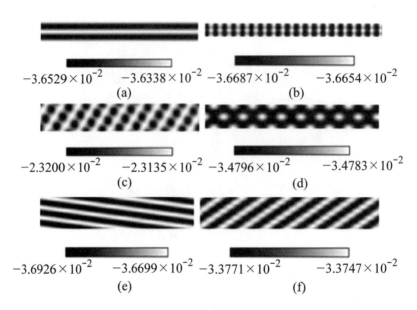

-3.6529×10^{-2}　　-3.6338×10^{-2} 　-3.6687×10^{-2} 　　　-3.6654×10^{-2}

(a) 　　　　　　　　　　　(b)

-2.3200×10^{-2} 　　-2.3135×10^{-2} 　-3.4796×10^{-2} 　　　-3.4783×10^{-2}

(c) 　　　　　　　　　　　(d)

-3.6926×10^{-2} 　　-3.6699×10^{-2} 　-3.3771×10^{-2} 　　　-3.3747×10^{-2}

(e) 　　　　　　　　　　　(f)

圖 5-2 不同內外層手性參數匹配的雙壁奈米碳管的障壁形狀

雙壁奈米碳管內、外層手性參數分別為 (a) (9, 0)@(18, 0)；(b) (5, 5)@(10, 10)；(c) (8, −2)@(14, 5)；(d) (9, 0)@(15, 4)；(e) (8, 2)@(17, 2) 和 (f) (8, 2)@(12, 8)

圖中色標為雙壁奈米碳管的勢差，單位為 eV/ 原子

圖 5-3 雙壁奈米碳管軸承示意圖

採用如圖 5-4(a) 的實驗裝置來研究單根雙壁奈米碳管的電子傳輸特性。實驗是在安裝有 EMZ8139T 樣品台的透射電子顯微鏡下進行的，將製備態的雙壁奈米碳管沈積到固定在壓電陶瓷的金尖上，如圖 5-4(b) 所示，通過改變壓電陶瓷的電壓，來調節雙壁奈米碳管侵入水銀的深度，檢測通過奈米碳管束的電流大小，進而得到奈米碳管的電導等電學參數。

　　Kajiura 等人 [8] 發現，室溫下電子在雙壁奈米碳管中的傳輸類似於彈道傳輸。他們採用與 de Heer WA 小組 [9] 相類似的測量裝置，通過控制雙壁奈米碳

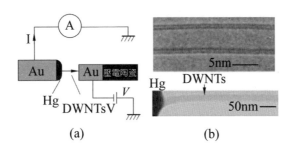

(a)   (b)

圖 5-4 雙壁奈米碳管束的電學性能

(a) 裝置示意圖；(b) 雙壁奈米碳管的電子顯微鏡照片

管管束浸入水銀中的長度，觀測到了電導的量子行為，如圖 5-5(a)、(b) 所示，奈米碳管的電阻（或者電導）隨浸入水銀的深度呈臺階式的變化，證明了雙壁奈米碳管束具有量子電導行為。通過測量雙壁奈米碳管束的長度，他們計算出雙壁奈米碳管的線電阻率約為 4.5 kΩ/μm，與測得出單壁奈米碳管長絲的線電阻率相當 [10]。雙壁奈米碳管的電學微觀測量實驗顯示，雙壁奈米碳管具有與單壁奈米碳管相類似的電學性能。

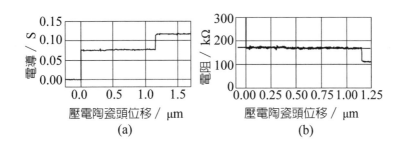

(a)   (b)

圖 5-5 雙壁奈米碳管束的量子行為

(a) 電導隨位移的變化曲線；(b) 電阻隨位移的變化曲線

5.2 雙壁奈米碳管巨觀體的光學特性

5.2.1 拉曼光譜

單壁奈米碳管的拉曼光譜在 $100 \sim 400 \text{ cm}^{-1}$ 之間，存在著與直徑相對應的特徵峰環呼吸振動模式。這些特徵峰是由於單壁奈米碳管在雷射的作用下，碳原子沿著垂直於管軸線方向振動，而形成的環呼吸振動所產生的。圖 5-6 列出了 (10, 10) 的單壁奈米碳管在雷射作用下，碳原子可能的幾種相互振動模式和對應的拉曼位移 [11]。研究發現，當單壁奈米碳管形成管束時，由於管束內奈米碳管之間的凡德瓦力的作用，造成環呼吸峰的峰位元發生位移 [12, 13]，因此需要對單壁奈米碳管直徑與環呼吸振動峰（環呼吸峰）之間的關係進行修正。對於多壁奈米碳管，由於其直徑較大（通常大於 10 nm），在拉曼檢測中，沒有發現明顯的環呼吸振動峰。而雙壁奈米碳管的直徑與單壁奈米碳管的相當，可以認為雙壁奈米碳管是由兩個單壁奈米碳管套裝而成，每層單壁奈米碳管都可以有與單壁奈米碳管相同的振動模式，另外還由於內外層管的手性向量 (*n*, *m*) 不同，因此雙壁奈米碳管的拉曼光譜將更為豐富。

Popov 等人 [14] 採用共價鍵力場模型，對少層數，特別是雙壁奈米碳管的拉曼呼吸聲子模進行了計算。圖 5-7 列出內外手性參數分別為 (5, 5)@(10, 10) 和 (20, 20)@(25, 25) 的雙壁奈米碳管，在雷射激發下的不同拉曼環呼吸振動模式。與單壁奈米碳管的環呼吸振動模式對比，可以看出，雙壁奈米碳管可以由

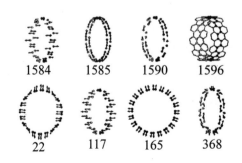

1584	1585	1590	1596
22	117	165	368

圖 5-6 單壁奈米碳管分子振動模式 [11]

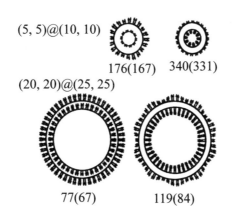

(5, 5)@(10, 10)

176(167)　　340(331)

(20, 20)@(25, 25)

77(67)　　119(84)

圖 5-7 雙壁奈米碳管內外層的分子振動模式 [14]

於層內碳原子的相互振動而造成環呼吸振動；並且，內外層奈米碳管身的碳原子的振動模式可以不同，例如，可以表示為相同的或者相反的振動模式。因此雙壁奈米碳管具有比單壁奈米碳管更多的環呼吸振動峰。例如，內外層手性參數分別為 (5, 5) 和 (10, 10) 的雙壁奈米碳管在雷射輻射下，可以按照相同方向振動，也可以按照相反的方向振動。而對於內外層手性參數分別為 (20, 20) 和 (25, 25) 的雙壁奈米碳管，當內外層碳原子的振動向量方向相反時，外層管的振動模式發生一定的變化。同時由於雙壁奈米碳管的內外層間距較大，因此雙壁奈米碳管的內外層管所受的應力與單壁奈米碳管束所受的應力不同，因而雙壁奈米碳管的拉曼峰將由於內外層管的手性向量與受力情況不同，而與單壁奈米碳管的拉曼光譜有差異。圖 5-8 分別列出採用晶格動力學模型（Model 1）和連續介質模型（Model 2）模擬出的雙壁奈米碳管的環呼吸聲子模（BMs）和類環呼吸聲子模（BLMs）波數隨外徑的變化曲線，證明了雙壁奈米碳管外層管的環呼吸振動並非與直徑成線性關係，並且隨著雙壁奈米碳管外徑的增加，環呼吸振動峰的強度迅速降低，即如果雙壁奈米碳管外徑較大，如大於 3 nm 時，就很難觀察到環呼吸振動峰，見圖 5-8 中的插圖。

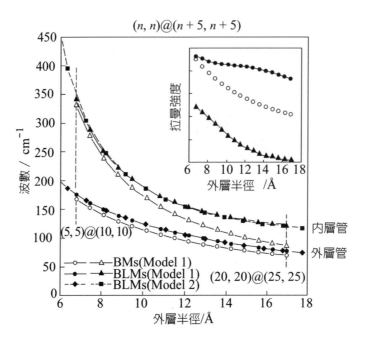

圖 5-8 雙壁奈米碳管外徑與環呼吸振動波數的關係 [14]

　　Bandow 小組 [15] 研究了由單壁奈米碳管內插 C60 法所獲得雙壁奈米碳管的拉曼光譜時發現，雙壁奈米碳管的環呼吸振動模式在一定程度上是可以相互匹配的，即對應於內層管的環呼吸峰，可以找到相應的外層管的環呼吸振動模式。隨後，慈立傑 [16]、成會明 [17] 等人對雙壁奈米碳管的拉曼光譜進行了表徵。圖 5-9 為雙壁奈米碳管的拉曼光譜，可以看出，雙壁奈米碳管的環呼吸峰數量通常比單壁奈米碳管的要多，證明了雙壁奈米碳管的內外層管的環呼吸振動模式存在相對應的關係。

　　作者在仔細研究了雙壁奈米碳管的環呼吸振動模式後發現，雙壁奈米碳管內外層管之間存在相互作用力，因此需要考慮管束和雙壁奈米碳管內外層之間凡德瓦力的作用，因而需要對雙壁奈米碳管環呼吸模式與其內外直徑之間的關係進行相應的修正。雙壁奈米碳管環呼吸峰之間存在一定的對應關係，表 5-1 為作者測得的雙壁奈米碳管環呼吸振動峰波數與直徑之間的關係。可以看出，相同尺寸的雙壁奈米碳管外徑，可以與不同直徑的內層管相匹配，即雙壁奈米

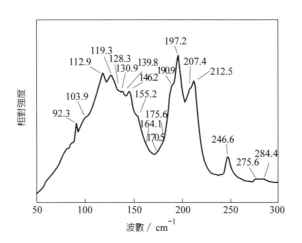

圖 5-9 雙壁奈米碳管的典型環呼吸峰

○表 5-1　雙壁奈米碳管環呼吸振動峰波數與直徑之間的關係

雙壁奈米碳管外層管 ω/cm^{-1}，(d/nm)	雙壁奈米碳管內層管 ω/cm^{-1}，(d/nm)	層間距 /nm
122.1(2.07)	174.5(1.40)	0.335
	182.3(1.33)	0.37
	189.7(1.27)	0.40
	194.3(1.24)	0.415
139.6(1.78)	216.3(1.11)	0.335
	251.1(0.94)	0.42
149(1.66)	251.1(0.94)	0.36
	262.0(0.90)	0.38
	281.7(0.84)	0.41
158.5(1.55)	281.7(0.84)	0.355
	294.5(0.80)	0.375
165.4(1.48)	294.5(0.80)	0.34

碳管的層間距並非為恒定值，可以隨著不同內外層管的匹配在 0.335 ～ 0.42 nm 之間變動[18]。

5.2.2 雙壁奈米碳管的共振拉曼光譜

根據電磁輻射和晶格振動理論，拉曼散射峰的強度與電子躍遷極化率的平方成正比，而電子極化率是入射光頻率的函數。當激發光的能量與電子躍遷能量相匹配時，拉曼散射會大大增強，即發生共振拉曼散射效應。因此，可以通過改變激發光的能量，引起特定直徑和手性的奈米碳管發生共振拉曼散射，由此來確定奈米碳管的能隙寬度。不同直徑的單壁奈米碳管，具有不同的電子態密度，即具有不同的能隙寬度。圖 5-10(a) 和 5-10(b) 中分別列出了通過布里淵區折疊法計算出來的導體性，和半導體性單壁奈米碳管的能隙寬度 [19]。圖 5-10 顯示，呈導體性質的單壁奈米碳管具有更寬的能隙寬度。在圖 5-10 中，由單壁奈米碳管環呼吸峰的波數計算其直徑時，需要考慮單壁奈米碳管束之間的相互作用，可按照下式進行修正：

$$d = 232.7/\omega_R \qquad (5\text{-}1)$$

式中，d：奈米碳管的直徑（nm）；

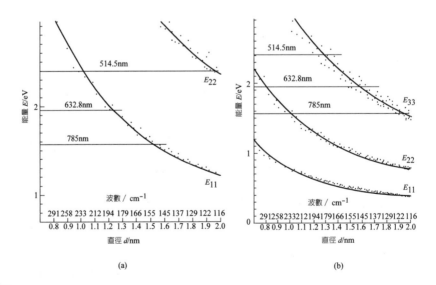

(a)   (b)

圖 5-10 單壁奈米碳管能隙寬度與直徑的關係

(a) 導體性的單壁奈米碳管；(b) 半導體性的單壁奈米碳管

ω_R：環呼吸峰的波數（cm^{-1}）。

為了研究雙壁奈米碳管的共振拉曼光譜，採用波長分別為 $\lambda = 514$ nm，$\lambda = 633$ nm 和 $\lambda = 785$ nm 的雷射對雙壁奈米碳管輻照，圖 5-11 為所得的雙壁奈米碳管拉曼光譜。可以看出，不同能量激發下，雙壁奈米碳管最強的環呼吸峰的波數並不重合，分別位於 184 cm^{-1}(514 nm)，190.3 cm^{-1}(632.8 nm) 和 228 cm^{-1}(785 nm)，且在其他波長下的拉曼散射峰很弱，表示這些強的環呼吸峰為共振拉曼散射所引起。由環呼吸峰的波數確定奈米碳管的直徑，可以採用（5-1）式來計算。表 5-2 中，波數為 184 cm^{-1}，190.3 cm^{-1}，228 cm^{-1} 的環呼吸峰，分別對應於直徑為 1.26 nm，1.22 nm 和 1.02 nm 的奈米碳管。這些環呼吸峰主要對應於雙壁奈米碳管內徑的特徵峰。由圖 5-10(a) 和 5-10(b) 可以對應找出雙壁奈米碳管內徑的手性參數分別為 (11, 7)，(9, 9)，(8, 7)。由圖 5-11 還可以看出，用波長為 633 nm 的雷射激發時，除了能引起內徑為 1.22 nm (190.3 cm^{-1}) 的雙壁奈米碳管發生共振拉曼散射以外，還可以引起其他內徑的雙壁奈米碳管發生共振拉曼散射，由圖 5-11 中的曲線 b 可以分辨出波數分別為 215.3 cm^{-1}，241.9 cm^{-1} 和 279.7 cm^{-1} 的共振峰。圖 5-11 中的曲線 c 係指用波長為 514 nm 的雷射激發時，雙壁奈米碳管的拉曼光譜。由此可以看出，在

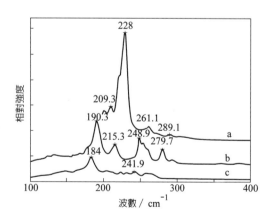

圖 5-11 不同波長下雙壁奈米碳管的拉曼光譜

a：$\lambda = 785$ nm；b：$\lambda = 633$ nm；c：$\lambda = 514$ nm

●表 5-2 由共振拉曼光譜確定的雙壁奈米碳管內層管的結構關係

激發光能量 / eV	環呼吸波數 / cm^{-1}	奈米碳管內徑 / nm	奈米碳管手性參數
2.41	184	1.26	(11, 7)
1.96	190.3	1.22	(9, 9)
1.58	228	1.02	(8, 7)
1.96	215	1.08	(12, 3)
1.96	248.9	0.93	(10, 3)
1.96	279.7	0.83	(7, 5)

波數為 184 cm^{-1} 處有一個明顯的環呼吸振動峰，該峰對應於雙壁奈米碳管內層管，而其他波數的環呼吸振動模強度較低。由此證明了雙壁奈米碳管的拉曼光譜表現出了明顯的共振模式，如果僅用單一波長的雷射激發，可能有部分直徑的奈米碳管由於拉曼共振散射，而沒有表示出明顯的環呼吸振動峰。表 5-2 為利用共振拉曼光譜和圖 5-10 確定的雙壁奈米碳管內層管的結果，證明樣品中雙壁奈米碳管的內徑為 1 ～ 1.2 nm 較優，這與高解析電子顯微鏡檢測結果是一致的。

對雙壁奈米碳管共振拉曼光譜中強度最強的 G 峰進行研究時發現，雙壁奈米碳管的 G 峰的波數也與激發光波長相關。圖 5-12 為不同能量的雷射激發下得到雙壁奈米碳管 G 峰的拉曼光譜。在 G 峰附近，雙壁奈米碳管呈現出較寬的 Breit-Wigner-Fano 線型 [18]，證明了樣品中存在呈導體性質的奈米碳管，這與共振的環呼吸譜以及對奈米碳管薄膜電學性能測量的結果是一致的。而且，隨著激發光能量的增加，雙壁奈米碳管 G 峰的波數及其伴肩峰 G' 峰向低波數移動，而且其波形也展寬。對於單壁奈米碳管，其 G 峰可以有四種對稱模式 [20]。在不同能量的雷射激發下，雙壁奈米碳管也體現出了完全對應的四種對稱模式，見表 5-3。這證明了雙壁奈米碳管的拉曼光譜中，G 峰與單壁奈米碳管的 G 峰是相對應的。不同能量的激發光，可以引起雙壁奈米碳管 G 峰波數的移動以及對稱模式的變化。

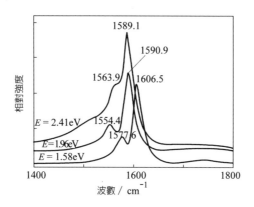

圖 5-12 雙壁奈米碳管 G 峰隨激發光能量的變化

◐表 5-3　雙壁奈米碳管 G 峰對應的振動模式

G 峰波數 / cm^{-1}	拉曼對稱模式	激發光能量 / eV
1554	E_{2g}	1.96
1563	$A_{1g} + E_{1g}$	2.41
1590	$A_{1g} + E_{1g}$	1.96, 2.41
1607	E_{2g}	1.58

　　奈米碳管的 D 峰是來源於石墨布里淵區中的 K 點。由於雙壁奈米碳管具有較大的內外層間距，因此雙壁奈米碳管的 D 峰區別於單壁和多壁奈米碳管的 D 峰，即可能發生位移。對單壁奈米碳管 D 峰的研究顯示，單壁奈米碳管的 D 峰與其直徑有關，奈米碳管直徑越小，其 D 峰波數就越小，見式（5-2）[21]。

$$\omega_D = 1354.8 - 16.5/d_C \qquad (5\text{-}2)$$

式中，ω_D：單壁奈米碳管的 D 峰波數（cm^{-1}）；

　　　　d_C：單壁奈米碳管的直徑（nm）。

　　雙壁奈米碳管的外徑主要分佈在 1.4 ～ 3 nm 之間，因此，其較大的外徑對於拉曼光譜中的 D 峰會有所影響。由於奈米碳管的 D 峰是由布里淵區中的 K 點產生的，因此奈米碳管層間距不同，以及層間相互作用力的不同都可能引起奈米碳管 D 峰發生移動。由於雙壁奈米碳管具有較大的層間距，因此雙壁奈米碳管的 D 峰與單壁、多壁奈米碳管的相比，可能會發生移動。

　　圖 5-13 為奈米碳管在不同激發光能量時 D 峰的拉曼光譜[22]。為了便於對比，作者採用的單壁和多壁奈米碳管，均為採用浮動催化裂解法合成的[23, 24]。由圖 5-13 可以看出，在相同能量激發光激發時，雙壁奈米碳管的 D 峰波數最低，而多壁奈米碳管的 D 峰波數最高。如當激發光波長為 $\lambda = 633$ nm 時，雙壁、單壁以及多壁奈米碳管 D 峰波數分別為 1311 cm^{-1}，1319.5 cm^{-1}，1336.2 cm^{-1}，如圖 5-13(b) 所示。由於雙壁奈米碳管具有與單壁奈米碳管相近的直

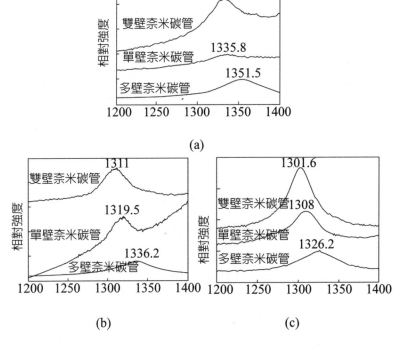

(a)

(b)　　　　　　　　　　　　(c)

圖 5-13 奈米碳管在不同激發光能量時 D 峰的拉曼光譜

(a) E 雷射 = 2.41 eV；(b) E 雷射 = 1.96 eV；(c) E 雷射 = 1.58 eV

◎表 5-4　奈米碳管 D 峰波數與激發光能量的關係

激發光波長 / nm	單壁奈米碳管 D 峰 / cm^{-1}	雙壁奈米碳管 D 峰 / cm^{-1}	多壁奈米碳管 D 峰 / cm^{-1}
785	1308	1301.6	1326.2
633	1319.5	1311	1336.2
524	1335.8	1332	1351.5

徑，並且雙壁奈米碳管由於在兩層管壁之間存在著層間相互作用，因此在激發光波長不變的前提下，雙壁奈米碳管 D 峰的變化主要受到直徑和層間相互作用的影響。由於雙壁奈米碳管的直徑比單壁奈米碳管的直徑稍大，由式（5-2）可知，雙壁奈米碳管 D 峰的波數較單壁奈米碳管的大。但是，由於雙壁奈米碳管的內外層管之間的距離較大，其層間相互作用表現為拉應力，因此在雙壁奈米碳管中，奈米碳管的 D 峰向低波數的方向移動。因此雙壁奈米碳管的 D 峰移動，是其直徑的影響和內外層間相互共同作用的結果。

對於多壁奈米碳管，由於其層數較多，直徑更大，由於石墨層片捲曲而造成布里淵區折疊的作用減小，更接近於石墨的結構，因此多壁奈米碳管的 D 峰都比相同激發能量下單壁和雙壁奈米碳管的 D 峰波數要高，如表 5-4 所示。由表 5-4 可知，雙壁奈米碳管的 D 峰還受激發光能量的影響，能量較低時，雙壁奈米碳管 D 峰波數較小。

5.2.3　雙壁奈米碳管的變溫拉曼光譜

圖 5-14(a) 和 (b) 分別為慈立傑等人 [25] 在不同溫度下測得的雙壁奈米碳管環呼吸振動模和 G 峰的拉曼光譜。可以看出，隨著溫度升高，無論是環呼吸振動模還是 G 峰都向低波數偏移。對不同溫度下測得的各個拉曼峰採用 Lorenz 曲線擬合，發現每個擬合後的拉曼峰都隨溫度的升高而向低波數偏移。圖 5-15(a) 和 (b) 分別為雙壁奈米碳管環呼吸振動模和 G 模隨溫度的變化曲線，可以看出，無論是環呼吸振動模還是 G 模，拉曼峰的波數隨溫度幾乎呈線性變化。

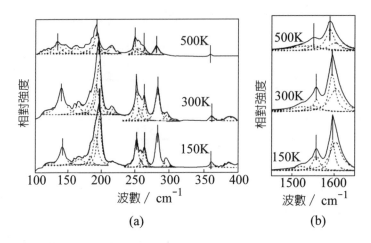

(a) (b)

圖 5-14 雙壁奈米碳管的變溫拉曼光譜

(a) 不同溫度下雙壁奈米碳管的環呼吸振動光譜；(b) 不同溫度下 G 峰的拉曼光譜

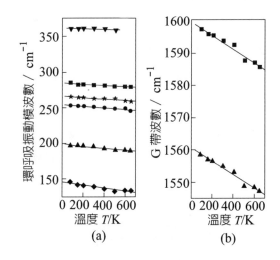

(a) (b)

圖 5-15 雙壁奈米碳管拉曼峰波數隨溫度的變化曲線

(a) 環呼吸振動模波數隨溫度的變化曲線；(b) G 帶波數隨溫度的變化曲線

對於環呼吸振動模，不同直徑的環呼吸振動模隨溫度變化曲線的斜率不同，大直徑雙壁奈米碳管的拉曼峰隨溫度變化而偏移的速率快，小直徑雙壁奈米碳管的環呼吸振動模隨溫度升高而偏移的速率慢。而 G 峰（室溫時波數為 1595 cm^{-1}）和 G 峰的肩峰（室溫時波數為 1557 cm^{-1}）隨溫度改變而偏移的速率幾

乎相等。對於環呼吸振動模隨溫度升高而向低波數偏移的原因，慈立傑等人認為有直徑增大的因素，但更重要的是隨著溫度的升高，雙壁奈米碳管內外層管的石墨層內 C-C 鍵合力發生變化而導致。他們認為在溫度為 77 K ～ 650 K 範圍內，雙壁奈米碳管的直徑隨溫度變化而改變的量非常小，因此對於不同溫度下的拉曼光譜偏移不能完全歸咎於奈米碳管直徑的變化。

作者為了研究雙壁奈米碳管拉曼光譜隨溫度的變化規律，將以二甲苯為碳源合成的雙壁奈米碳管從室溫冷卻到液氮溫度（77 K），在波長為 632.8 nm 的雷射激發時，測量樣品同一點的拉曼光譜。圖 5-16 為不同溫度下雙壁奈米碳管拉曼光譜中的環呼吸振動模式。可以看出，對於內徑大於 1 nm（波數小於 213 cm^{-1}）的雙壁奈米碳管，隨著溫度的降低，環呼吸振動模的強度也在下降。當溫度為液氮溫度（77 K）時，樣品的拉曼光譜幾乎分辨不出環呼吸振動模式。但是對於內徑小於 1 nm（波數大於 249.2 cm^{-1}）的雙壁奈米碳管，其環呼吸振動模的強度在開始冷卻時卻有所升高。

對於拉曼散射強度與溫度的關係，由晶格振動理論可知，考慮斯托克斯散射，則其拉曼散射峰的強度 I 為

$$I \propto \left(\frac{1}{e^{\hbar\omega/kT}-1} + 1 \right) \tag{5-3}$$

式中，ω：入射光角頻率；

$\hbar$：普朗克常數，$\hbar = h/2\pi = 1.055 \times 10^{-34}$ J · s；

k：玻耳茲曼常數，$k = 1.381 \times 10^{-23}$ J · K^{-1}；

T：絕對溫度（K）。

由式（5-3）可知，當溫度下降時，環呼吸振動模的強度也降低。這充分地解釋了波數低於 213.4 cm^{-1} 時環呼吸峰強度變化規律，如圖 5-16 所示。在環呼吸振動模中，波數大於 249 cm^{-1} 的拉曼散射強度隨著溫度的降低，卻出現先升高後降低的現象，這是由於在室溫時，其電子態密度分佈範圍較寬，因電子躍遷引起的拉曼峰強度高；隨著溫度的下降，能隙寬度集中，因此引起共

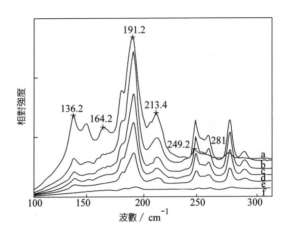

圖 5-16 不同溫度下雙壁奈米碳管的拉曼光譜

a：298 K；b：170 K；c：120 K；d：100 K；e：80 K；f：77 K

振拉曼散射而導致波數分離和強度增強。隨著溫度繼續降低，其共振拉曼散射強度受溫度的影響增大，因而導致強度下降。

　　對拉曼光譜中的 G 峰也可以發現類似的現象，如圖 5-17 所示。隨著溫度下降，G 峰的肩峰 1556.6 cm^{-1} 分離明顯，由前述可知，1556.6 cm^{-1} 處的波數是雙壁奈米碳管的共振峰。G 峰的強度也是先升高後降低，與雙壁奈米碳管的

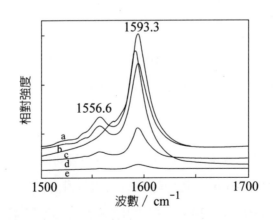

圖 5-17 不同溫度下雙壁奈米碳管 G 峰變化

a：170 K；b：120 K；c：293 K；d：80 K；e：77 K

環呼吸模式隨溫度的變化規律是一致的。

　　無論是 G 峰還是環呼吸振動模，都體現出波數隨溫度的升高而降低的趨勢，證明雙壁奈米碳管的拉曼峰具有負的溫度梯度，其波數隨溫度的變化率分別為 $d\omega_G/dT = -0.01\ cm^{-1}/K$ 和 $d\omega_R/dT = -0.005\ cm^{-1}/K$，其中 ω_G 和 ω_R 分別表示 G 峰和環呼吸振動模的波數。對於雙壁奈米碳管的環呼吸振動模，其波數 ω_R 可以表示為

$$\omega_R = \frac{2a_{C-C}\sqrt{\Phi}}{\sqrt{md}} \tag{5-4}$$

式中，a_{C-C}：C-C 鍵長；

　　　Φ：碳原子之間的鍵伸縮力常數；

　　　m：碳的原子量；

　　　d：奈米碳管的直徑。

　　當溫度降低時，石墨網格發生收縮。由於 C-C 鍵很強，因而由於溫度下降而導致石墨網格收縮的量很小，但卻可以引起 C-C 鍵彈性常數增加量有很大的變化，因而式（5-4）中，C-C 鍵長是主導。由此雙壁奈米碳管的拉曼波數隨著溫度的降低而增高。G 峰隨溫度的變化也可以有類似的解釋。隨著溫度的下降，石墨層內收縮，導致碳原子受力發生改變而產生波數的變化。

5.2.4　紫外─可見吸收光譜

　　將雙壁奈米碳管薄膜浸泡在蒸餾水後分散到光學石英基底上，烘乾後，製成用於紫外─可見吸收光譜檢測的樣品。作為對比，對多壁奈米碳管的紫外─可見吸收光譜在同樣的條件下測量。作者採用的多壁奈米碳管樣品是生長在石英襯底上（厚度為數十微米）的定向多壁奈米碳管薄膜。

　　圖 5-18 為不同厚度的雙壁奈米碳管薄膜和定向多壁奈米碳管薄膜的紫外─可見吸收光譜。圖 5-18 中，曲線 a 和 b 為雙壁奈米碳管在室溫下測得的

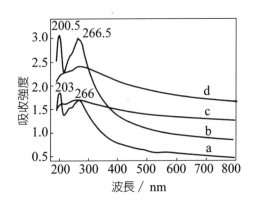

圖 5-18　雙壁奈米碳管的紫外─可見吸收光譜

a：厚度約為 150 nm 的雙壁奈米碳管膜；b：厚度約為 400 nm 的雙壁奈米碳管膜；c：厚度約為 500 nm 的定向多壁奈米碳管薄膜；d：厚度約為 1 μm 的定向多壁奈米碳管薄膜

紫外─可見吸收光譜。可以看出，雙壁奈米碳管薄膜在波長為 200.5 nm 和 266.5 nm 的紫外光區有兩個很強的吸收峰，對應的能隙寬度分別為 6.19 eV 和 4.65 eV。雙壁奈米碳管的紫外─可見吸收光譜與 C60 的吸收光譜相似，呈現明顯的駝峰形狀，並在 241 nm 和 497 nm 附近有兩個較弱的吸收峰。對於多壁奈米碳管紫外─可見吸收光譜，在紫外光區，也可以分辨出兩個較寬的弱吸收峰，如圖 5-18 中的光譜曲線 c 和 d 所示。但兩個吸收峰之間未能分離。在單壁奈米碳管樣品的紫外─可見吸收光譜中，很少觀察到在紫外光區有明顯的吸收峰。

　　由雙壁奈米碳管的拉曼共振光譜可知，雙壁奈米碳管的內徑具有與單壁奈米碳管相同的能級，其能隙寬度可以等於 2.41 eV。對於單壁奈米碳管，隨著其直徑的增加，其能隙寬度卻在下降，因此，雙壁奈米碳管的外層管的能隙寬度小於內層管的能隙寬度。在紫外─可見吸收光譜中，波長為 200.5 nm 附近和 266.5 nm 附近有強的吸收峰，可能是由於電子在雙壁奈米碳管內外兩層之間躍遷所產生的。由於雙壁奈米碳管僅由兩層管壁組成，而且內外層間的相互作用較弱，使得電子可以在內外層間發生躍遷而產生明顯的吸收峰。對於多壁奈米碳管，由於層數較多，電子可以在各層間之間躍遷，因此，多壁奈米碳管

在紫外光區的吸收峰分離不明顯。對於單壁奈米碳管，則不存在層間電子能級的躍遷，因此在紫外光區沒有明顯的吸收峰。由此，可以用紫外—可見吸收光譜來區分雙壁奈米碳管和單壁奈米碳管。

5.2.5 雙壁奈米碳管長絲的偏振光譜

在光路中加入偏光片，將偏光片的通光軸與雙壁奈米碳管絲的軸向平行，並定義此時的偏振角為 $\theta = 0°$，固定偏光片的偏振角，測量雙壁奈米碳管的偏振光譜。圖 5-19 為雙壁奈米碳管長絲在不同偏振角下的發射光譜。由圖 5-19 可以看出，雙壁奈米碳管的發射為部分偏振光，隨著波長的增大，雙壁奈米碳管的偏振譜分離程度加大，這表示雙壁奈米碳管發光可能隨著波長的增加而增大。

為了測量雙壁奈米碳管長絲在特定波長下熱輻射光的偏振性，將分光計的波長固定，旋轉偏光片的偏振角，收集在不同偏振角下雙壁奈米碳管的發光光子數。

奈米碳管長絲發光的偏振度的計算公式如下：

$$P = \frac{I_{\parallel} - I_{\perp}}{I_{\parallel} + I_{\perp}} \tag{5-5}$$

式（5-5）中，P 為偏振度，$I_{\parallel}$ 和 $I_{\perp}$ 分別為平行於偏光片長軸和垂直於偏光片長軸的通光方向時的光強。

將圖 5-19 中的光譜在波長範圍 $600 \sim 880$ nm 進行積分，其偏振度為0.1。說明雙壁奈米碳管長絲發出的光為部分偏振光。但是雙壁奈米碳管長絲熱輻射光的偏振度比定向奈米碳管束的低，這可能是由於雙壁奈米碳管長絲內雙壁奈米碳管的管束細小，柔性比多壁奈米碳管束大而造成的彎曲所導致的。

圖 5-20 為雙壁奈米碳管在不同波長下的偏振度。由圖 5-20 可知，當偏光片的通光方向與燈絲的軸線平行時，光強最大，而當通光方向與奈米碳管的軸線垂直時，光強最小。雙壁奈米碳管長絲的熱輻射光，其偏振度隨著光波長的

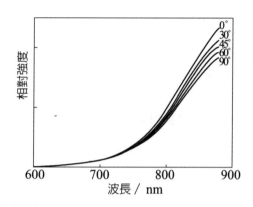

圖 5-19 雙壁奈米碳管的偏振光譜

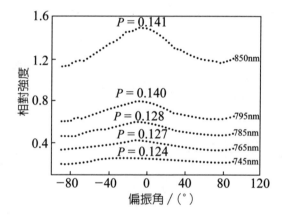

圖 5-20 雙壁奈米碳管在不同波長下的偏振度

增加而增大，如當熱輻射光的波長為 745 nm 時，其偏振度為 0.124；而波長為 850 nm 時，偏振度則增加到 0.141，此時，雙壁奈米碳管長絲的熱輻射光強度可以達到很大的數值。

由於雙壁奈米碳管一維管束限制，電子被限制在軸線方向運動，電子在電場的作用下被加速，而在雜質、缺陷的作用下則被減速，因而導致奈米碳管在電流的作用下產生焦耳熱。碳原子在焦耳熱的加熱下振動劇烈。這是由於雙壁奈米碳管在低溫時主要呈現為黑體熱輻射，其發光主要集中在紅外光區，即由

於晶格振動而造成電子能級的躍遷而引起的。對於雙壁奈米碳管，其層內是通過很強的 C-C 共價鍵結合，而層間是通過較弱的凡德瓦力結合。因此碳原子在垂直於軸線方向的振動，較平行於軸線方向的振動要劇烈，因而導致光的向量沿著軸線方向發射。雙壁奈米碳管束沿軸線方向排列較好，因此其偏振光的方向是其軸線方向。顯然，奈米碳管發光的偏振度將隨著雙壁奈米碳管定向性的改善而提高。

5.3 雙壁奈米碳管巨觀體的電激發光

5.3.1 雙壁奈米碳管電燈泡的製作

為了減少非晶碳和催化劑顆粒等雜質對雙壁奈米碳管發光性能的影響，首先採用雙氧水和濃鹽酸對雙壁奈米碳管薄膜進行純化處理。然後將純化後的雙壁奈米碳管薄膜浸泡在酒精溶液中。將雙壁奈米碳管從酒精溶液中取出，待其表面的酒精溶液揮發後，雙壁奈米碳管薄膜在表面張力的作用下，形成緻密的、具有一定強度的奈米碳管絲，對雙壁奈米碳管絲沿著徑向擠壓，便可製成緻密的雙壁奈米碳管燈絲。燈絲的直徑為 $0.05 \sim 0.4$ mm，長度為 $1 \sim 2$ cm。對於單壁和雙壁奈米碳管長絲，也可以用相同的技術製成奈米碳管燈絲。

將上述方法製備出的奈米碳管燈絲用退火的鎳箔夾持，以鎢杆作為奈米碳管電燈泡的電極。將奈米碳管燈絲放入石英玻璃泡殼中，抽真空至 10^{-4} Pa 後封裝即製成奈米碳管電燈泡。

5.3.2 雙壁奈米碳管電燈泡的性能

1. 伏安特性

圖 5-21 中曲線 1 為雙壁奈米碳管燈絲的伏安特性曲線。作為對比，圖 5-21 還給出在相同條件下測得的單壁奈米碳管燈絲（曲線 2）和 36 V、40 W 安全燈泡（鎢絲，室溫電阻為 2.8 Ω）的伏安特性曲線（曲線 3）。圖 5-21 中，雙

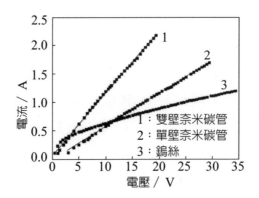

圖 5-21 奈米碳管燈絲的伏安特性曲線

壁奈米碳管燈絲和單壁奈米碳管燈絲的室溫電阻分別為 9 Ω 和 18.2 Ω。由圖 5-21 中曲線 1 和 2 可以看出，對於雙壁奈米碳管，其 I-V 曲線符合歐姆定律。對單壁奈米碳管和雙壁奈米碳管燈絲，其伏安特性均可以擬合為一條直線。

　　圖 5-22 為三種燈絲的電阻隨溫度變化曲線，燈絲的溫度採用紅外測溫儀測出。高溫時，奈米碳管燈絲的電阻隨溫度的變化很小，如圖 5-22 中曲線 1 和曲線 2 所示，這與多壁奈米碳管束的電阻隨溫度升高而不斷下降不同 [26]，多壁奈米碳管束在高溫下仍然體現出了半導體特性。由雙壁奈米碳管的低溫 $R\text{-}T$ 曲線可知，當溫度高於雙壁奈米碳管的電阻轉變特徵溫度 T_k 時，雙壁奈米碳管

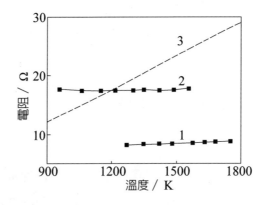

圖 5-22 高溫下電阻隨溫度變化曲線

1：雙壁奈米碳管；2：單壁奈米碳管；3：鎢絲

呈導體性，說明了雙壁奈米碳管具有導體性。而在雙壁奈米碳管束的搭接處由於存在蕭特基障壁，體現為半導體性能。當溫度升高時，雙壁奈米碳管長絲的性能應該為這兩組性能的疊加，部分奈米碳管電阻升高，而部分降低。因此在一定程度上，體現為隨溫度基本保持不變的特性。由此，雙壁奈米碳管和單壁奈米碳管在高溫時可以作為高精密的電阻。

另一方面，奈米碳管是由石墨層片捲曲而成的，其電子被限制在一維管身上，因此奈米碳管的電阻與其結構密切相關。由於雙壁奈米碳管層間距較大，相互作用小，而石墨層片中，碳原子相互作用較大。石墨層間的熱膨脹係數為 30×10^{-6} cm $\cdot$ cm^{-1} $\cdot$ ℃$^{-1}$，遠大於石墨層片內的 $-0.36 \times \times 10^{-6}$ cm $\cdot$ cm^{-1} $\cdot$ ℃$^{-1}$。當溫度升高時，石墨層間呈熱膨脹而在石墨層內則呈熱收縮，因此當溫度升高時，雙壁奈米碳管結構發生變化，因而導致雙壁奈米碳管電阻基本保持不變。

2. 光譜輻射強度

奈米碳管的光譜輻射強度，是奈米碳管作為燈絲的一個重要性能指標。雙壁奈米碳管燈絲的光譜輻射強度，隨著電流的變化如圖 5-23 所示，可以看出，雙壁奈米碳管燈絲與黑體輻射相似，輻射的能量主要集中在可見光和紅外光區，說明了奈米碳管燈絲發光主要為焦耳熱發光。由黑體輻射公式：

$$e \left(\lambda, T \right) = 2\pi h c^2 \lambda^{-5} \frac{1}{e^{\frac{h_c}{k\lambda T}} - 1} \qquad (5\text{-}6)$$

式中，$e(\lambda, T)$：物體的單色光發射本領特性（J $\cdot$ m^{-2} $\cdot$ m^{-1}）；

λ：波長（m）；

c：光速，$c = 3.0 \times 10^8$ m/s；

k：玻耳茲曼常數，$k = 1.381 \times 10^{-23}$ J $\cdot$ K^{-1}；

h：普朗克常數，$h = 6.63 \times 10^{-34}$ J $\cdot$ s。

對雙壁奈米碳管燈絲在不同電流下的輻射強度用黑體輻射擬合時發現，在低溫（T<1250 K）時，雙壁奈米碳管的輻射強度與黑體輻射符合很好，當溫度較高（如 T>1350 K）時，卻不能完全用黑體輻射擬合。在紅外區，雙壁奈米碳管電燈泡的輻射強度比黑體輻射的強度低，而在可見光區，雙壁奈米碳管燈絲的輻射強度比黑體輻射的強度高。這證明雙壁奈米碳管可能具有比黑體更高的發光效率。單壁奈米碳管電燈泡也有相類似的現象。

在雙壁奈米碳管燈絲的輻射強度隨著電壓的變化曲線中，可以看到，在波長為 407 nm，417 nm 以及 655 nm 處，雙壁奈米碳管的輻射強度有明顯的發射峰，而且其峰值大小隨著燈絲溫度的升高而增強，如圖 5-23 所示。單壁奈米碳管燈絲輻射強度譜在相同的位置也有明顯的發射峰出現。這些發射峰顯示了雙壁奈米碳管在溫度較高時所具有的電激發光特性。這是由於高溫下，電子發生能級躍遷而引起的。在高溫下，雙壁奈米碳管燈絲的輻射強度是電致發光和焦耳熱發光共同作用的結果 [27]。這證明了在高溫時奈米碳管燈絲確實具有比黑體更高的發光效率。

當雙壁奈米碳管燈絲的溫度較低時，奈米碳管電子吸收的能量不足以激發電子到高能級，因而主要體現為黑體的熱輻射，這與多壁奈米碳管束表現出來

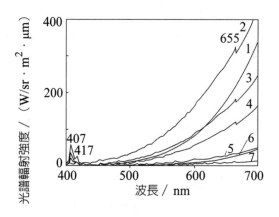

圖 5-23 不同電壓下雙壁奈米碳管的光譜輻射強度

1：黑體輻射 1560 K；2：燈絲電壓為 8 V；3：燈絲電壓為 7.4 V；4：燈絲電壓為 6.9 V；5：燈絲電壓為 6.3 V；6：黑體輻射 1350 K；7：燈絲電壓為 5 V

的發光特性是一致的。當溫度升高時，奈米碳管低能級的電子獲得足夠的能量，躍遷到高能級上，保持一段時間後，電子回到低能級上而發出一定波長的光。由布里淵區折疊法計算結果而知，不同直徑和螺旋角的單壁奈米碳管具有不同的能級結構，雙壁奈米碳管的能級結構與單壁奈米碳管的能級結構是相近的。在對多壁奈米碳管的螢光發射譜研究時發現，在波長為 407 nm 和 417 nm 左右有較強的發射峰，這證明了奈米碳管在該處具有明顯的發射能級。這與電致激發時，雙壁奈米碳管的輻射強度譜中波長為 407nm 和 417 nm 的發射峰是相對應的。當用波長為 407 nm 的雷射激發奈米碳管時，奈米碳管在 610 nm 處產生明顯的螢光發射峰。作者認為，該螢光發射峰與奈米碳管燈絲在 655 nm 處的電激發光是一致的。造成的偏差可能是由於單壁、雙壁奈米碳管的能級與多壁奈米碳管的能級差異所導致的。

3. 奈米碳管電燈泡的照度

電燈泡的照度與燈泡的輻射能力、光譜分佈以及燈絲長度等有關，是燈泡的一個重要參數。雙壁奈米碳管電燈泡的照度是通過照度計（Light meter, TES-1336）來測量的。由於光強與距離的平方成反比，因此測量奈米碳管電燈泡的照度時，將燈絲和照度計的接收器之間固定為 25.4 cm。作者對雙壁奈米碳管電燈泡的照度進行測量時發現，對於長度為 15 mm、室溫電阻為 9 Ω 的奈米碳管燈絲，當電壓為 3 V 時，電燈泡開始發出紅光，而且其照度隨著電壓的增加迅速升高。而鎢絲電燈泡的發光閾值電壓為 6 V。圖 5-24(a) 為雙壁奈米碳管電燈泡和鎢絲電燈泡（36 V, 40 W）在相同電壓下的發光強度對比，表明了在相同的電壓下，雙壁奈米碳管電燈泡比鎢絲燈泡具有更高的發光強度。

圖 5-24(b) 為雙壁奈米碳管電燈泡和鎢絲電燈泡（36 V, 40 W）的照度隨電壓的變化曲線，由圖 5-24(b) 可知，雙壁奈米碳管電燈泡的照度隨電壓升高呈增函數關係。由圖 5-24(b) 可以看到，當發出相同照度的光時，雙壁奈米碳管電燈泡所需的電壓值比安全燈泡的低，如當照度為 1000 lx 時，雙壁奈米碳管電燈泡的電壓值為 18 V，而鎢絲電燈泡的電壓值為 25 V。當電壓相同時，

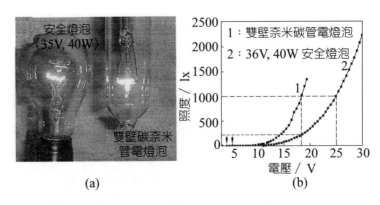

圖 5-24 雙壁奈米碳管電燈泡和安全燈泡的照度對比

(a) 亮度對比；(b) 照度對比

雙壁奈米碳管電燈泡的照度比電燈泡的照度高，如當電壓值同為 18 V 時，雙壁奈米碳管電燈泡的照度為 1000 lx，而鎢絲電燈泡的照度尚不足 250 lx。由此可知，雙壁奈米碳管電燈泡具有比鎢絲電燈泡更高的發光效率，這是由於雙壁奈米碳管電燈泡的發光為電致發光和焦耳熱發光共同作用的結果，而鎢絲電燈泡的發光僅為焦耳熱發光。

另一方面，由於雙壁奈米碳管的電阻隨溫度變化的改變量很小，隨著電壓的增大，更多的電能轉變為光能，即雙壁奈米碳管具有比鎢絲電燈泡更高的發光效率。由圖 5-24(b) 可以看出，奈米碳管電燈泡在相同的電壓下具有比鎢絲更高的照度，以及更低的發光閾值電壓。

4. 奈米碳管電燈泡的壽命

愛迪生在測試以碳纖維為燈絲的電燈泡時發現，在點亮碳纖維電燈泡後數小時內，碳原子蒸發並沈積到泡殼上，使得碳纖維的使用壽命很短，僅為幾個小時。而作者對雙壁奈米碳管電燈泡的壽命進行測試時發現，純化處理後，奈米碳管燈絲在點亮時，並未發現明顯的碳原子蒸發和沈積，顯示了雙壁奈米碳管燈絲具有較高的熱穩定性。而對於未經純化處理的雙壁奈米碳管電燈泡，則由於非晶碳等雜質在高溫下被蒸發沈積在泡殼上，使得奈米碳管電燈泡的照度

下降。

　　對於純化處理後的雙壁奈米碳管電燈泡，其照度在 1000 lx 時，點亮 360 h 後，雙壁奈米碳管電燈泡仍然未發生明顯變化。這證明了雙壁奈米碳管電燈泡具有較長的壽命。對雙壁奈米碳管電燈泡的開關壽命進行測量，開關次數大於 5000 次而未發生明顯變化，表明了雙壁奈米碳管電燈泡具有實際應用前景。

5.4 雙壁奈米碳管巨觀體的力學特性

5.4.1 雙壁奈米碳管長絲的力學性能

　　採用催化裂解法以二甲苯為碳源可以合成長度為 10 ～ 35 cm 的雙壁奈米碳管長絲，並且長絲中的雙壁奈米碳管束呈一定方向排列。因此可以對其進行直接拉伸實驗，以確定雙壁奈米碳管長絲的抗拉強度和彈性模量的力學性能。

　　雙壁奈米碳管長絲的拉伸實驗，在如圖 5-25 所示的拉伸實驗臺上進行。先將雙壁奈米碳管長絲固定在兩基片上，再將基片裝夾，通過步進電機帶動絲槓，對試樣進行拉伸載入。試樣的位移由步進電機帶動的絲杠傳輸速率結合時間確定，載荷則由力感測器測定（測量範圍 −600 ～ 600 mN，解析度 1.5 mN）。

　　直接合成的雙壁奈米碳管長絲中，管束間的距離較大，而且還存在相互交錯和纏繞，因此可以預計對雙壁奈米碳管長絲直接拉伸所得到的抗拉強度和彈性模量，與單根雙壁奈米碳管的存在一定差異。為了使測量值盡可能接近雙壁奈米碳管的真實強度，盡可能採用細的雙壁奈米碳管長絲進行拉伸，需先將雙壁奈米碳管長絲用鑷子分成直徑為 3 ～ 20 μm，長度大於 10 mm 的細絲。圖 5-26 所示為一根直徑 5 μm，長為 10 mm 的長絲的掃描電子顯微鏡照片，可看出長絲主要由大致平行排列、連續性較好的奈米碳管管束組成（直徑約 50 nm，管束間距約 50 nm）。

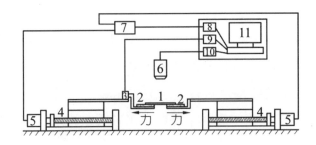

圖 5-25 奈米碳管長絲拉伸實驗裝置簡圖

1：試樣；2：硬紙片；3：力感測器；4：絲槓；5：步進電機；6：CCD 攝像頭；7：步進電機驅動；8：計數器；
9：A/D 採集卡；10：圖像採集卡；11：電腦

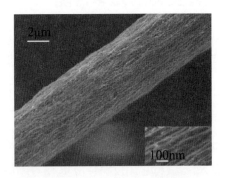

圖 5-26 雙壁奈米碳管長絲拉伸試樣的掃描電子顯微鏡照片

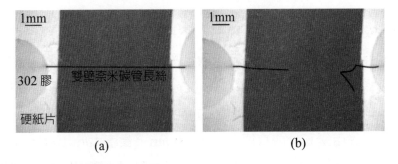

圖 5-27 雙壁奈米碳管長絲拉伸前後的巨觀照片

(a) 拉伸前；(b) 拉斷後

　　在拉伸測試過程中，多數試樣在中間斷裂，圖 5-27 為 CCD 所記錄的雙壁

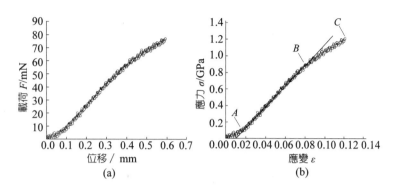

圖 5-28 雙壁奈米碳管長絲的力學性能

(a) 奈米碳管長絲的載荷—位移曲線；(b) 應力—應變曲線

奈米碳管長絲斷裂前和斷裂後照片，從斷裂後圖片看出長絲被彈回，證明在斷裂前雙壁奈米碳管長絲承受了較大拉力。

　　圖 5-28(a) 列出長度為 4.9 mm，直徑為 9 μm 的雙壁奈米碳管長絲典型拉伸曲線。如果按照奈米碳管充滿整個管束來計算，可以得出雙壁奈米碳管長絲的應力—應變曲線，見圖 5-28(b)，實測結果證明，雙壁奈米碳管長絲的抗拉強度為 1.2 GPa。從圖 5-28 可以看出雙壁奈米碳管長絲具有較大的彈性變形區（對應 A-B 區域），也存在一個明顯的塑性變形區（對應 B-C 區域），其最大的變形量 δ 可以達到 12%。由此測得雙壁奈米碳管長絲具有良好的抗拉強度和很好的彈性應變能力。由圖 5-28(b) 計算出的雙壁奈米碳管長絲彈性模量為 12 GPa。由於長絲內部管束排列並不嚴格平行，在長絲整體受力前有一部分管束先受力，使得原點至 A 區域內有一漸變過程。由於長絲中，奈米碳管束的排列並不十分緻密，因此計算出的面積要比實際面積大，導致計算出的抗拉強度和彈性模量比真實值偏小。

　　雙壁奈米碳管長絲的抗拉強度隨著其直徑的減小而有增加的趨勢，即隨著長絲直徑減小，測量值越趨向雙壁奈米碳管的真實強度。表 5-5 列出了實驗所測得 8 根雙壁奈米碳管長絲的力學性能，其拉伸強度 σ_b 在 0.62～2.6 GPa 間（平均值 1.2 GPa），與單壁奈米碳管長絲的強度相當；彈性模量 E 在

◯表 5-5　雙壁奈米碳管長絲的力學性能檢測結果

樣品號	長度 L_0/mm	直徑 D/μm	拉伸強度 σ_b/GPa	延伸率 δ/%	彈性模量 E/GPa
1	18.9	15	0.62	6.9	11
2	4.4	3.5	2.6	13.2	22
3	6.6	8	0.80	8.5	10
4	7.1	7.5	0.79	3.5	23
5	4.0	5	1.4	10.2	15
6	6.9	9	0.71	5.8	20
7	4.9	9	1.2	12.2	12
8	6.8	8	1.6	11.3	16
平均值	–	–	1.2	–	16

10 ～ 23 GPa 間（平均值 16 GPa），延伸率則與 Yu 等人 [28] 對單根多壁奈米碳管的拉伸實驗結果相當，而高於通過後處理方法制得的奈米碳管纖維和條帶 [29, 30]。

應力—應變曲線中的塑性變形部分可能由四個因素引起：單根奈米碳管本身所固有的非線性彈性變形行為 [31]；單根奈米碳管的彈性變形；奈米碳管束之間的滑移；奈米碳管斷裂時部分奈米碳管陸續斷裂。從斷口伸出的一些奈米碳管可看出，雙壁奈米碳管斷裂時並非在一個斷裂面同時斷裂，一部分奈米碳管在整體斷裂前先行超過拉伸強度而產生斷裂。與之相反的是，一部分在大多數奈米碳管斷裂後由於無法承受巨大載荷而立刻斷裂（見圖 5-29）。這種現象可

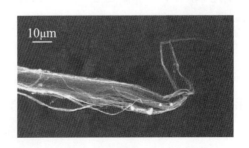

圖 5-29　雙壁奈米碳管長絲拉伸後斷口的掃描電子顯微鏡照片

認為是由長絲內的奈米碳管管束並非嚴格平行排列引起，在部分奈米碳管已經受力的情況下另外一部分仍未被拉直，造成長絲內部受力不均勻，最終斷裂時承受載荷的僅是一部分雙壁奈米碳管，從而使得實驗所測得的名義拉伸強度 σ_b 要遠低於實際值。

根據雙壁奈米碳管長絲的拉伸實驗結果，可對單根雙壁奈米碳管束的拉伸強度和彈性模量進行粗略估算。從長絲的高倍掃描電子顯微鏡形貌觀察估計，管束平均直徑 d 和管束間距 Δd 均在 50 nm 左右，則緊實率 V_f/V 可由式（5-7）確定 [32]：

$$\frac{V_f}{V} = \frac{\pi d^2}{4(d + \Delta d)^2} \qquad (5\text{-}7)$$

計算得實際承載面積為 20%，由此估算出單根雙壁奈米碳管束的拉伸強度 σ_b 在 3.1～13 GPa 間（平均值 6 GPa），彈性模量 E 在 50～115 GPa 間（平均值 80 GPa，與對單根單壁奈米碳管束測得的結果相當 [33]），低於單根雙壁奈米碳管的模擬計算結果 [34]，這可能是由於 (1) CVD 法製備的奈米碳管存在缺陷，使力學強度比理論值低 1 個數量級；(2) 奈米碳管束（特別是大直徑管束）往往含有比單根奈米碳管更多的缺陷，例如管束內奈米碳管直徑不一造成的晶格點陣缺陷，使得管束的強度低於單根奈米碳管的強度 [35]；(3) 長絲內的管束以及管束內的單根奈米碳管受力不均勻，被拉斷時承受最大載荷的僅為部分奈米碳管；(4) 雙壁奈米碳管僅外層管壁與 302 膠水連接處受力，內層則幾乎不受力 [36]。

表 5-6 列出文獻報導的奈米碳管拉伸實驗結果，可以看出力學性能的大小與試樣尺寸有關，隨樣品尺寸增大而減小。這主要是由試樣尺寸增大帶來的結構和應力不均勻所致，也正是本實驗儘量採用細的長絲進行檢測的原因所在。從表中可看出，實驗中所測得的雙壁奈米碳管長絲拉伸強度和單壁奈米碳管長絲相當，彈性模量則相對較小，延伸率方面，雙壁奈米碳管長絲遠大於單壁奈米碳管長絲，與 Yu 等對單根 MWNT 拉伸的結果相當。另外，直接製備出的

作者	實驗物件	表徵物件	拉伸強度 σ_b/GPa	彈性模量 E/GPa
Yu 等 [28]	單根多壁奈米碳管	單根多壁奈米碳管	$11 \sim 63$	$270 \sim 950$
Yu 等 [37]	單根單壁奈米碳管束	單根單壁奈米碳管	$13 \sim 52(30^*)$	$320 \sim 1470(1002^*)$
Pan 等 [38]	多壁奈米碳管陣列	單根多壁奈米碳管	$1.72 \pm 0.64^*$	$490 \pm 230^*$
Zhu 等 [34]	單壁奈米碳管長絲	單壁奈米碳管長絲	1.2	$49 \sim 77$
		單根單壁奈米碳管束	2.4	$100 \sim 150$
Song 等 [32]	單壁奈米碳管薄膜	單根單壁奈米碳管	$0.600 \pm 0.231^*$	$700 \pm 270^*$
Li 等 [39]	雙壁奈米碳管長絲	雙壁奈米碳管長絲	$0.62 \sim 2.60(1.20^*)$	$10 \sim 23(16^*)$

注：* 平均值

CNT 長絲力學性能，要遠優於通過後處理方法製備得的單壁奈米碳管纖維和條帶 [8, 9]。

5.4.2　雙壁奈米碳管薄膜的拉伸性能

　　作者對直接以二甲苯為碳源合成的雙壁奈米碳管薄膜，進行了力學拉伸實驗。圖 5-30 為雙壁奈米碳管薄膜的典型應力一應變曲線（試樣長度 $L_0 = 6.9$ mm，膜厚為 5 μm，截面積 S = 0.0346 mm^2）。拉伸強度 $\sigma_b = 24$ MPa，延伸率 $\delta = 7.2\%$，彈性模量 $E = 0.78$ GPa。雙壁奈米碳管薄膜的應力一應變曲線中，0-A 區域較長絲明顯延長。這是由於雙壁奈米碳管薄膜比較疏鬆，在外力的作用下，奈米碳管束排列取向密集的緣故。薄膜的彈性變形部分（對應 A-B 區域）直線度較差，並且試樣達到最大載荷（對應 C 點）後不是立刻降為 0，而是經歷了一段變形（對應 C-D 區域，應變範圍 6.5% ～ 7.2%）。這是由於奈米碳管薄膜的斷裂不是同時發生的緣故，這與掃描電子顯微鏡觀察斷口不平齊相對應

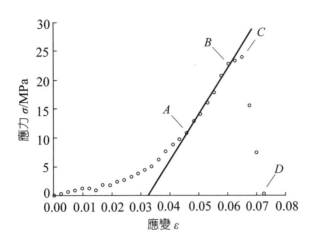

圖 5-30　雙壁奈米碳管薄膜的應力—應變曲線

的。分析其原因，薄膜內管束排列相對長絲內雜亂得多，受力很不均勻，拉伸時管束陸續受力，斷裂過程陸續產生，使得原點至 A 間區域明顯增長，A-B 區域為最多管束同時受力的區域，但此過程中仍有一些其他管束陸續斷裂或開始受力，使得 A-B 區域並不嚴格為直線。在實驗中可觀察到薄膜斷裂時總是先形成垂直受力方向的裂紋，並慢慢擴展直至撕裂整個試樣，裂紋擴展時對管束產生剪切力，由於薄膜內奈米碳管的連續性比長絲差，剪切力造成管束之間的滑移，導致試樣在到達最大載荷（C 點）後，載荷並不是像長絲那樣立刻降為 0，而是經歷了 C-D 的區域，這主要是因為裂紋擴展時管束間滑移要克服的凡德瓦力所導致的。

　　對 4 張不同的薄膜進行力學性能測試。表 5-7 列出了實驗所測得的 4 張薄膜試樣的力學性能，其拉伸強度 σ_b 在 8.9 ～ 24 MPa 之間（平均值 15 MPa），彈性模量 E 在 0.29 ～ 0.91 GPa 之間（平均值 0.61 GPa）。實驗結果得知，雙壁奈米碳管薄膜的力學性能比雙壁奈米碳管長絲的力學性低一個數量級以上。這可能是由於：雙壁奈米碳管薄膜的緊實率明顯低於雙壁奈米碳管長絲；雙壁奈米碳管薄膜內管束的連續性不好，薄膜很大程度上是由於撕裂和管束之間滑

⊂表 5-7　雙壁奈米碳管薄膜的力學性能檢測結果

樣品號	長度 L_0/mm	截面積 S/mm^2	拉伸強度 σ_b/MPa	延伸率 δ/%	彈性模量 E/GPa
1	6.9	0.0346	24	7.2	0.78
2	2.8	0.0113	8.9	7.1	0.29
3	5.1	0.00385	9.4	5.1	0.46
4	5.5	0.00950	18	3.5	0.91
平均值	－	－	15	－	0.61

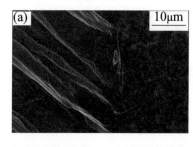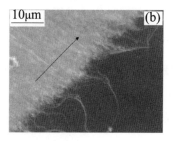

圖 5-31　雙壁奈米碳管薄膜拉伸後的斷口掃描電子顯微鏡構造
(a) 低倍照片；(b) 高倍照片

移造成的（圖 5-31(a)），其數值遠低於雙壁奈米碳管斷裂時所克服的 C-C 共價鍵；雙壁奈米碳管薄膜的排列比長絲要差，受力不均勻，斷裂時僅一部分雙壁奈米碳管管束承受載荷，在這部分管束斷裂後沿垂直受力方向形成微裂紋，並擴展至撕裂整個試樣（圖 5-31(b)）。

5.4.3　雙壁奈米碳管巨觀體的複合材料

本研究小組採用溶液共混法制成了雙壁奈米碳管 / 環氧樹脂複合材料。將雙壁奈米碳管長絲在環氧樹脂的溶液中浸泡一定時間，取出並晾乾、固化後製得複合纖維。環氧樹脂的環氧值為 0.41 ～ 0.47 eq/100 g ❷，密度 1.18 g/cm^3，

---

❷ 環氧值 0.41～0.47 eq/100g 是行業的標準單位之一，表示 100g 環氧樹脂中含有環氧基的當量數。環氧當量表示每一環氧基團相應的樹脂的分子量。

 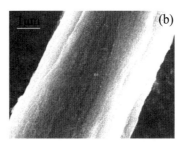

圖 5-32 雙壁奈米碳管／環氧樹脂複合纖維的掃描電子顯微鏡照片

(a) 低倍；(b) 高倍

粘接力較強且固化收縮小；固化劑為低分子聚酰胺樹脂，密度為 0.97 ～ 0.99 g/cm³，與環氧樹脂可常溫固化，用量為環氧樹脂的 30% ～ 60%。先用丙酮稀釋環氧樹脂，然後加入固化劑，配製成複合材料的浸泡液。然後將雙壁奈米碳管長絲用鑷子分離成直徑在 10 μm 左右的細絲，在環氧樹脂／丙酮溶液中浸泡 1 min 後取出，再用 302 膠將複合後的長絲兩端粘在兩張硬紙片上，室溫下固化 7 天後製得雙壁奈米碳管／環氧樹脂複合纖維。研究發現，不同環氧樹脂濃度的浸泡液粘度亦不相同，由此造成固化後的試樣中奈米碳管含量所存在的差異。為研究浸泡液濃度對複合纖維力學性能的影響，配製了體積分數分別為 80%、50%、33.3%、25% 和 10% 五種浸泡液，檢測不同環氧樹脂濃度下纖維的力學性能。

圖 5-32 所示為雙壁奈米碳管／環氧樹脂複合纖維（浸泡液體積濃度為 25%，直徑 9 μm）掃描電子顯微鏡照片，可以看出試樣截面大致為圓形，且直徑較均一。圖 5-32(b) 為複合纖維的高倍掃描電子顯微鏡形貌，表示了環氧樹脂包覆下的雙壁奈米碳管束定向性和連續性較好。

採用雙壁奈米碳管長絲力學測試方法，對雙壁奈米碳管／環氧樹脂複合纖維進行拉伸測試，結果發現大多數樣品在中間斷裂，並且纖維被拉斷後彈回，表示在拉伸過程中受了相當大的拉力，如圖 5-33 所示。

圖 5-34 所示為雙壁奈米碳管／環氧樹脂長束複合纖維的應力—應變曲線

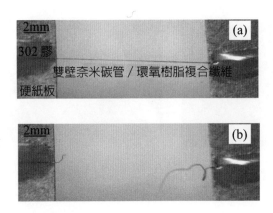

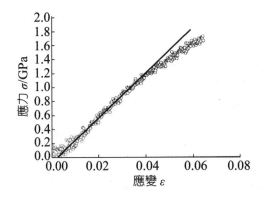

圖 5-33 雙壁奈米碳管／環氧樹脂複合纖維被拉斷的前後照片

(a) 拉斷前；(b) 拉斷後

圖 5-34 雙壁奈米碳管／環氧樹脂長束複合纖維的應力—應變曲線

（浸泡液體積濃度為 25%，試樣長度 $L_0 = 9.0$ mm，直徑 $D = 8$ μm），其形狀與雙壁奈米碳管長絲的應力—應變曲線類似，主要經歷了彈性變形和塑性變形兩個階段。從圖中可以得出纖維的拉伸強度 $\sigma_b = 1.7$ GPa，延伸率 $\delta = 6.4\%$，彈性模量 $E = 32$ GPa。

　　研究發現，當改變環氧樹脂濃度時，製得複合纖維的力學性能差異很大。圖 5-35 為纖維拉伸強度和彈性模量隨環氧樹脂濃度的變化曲線，其中圖 5-35(a) 和 (b) 中虛線縱坐標分別對應雙壁奈米碳管長絲的平均拉伸強度（1.2 GPa）和彈性模量（16 GPa），可以看出，複合纖維的拉伸強度和彈性模量大

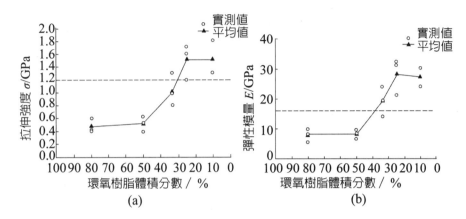

圖 5-35 雙壁奈米碳管／環氧樹脂長束複合纖維的力學性能，隨浸泡液體積分數的變化曲線

(a) 拉伸強度；(b) 彈性模量

致隨環氧樹脂濃度減小而增大。在配置環氧樹脂／丙酮溶液時發現，環氧樹脂體積分數在 80% 和 50% 時，溶液均較黏稠，稀釋至 33.3% 時黏度明顯下降，流動性較好，而 25% 和 10% 環氧樹脂濃度時溶液的黏度沒有明顯變化，與丙酮接近。由此可以看出，浸泡溶液的粘度很大程度上決定了複合所得纖維的力學性能。粘度很大時，長絲浸泡取出後表面粘附的環氧樹脂較多，使得複合纖維中環氧樹脂的含量較大，由於環氧樹脂的強度比雙壁奈米碳管長絲低一個數量級，所以複合纖維的力學性能較差。在掃描電子顯微鏡下觀察，發現當浸泡液體積濃度很高時，樣品表面被一層厚厚的環氧樹脂所包覆，基本上看不到奈米碳管束，濃度低時，則可清晰看到基體包覆下的管束形貌（如圖 5-32 所示）。另外，溶液濃度降低後，樣品固化過程中揮發掉的丙酮成分亦增多，進一步提高了最終樣品中雙壁奈米碳管的含量。當環氧樹脂體積分數較低（10% ～ 25%）時，複合纖維的力學性能沒有明顯變化。以 10% 為例，此時平均拉伸強度達到 1.5 GPa，平均彈性模量為 27 GPa，分別比雙壁奈米碳管長絲提高了 25% 和 69%。

　　拉曼檢測是目前較常用的表徵奈米碳管／聚合物複合材料介面結合和載荷傳遞效率的手段之一，特別是奈米碳管拉曼光譜中 G' 峰的峰位對其所受應力較為敏感，奈米碳管受拉時向低波數（低頻）段偏移，受壓時則相反，並且在

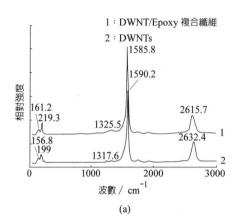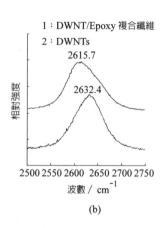

(a)　(b)

圖 5-36 雙壁奈米碳管與其環氧樹脂基複合纖維拉斷後試樣的拉曼光譜對比

(a) 雙壁奈米碳管複合材料的拉曼總譜；(b) G' 峰的拉曼光譜

應變較小的條件下，峰位偏移量與所受應力大致成正比關係。此外，對於不同溫度、不同聚合物基體的複合材料，G' 峰的偏移情況亦不盡相同 [34]。圖 5-36 列出了拉斷後的雙壁奈米碳管／環氧樹脂長束複合纖維（浸泡液體積分數為 10%）與純淨的雙壁奈米碳管拉曼光譜。雙壁奈米碳管的拉曼光譜中，D 峰的波數為 1317.6 cm^{-1}；G 峰的波數為 1590.2 cm^{-1}；G' 峰的波數為 2632.4 cm^{-1}，屬於二階拉曼峰。

從圖 5-36(a) 可以看出，複合纖維的 D 峰峰位較長絲向高頻段偏移 7.9 cm^{-1}，且峰寬、峰強明顯增大，這可能是由於環氧樹脂複合後增加了雙壁奈米碳管周圍的缺陷所致。另外，拉斷後複合纖維的 G' 峰峰位較原始雙壁奈米碳管產物向低頻段偏移達 16.7 cm^{-1}，得知纖維中雙壁奈米碳管處於拉應力狀態。複合纖維被拉斷後，由於雙壁奈米碳管及周圍的環氧樹脂均發生了不可回復的塑性變形，奈米碳管內的應力無法卸載，造成了 G' 峰的偏移，這顯示了載荷可通過介面剪切力從環氧樹脂有效傳遞至雙壁奈米碳管上。儘管奈米碳管與環氧樹脂間可能不以化學鍵結合，但由於 CVD 法製得的奈米碳管或多或少存在一些缺陷（如管身彎曲、管徑不一等），與環氧樹脂間可形成有效的物理結合，另外，奈米碳管與環氧樹脂均屬於含碳高分子，由於同族共溶原理，奈

米碳管應與環氧樹脂之間產生良好的結合，從而具有較高的介面結合強度。圖 5-36(b) 給出了 G' 峰對比的放大譜圖，除峰位偏移外，峰的對稱性亦發生了變化，原始雙壁奈米碳管產物的 G' 峰呈左右對稱形狀，複合纖維的 G' 峰明顯左傾（即向低頻段傾斜）。分析其中原因，由於纖維內管束排列並不嚴格平行，加之泊松效應所引起的側向壓力，各管束受力情況不盡相同，G' 峰偏移亦不一樣，而拉曼光譜採集的是微米量級範圍內樣品的綜合資訊，加之大多數奈米碳管被軸向拉伸，致使最終得到的 G' 峰向低頻段傾斜。

圖 5-37 為複合纖維和雙壁奈米碳管的環呼吸峰光譜，可以看出環呼吸譜含兩個明顯的峰包，其中低頻段的峰包主要對應雙壁奈米碳管外層管的徑向呼吸模式，而高頻段的拉曼峰則主要由內層管引起。圖 5-38 為雙壁奈米碳管及其複合纖維的環呼吸峰對比圖，其中縱線 A 為外層管和內層管環呼吸峰的分界線，橫線 B 和 C 的縱坐標分別對應外、內層管的平均峰位位移 7.1 cm^{-1} 和 0.7 cm^{-1}。雙壁奈米碳管與環氧樹脂複合後，外層管的環呼吸峰向低波數偏移，而內層管的環呼吸峰則基本保持不變。這是由於環氧樹脂對雙壁奈米碳管施加的

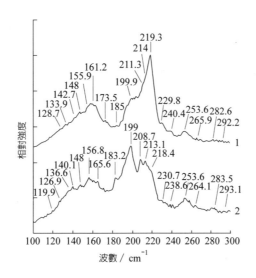

圖 5-37 雙壁奈米碳管與其環氧樹脂基複合纖維的環呼吸峰對比

1：DWNT/Epoxy 複合纖維；2：DWNTs

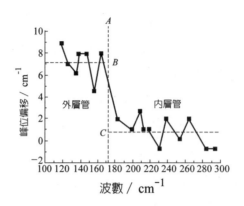

圖 5-38 環氧樹脂基複合纖維與原始雙壁奈米碳管產物的環呼吸峰對比

壓力引起，環氧樹脂固化收縮後對與之接觸的外層管產生壓力，使得其徑向呼吸振動受到限制，峰位向高頻段偏移；對於內層管，由於與外層管間距較大，其呼吸模式基本不受影響，峰位亦沒有明顯變化。需要指出的是，聚合物鏈對奈米碳管的壓應力增強了複合材料內的力學連鎖效應，這在一定程度上提高了奈米碳管和聚合物間的結合強度 [40]。

此外，還可以對複合纖維的比拉伸強度和比彈性模量進行估計。雙壁奈米碳管與體積分數為 10% 的環氧樹脂／丙酮溶液混合後，得到的複合材料密度約為 1.17 g/cm³，由此得到複合纖維的比拉伸強度和比彈性模量分別為 1.3 GPa 和 23 GPa，比強度是鋁合金的 12 倍、鎂合金的 8 倍，而比模量則與之相當 [24]。

採用溶液共混法還可以製備出雙壁奈米碳管薄膜複合材料。由於直接將薄膜從環氧樹脂溶液中取出後，會在表面張力作用下收縮成長絲，因此在製備雙壁奈米碳管薄膜複合材料時，需先將薄膜攤平後用 302 膠固定在硬紙片上，如圖 5-39 所示，然後浸泡在環氧樹脂／丙酮溶液中，取出固化 7 天，薄膜並未發生收縮現象。拉伸實驗在 Instron 3365 萬能材料試驗機上進行，力感測器的量程為 100 N，拉伸速率 1 mm/min。雙壁奈米碳管薄膜複合材料的厚度在掃描電子顯微鏡下進行觀測。圖 5-40 所示為薄膜樣品的側面和斷口處的掃描電

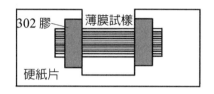

圖 5-39 雙壁奈米碳管／環氧樹脂複合薄膜拉伸試樣示意圖

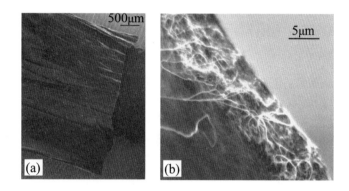

圖 5-40 雙壁奈米碳管／環氧樹脂複合薄膜的掃描電子顯微鏡形貌

(a) 側面形貌；(b) 截面形貌

子顯微鏡照片，從圖 5-40(b) 可看出薄膜厚度大致均勻（7.5 μm）。

　　圖 5-41 所示為雙壁奈米碳管薄膜與環氧樹脂複合後所製成薄膜（以下簡稱複合薄膜）的典型應力—應變曲線（浸泡液體積分數為 10%，試樣長度 $L_0 =$ 5.2 mm，截面積 S = 0.0285 mm^2）。

　　與原始雙壁奈米碳管薄膜的應力—應變曲線相比，複合薄膜從開始受力過渡到彈性變形的部分（對應 0-A 區域）明顯變短，彈性變形部分（對應 A-B 區域）的直線度較高，在試樣到達最大載荷（對應 C 點）後仍經歷了一段變形完全卸載，但卸載所用應變（0.1% 左右）大大低於雙壁奈米碳管薄膜（0.7% 左右），顯示複合薄膜的應力均勻性較原始薄膜得到了較大改善。

　　改變環氧樹脂／丙酮溶液的濃度，可以製得不同環氧量的薄膜複合材料的性能。表 5-8 列出了實驗測得的不同浸泡液體積濃度下巨觀體複合薄膜的力

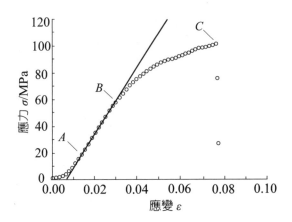

圖 5-41 雙壁奈米碳管／環氧樹脂長束複合薄膜的應力─應變曲線

●表 5-8　不同浸泡液體積分數下，雙壁奈米碳管／環氧樹脂長束複合薄膜的力學性能統計

環氧樹脂體積分數 / %	樣品號	長度 L_0/mm	截面積 S/mm^2	拉伸強度 σ_b/MPa	延伸率 δ/%	彈性模量 E/GPa	平均拉伸強度 $\overline{\sigma_b}$/MPa	平均彈性模量 $\overline{E}$/GPa
80	1	6.1	0.46	12	18.3	0.084	21	0.15
	2	4.7	0.0384	36	14.9	0.27		
	3	4.7	0.0690	15	21.5	0.11		
50	4	7.1	0.203	26	13.0	0.57	18	0.28
	5	4.4	0.072	17	25.4	0.14		
	6	5.2	0.176	11	14.6	0.13		
33.3	7	5.7	0.203	37	6.5	0.98	35	0.96
	8	5.0	0.0260	39	8.0	1.2		
	9	5.0	0.0281	30	10.0	0.70		
25	10	5.8	0.0710	54	6.0	1.7	49	1.1
	11	4.7	0.0253	45	9.8	0.74		
	12	4.7	0.0187	48	11.5	1.0		
10	13	4.8	0.00752	64	5.6	2.9	81	2.6
	14	5.2	0.0285	100	7.8	2.5		
	15	4.9	0.00928	79	6.5	2.3		

學性能。與複合纖維類似，複合薄膜的力學性能大致隨環氧樹脂濃度的降低而提高（圖 5-42 所示，圖 5-42(a) 和圖 5-42(b) 中的虛線縱坐標，分別對應原始雙壁奈米碳管薄膜的平均拉伸強度 15 MPa 和彈性模量 0.61 GPa）。在體積分數 50% ～ 80% 間，溶液均較粘稠，力學性能沒有明顯變化；濃度繼續下降後力學性能開始急劇上升，在浸泡液體積分數為 10% 時，複合薄膜平均拉伸強度和彈性模量分別達到 81 MPa 和 2.6 GPa，分別為原始雙壁奈米碳管薄膜的 5.4 倍和 4.3 倍。

圖 5-43 所示為被拉斷後的雙壁奈米碳管 / 環氧樹脂複合薄膜（浸泡液體積分數 10%），與原始雙壁奈米碳管薄膜的拉曼光譜 G' 峰對比，拉斷後試樣的 G' 峰略向左傾，峰位向低頻段偏移 14.0 cm^{-1}，得知奈米碳管複合薄膜承載了較大的應力。

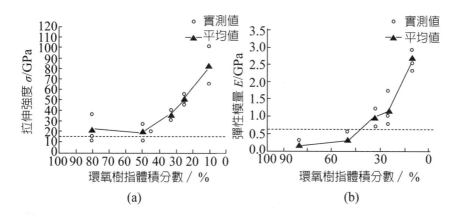

(a)　　　　　　　　　(b)

圖 5-42 雙壁奈米碳管 / 環氧樹脂長束複合薄膜的力學性能隨浸泡液

(a) 拉伸強度；(b) 彈性模量

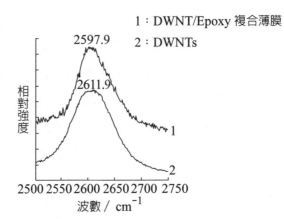

圖 5-43 雙壁奈米碳管與其環氧樹脂基複合薄膜拉斷後試樣的 G' 峰對比

參考文獻

[1]   Saito R, Dresselhaus G, Dresselhaus M S.[s.t.]. J Appl Phys, 1993, 73: 494

[2]   Charlier A, McRae E, Heyd R, Charlier M F, Moretti D. Classification for double-walled carbon nanotubes. Carbon, 1999, 37 (11): 1779~1783

[3]   Kiang C H, Endo M, Ajayan P M, et al. Size effects in carbon nanotubes. Phys Rev Lett, 1998, 81 (9): 1869~1872

[4]   Popov V N, Henrard L. Breathinglike phonon modes of multiwalled carbon nanotubes. Phys Rev B, 2002, 65 (23): 235415

[5]   Saito R, Matsuo R, Kimura T, et al. Anomalous potential barrier of double-wall carbon nanotube. Chem Phys Lett, 2001, 348: 187~193

[6]   Zhang S L, Liu W K, Ruoff R S. Atomistic simulations of double-walled carbon nanotubes as rotational bearings. Nano Lett, 2004, 4: 293~297

[7]   Kociak M, Suenaga K, Hirahara K, et al. Linking chiral indices and transport properties of double-walled carbon nanotubes. Phys Rev Lett, 2002, 89 (15): 155501

[8] Kajiura H, Huang H J, Bezryadin A. Quasi-ballistic electron transport in double-wall carbon nanotubes. Chem Phys Lett, 2004, 398 (4-6): 476~479

[9] Frank S, Poncharal P, Wang Z L, et al. Carbon nanotube quantum resistors. Science, 1998, 280 (5370): 1744~1746

[10] Li S D, Yu Z, Rutherglen C, et al. Electrical properties of 0.4 cm long single-walled carbon nanotubes. Nano Lett, 2004, 4(10): 2003~2007

[11] Rao A M, Richter E, Bandow S, et al. Diameter-selective Raman scattering from vibrational modes in carbon nanotubes. Science, 1997, 275: 187~191

[12] Rao A M, Chen J, Richter E, et al. Effect of van der Waals interactions on the Raman modes in single walled carbon nanotubes. Phys Rev Lett, 2001, 86: 3895~3898

[13] Saito R, Gruneis A, Samsonidze G G, et al. Double resonance raman spectroscopy of single-wall carbon nanotubes. New Journal of Physics, 2003, 5: Art. No. 157

[14] Popov V N, Henrard L.Breathinglike phonon modes of multiwalled carbon nanotubes. Phys Rev B, 2002, 65: 235415

[15] Bandow S, Takizawa M, Hirahara K, et al. Raman scattering study of double-wall carbon nanotubes derived from the chains of fullerenes in single-wall carbon nanotubes. Chem Phys Lett, 2001, 337: 48~54

[16] Ci L J, Zhou Z P, Yan X Q, et al. Raman characterization and tunable growth of double-wall carbon nanotubes. J Phys Chem B, 2003, 107 (34): 8760~8764

[17] Ren W C, Li F, Chen J A, et al. Morphology, diameter distribution and Raman scattering measurements of double-walled carbon nanotubes synthesized by catalytic decomposition of methane. Chem Phys Lett, 2002, 359 (3-4): 196~202

[18] Wei J Q, Ci L J, Jiang B, et al. Preparation of highly pure double-walled carbon nanotubes. J Mater Chem, 2003, 13: 1340~1344

[19] Kataura H, Kumazawa Y, Maniwa Y, et al. Optical properties of single-wall carbon nanotubes. Sythetic Met, 1999, 103: 2555~2558

[20] Jorio A, Dresselhaus G, Dresselhaus M S, et al. Polarized Raman study of single-

wall semiconducting carbon nanotubes. Phys Rev Lett, 2000, 85: 2617~2620

[21]　Dresselhaus M S, Dresselhaus G, Jorio A, et al. Raman spectroscopy on isolated single wall carbon nanotubes. Carbon, 2002, 40: 2043~2061

[22]　Wei J Q, Jiang B, Zhang X F, et al. Raman study on double-walled carbon nanotubes. Chem Phys Lett, 2003, 376: 753~757

[23]　朱宏偉。單壁碳奈米管宏觀體的合成及其性能研究：〔博士學位論文〕。北京：清華大學，2003

[24]　張先鋒。超長定向碳奈米管薄膜快速生長的研究：〔博士學位論文〕。北京：清華大學，2003

[25]　Ci L J, Zhou Z P, Song L, et al. Temperature dependence of resonant raman scattering in double-wall carbon nanotubes. Appl Phys Lett, 2003, 82 (18): 3098~3100

[26]　Li P, Jiang K L, Liu M, et al. Polarized incandescent light emission from carbon nanotubes. Appl Phys Lett, 2003, 82: 1763~1765

[27]　Wei J Q, Zhu H W, Wu D H, et al.Carbon nanotubes filaments in household light bulbs. Appl Phys Lett, 2004, 84: 4869~4871

[28]　Yu M F, Lourie O, Dyer M J, et al. Strength and breaking mechanism of multiwalled carbon nanotubes under tensile load. Science, 2000, 287: 637~640

[29]　Vigolo B, Pénicaud A, Coulon C, et al. Macroscopic fibers and ribbons of oriented carbon nanotubes. Science, 2000, 290 (5495): 1331~1334

[30]　Li Y H, Wei J Q, Zhang X F, et al. Mechanical and electrical properties of carbon nanotube ribbons. Chem Phys Lett, 2002, 365 (1-2): 95~100

[31]　朱豔秋。巴基管及其工程材料的研究：〔博士學位論文〕。北京：清華大學，1996

[32]　Song L, Ci L J, Lv Li , et al. Direct synthesis of a macroscale single-walled carbon nanotube non-woven material. Adv Mater, 2004, 16 (17): 1529~1534

[33]　Salvetat J P, Briggs A D, Bonard J M, et al. Elastic and shear moduli of single-walled carbon nanotube ropes. Phys Rev Lett, 1999, 82 (5): 944~947

[34] Liew K M, He X Q, Wong C H. On the study of elastic and plastic properties of multi-walled carbon nanotubes under axial tension using molecular dynamics simulation. Acta Mater, 2004, 52 (9): 2521~2527

[35] Zhu H W, Xu C L, Wu D H, et al. Direct synthesis of long single-walled carbon nanotube strands. Science, 2002, 296 (5569): 884~886

[36] Li C, Chou T W. Elastic moduli of multi-walled carbon nanotubes and the effect of van der waals forces. Compo Sci Tech, 2003, 63 (11): 1517~1524

[37] Yu M F, Files B S, Arepalli S, et al. Tensile loading of ropes of single wall carbon nanotubes and their mechanical properties. Phys Rev Lett, 2000, 84 (24): 5552~5555

[38] Pan Z W, Xie S S, Lu L, et al. Tensile tests of ropes of very long aligned multiwall carbon nanotubes. Appl Phys Lett, 1999, 74 (21): 3152~3154

[39] Li Y J, Wang K L, Wei J Q, et al. Tensile properties of long aligned double-walled carbon nanotube strands. Carbon, 2005, 43 (1): 31~35

[40] Zhao Q, Wagner H D. Raman spectroscopy of carbon-nanotube-based composites. Philos T Roy Soc A, 2004, 362 (1824): 2407~2424

[41] Barraza H J, Pompeo F, O'Rear E A, et al. SWNTs-filled thermoplastic and elastomeric composites prepared by miniemulsion polymerization. Nano Lett, 2002, 2 (8): 797~802

奈米碳管巨觀體

定向奈米碳管
巨觀體的製取

6.1　定向奈米碳管巨觀體的製取技術及
　　　技術參數優化

6.2　定向奈米碳管巨觀體的製取技術

6.3　定向奈米碳管巨觀體的表徵

6.4　定向奈米碳管巨觀體的生長機制

參考文獻

　　人們對定向奈米碳管的興趣，起源於它在電場發射方面的潛在應用。如果能將奈米碳管制成定向排列的陣列或薄膜，如此一來，奈米碳管不但可以製成電子探針，而且還可製成大面積的電場發射源，如平板顯示器等。電場發射平板顯示器作為新一代顯示元件，具有十分誘人的市場前景。它既可製成壁掛式高清晰度大螢幕電視系統，又可製成臺式電腦終端，還可發揮其功耗低的優點而成為膝上電腦顯示器。另外，它在軍事上的應用更是其他顯示元件所不能替代的。

　　奈米碳管的直徑一般在幾十奈米以下，而長度一般可達幾百微米或者更長。如此高的長徑比（一般是 10^4 量級）使得奈米碳管在生長過程中會自然地發生彎曲而互相纏繞（圖 6-1）。這種雜亂無章的排列使其分離、性能測試和應用變得非常困難。最初製備的奈米碳管，無論是電弧法還是催化裂解法，其分佈都呈無序狀態。事實上，從奈米碳管的大量製備開始，研究人員就一直在進行著使這種一維的奈米結構有序排列起來的努力。製取定向奈米碳管巨觀體也因此變得非常必要了。

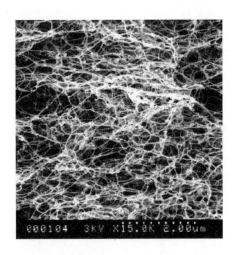

圖 6-1 無序奈米碳管的掃描電子顯微鏡照片

6.1 定向奈米碳管巨觀體的製取技術及技術參數優化

製備定向奈米碳管，人們採用了多種方法，大致可以分為兩大類：間接製備法和直接製備法。

6.1.1 間接方法製備定向奈米碳管巨觀體

通過電弧放電法、化學氣相沈積法和雷射蒸發石墨法生長的奈米碳管，通常是非常彎曲而且互相纏繞；但是通過某些後處理手段，例如對奈米碳管的整體施加外力，可以間接地使它們在一定程度上形成有序排列。

1994 年，Ajayan [1] 將電弧法所製備的奈米碳管提純後和環氧樹脂相混合，攪拌後在 60℃ 下保溫 24 h 使其固化。然後用金剛石刀將固化物切成薄片，厚度為 50 nm 到 1 μm。在穿透電子顯微鏡下觀察發現，奈米碳管沿著切割薄片的方向排列起來。這種切片的方法能夠在一定範圍內，使奈米碳管沿剪切力的方向排列。但是這種方法有其本身的局限性。首先，有機物載體的存在阻礙了對奈米碳管性能的精確測試；其次，分佈在載體中的奈米碳管只是在局部範圍內有一定程度的排列傾向，較粗和較短的管子不受剪切力影響，整體的均勻性、統一性不夠；而且，奈米碳管在有機物中很難均勻地分散開來，通常是許多根奈米碳管聚成一束；此外，奈米碳管的排列程度受切片厚薄的影響，隨著切片厚度增加，有序性減弱，到厚度為 1 μm 時，切片對奈米碳管的排列不再產生作用。

混合奈米碳管與熱塑性有機物，然後對其樣品兩端施加外力，使其沿軸向被拉伸，也可以使奈米碳管有序地排列起來 [2]。檢查樣品被拉斷後的斷口構造，可以發現奈米碳管均垂直於斷面，即沿著拉伸的方向排列。拉伸的方法和前面的切片法一樣，都存在有機物載體，奈米碳管很難在其中均勻分散，因此使奈米碳管的性能及應用受到很大限制。

1995 年，de Heer 將奈米碳管分散在酒精中形成懸濁液，然後滴到 0.2 μm 孔徑的陶瓷篩檢程式上，於是在篩檢程式表面形成了沿孔的軸向排列的奈米碳

管薄膜 [3]。de Heer 還測量了該薄膜的光學性能和導電性,發現它們都是各向異性的,即沿奈米碳管排列的方向(軸向)及其垂直方向的介電常數和電阻率有很大差異。由於陶瓷篩檢程式的孔徑為 0.2 μm,因此每個孔裡實際上插有一束互相黏結在一起的奈米碳管(而不是一根)。另外,要求奈米碳管本身比較平直,否則不易進入過濾孔。由於懸濁液內奈米碳管的長短不一,導致形成的有序薄膜也是含有不同長度的奈米碳管,這會影響其後的應用。

2000 年,Vigelo 將單壁奈米碳管分散到十二烷基硫酸鈉溶液中,並形成懸濁液,再注進有機溶劑(聚乙烯醇),同時攪拌液體,奈米碳管在離心力作用下形成了巨觀條帶,寬度在 100 μm 以下,長度可達幾個毫米 [4]。奈米碳管由於流場的作用沿著條帶作縱向排列。測試得知,這種條帶具有良好的導電性和一定的機械強度。

這種方法僅是通過簡單的物理攪拌作用,使奈米碳管有序地排列,並形成巨觀的條帶,為奈米碳管巨觀電學、力學性能的測試提供可能。但是,奈米碳管在此條帶中靠黏結劑互相結合,黏結劑的存在影響整個條帶的性能。由於奈米碳管是分段接合在一起的,因此條帶的性能有待提高。

6.1.2 間接方法製備定向奈米碳管巨觀體的優缺點

上述幾種後處理方法能夠用簡單可行的手段,將生長狀態的、雜亂無章的奈米碳管有規則地排列起來,形成一種巨觀的有序整體,使進一步的性能測試及應用成為可能。這就無需靠嚴格的技術來控制奈米碳管的生長狀態,因此在某些場合下,由後處理使奈米碳管排序,應該說是一種簡便有效的方法。

但是後處理也有明顯的不足,主要問題是:有機物載體或者黏結劑的引入,妨礙奈米碳管性能的直接測試;需要特殊的處理工具,如陶瓷篩檢程式等;生長狀態的奈米碳管直徑和長短都差異較大,而且無法消除;奈米碳管通常彎曲並互相纏繞,難以有效分散開來。所以,想要得到大面積巨觀有序的奈米碳管陣列,僅靠後處理的方法是很困難的。

6.1.3 直接方法製備定向奈米碳管巨觀體

由於後處理方法的局限性，所以要求控制奈米碳管的合成過程，使其按照一定的方向或模式有規律地生長；或者直接在基底上得到奈米碳管的有序陣列，免去後處理步驟；甚至通過改變技術參數，得到所需要的奈米碳管長度、排列密度、生長方向以及薄膜面積，等等，就成了人們日益關心的問題。基於直接生長定向奈米碳管的種種潛在優勢，研究人員一直熱衷於這方面的努力，並且在最近的幾年裡有了突破性的進展。

1. 電弧法獲得定向奈米碳管束

實際上，人們很早就發現有成束的奈米碳管（bundles）出現在電弧法製備的樣品中。1993 年，Wang [5] 檢測電弧法的陰極產物時，發現其中含有直徑約 50 μm、長度達 1 cm 的奈米碳管束，它們又由更小的管束組成（圖 6-2）。管束中的奈米碳管呈平行排列，互相緊密依靠在一起。但是這種管束在陰極上的分佈沒有規律，管間接觸太密，各個小管束的尺寸和含有的奈米碳管數目差異較大。

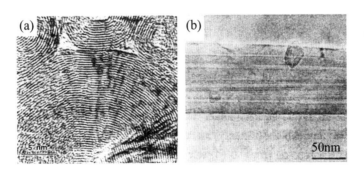

圖 6-2 電弧法製備的奈米碳管束的穿透電子顯微鏡照片

(a) 截面圖；(b) 側視圖

2. 模板法——陽極氧化鋁膜

有些含有大量微孔（孔徑從幾十奈米到幾微米）的薄膜，可以作為奈米碳管生長的模板。這些微孔互相平行且垂直於膜片表面，圖 6-3(a) 是在矽片上雷射刻蝕的 20×20 的微孔陣列（孔徑 $1~\mu m$）。當碳原子在孔內重新組合時，受空間的限制，只能形成管狀結構。常用的模板有陽極氧化鋁膜，厚度為 $60~\mu m$，其上含有直徑為 200 nm 的微孔陣列。**Martin** 和 **Tomita** 小組 [6-7] 以該氧化鋁膜作模板，用化學氣相沈積法在微孔內合成了奈米碳管，管徑恰好等於模板的孔徑。然後將氧化鋁溶解掉，即可得到平行的奈米碳管薄膜，而且奈米碳管的兩端均保持開口（圖 6-3(b)）。

利用陽極氧化鋁膜能夠可靠地製備出平行的奈米碳管，且管口是打開的，但是預製這樣的模板是很複雜的技術。模板所含有的微孔直徑範圍很有限，而且在化學氣相沈積過程中，在模板的表面還會沈積上一層碳膜。當模板被溶解後，該碳膜將所有的奈米碳管連接在一起，由於碳膜包覆在奈米碳管的兩端，無法去除，勢必影響薄膜的應用。

3. 溶膠凝膠法（多孔矽法）

1996 年，**Li** [8] 用溶膠 - 凝膠法製備出多孔矽模板，含有垂直於模板表面的平行小孔，孔徑在 30 nm 左右，孔間距為 100 nm（圖 6-4(a)）。同時在每個孔的底部嵌有相應尺寸的鐵顆粒，它們作為奈米碳管形成的催化劑。剛開始奈米

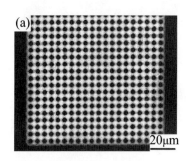
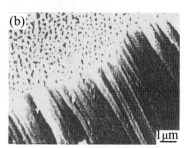

(a) ⟨20μm⟩　(b) ⟨1μm⟩

圖 6-3 用模板法制取定向奈米碳管

(a) 陽極氧化鋁膜；(b) 其微孔內生長的平行奈米碳管

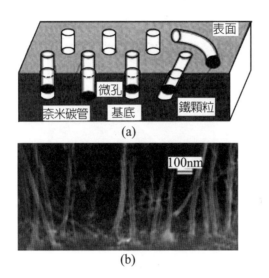

圖 6-4 用溶膠－凝膠法製取定向奈米碳管

(a) 溶膠－凝膠法製備的多孔矽模板；(b) 多孔矽模板上生長的定向奈米碳管薄膜

碳管在小孔內生長，受到孔的限制因而也垂直於模板向上。長出孔後，奈米碳管仍保持原來的生長方向，最終形成垂直於模板的定向薄膜（圖 6-4(b)）。奈米碳管的生長速度約為 0.4 μm/min，長度可達 50 μm。

用多孔矽可以製備出彼此分開的、定向生長的奈米碳管膜，但是溶膠－凝膠法本身就是一個複雜的技術過程，難以實現大面積製備。膜中奈米碳管的生長方向因孔的軸向限制而不能達到自定向生長。而且多孔矽是絕緣體，使定向膜的電學性能受到影響。

1998 年，Pan [9] 通過對溶膠－凝膠技術方法的改進，製備出了超長的定向多壁奈米碳管陣列，在 48 h 內奈米碳管的長度達到了 2 mm（圖 6-5），這是迄今為止關於定向多壁奈米碳管最長的報導，其生長速度平均達到 0.5 μm/min。

4. 雷射刻蝕基底法

1997 年，Terrones [10] 在矽片的平整表面上濺射一層 Co 膜，然後由雷射刻蝕出平行的溝槽（寬度 1 ～ 20 μm）。用刻蝕後的矽片作為生長基底，結果發現奈米碳管優先在溝槽內形核，並且呈定向地向溝槽兩側生長（圖 6-6），奈米

圖 6-5 2 mm 超長定向奈米碳管陣列的掃描電子顯微鏡照片

圖 6-6 雷射刻蝕法生長的定向奈米碳管

碳管的生長速度為 3.3 μm/min。

雷射刻蝕法實現了奈米碳管的自定向生長，但是奈米碳管在基底表面是沿水平方向伸展的，而不是垂直向上生長，薄膜的電場發射性能受到限制。這種方法不能製備大面積的垂直定向薄膜。

5. 電漿增強熱絲 CVD 法

1998 年，Ren 首先實現了奈米碳管薄膜的大面積定向生長[11]。該小組以顯示玻璃為基底，預先濺射一層鎳膜作為催化劑，通入氨氣和乙炔的混合氣體，採用等離子增強熱絲 CVD 法製備了垂直於基底、向上生長的奈米碳管薄膜。奈米碳管的分佈非常均勻，生長速度約 2 μm/min，最長可達 50 μm （圖 6-7）。由於這種製備方法的反應溫度較低（可低於 666℃），故有望用於製作場

圖 6-7 顯示玻璃上生長的定向奈米碳管薄膜掃描電子顯微鏡照片

(a) 薄膜側面視圖；(b) 頂部放大照片

發射平板顯示器。

6. 金屬有機物熱解法

金屬有機物熱解法製取定向奈米碳管巨觀體，與其他製備方法相比，具有如下優點：反應過程易於控制；反應溫度低，所用裝置易於設計；裝置運作及所用原料成本低；易於製備定向奈米碳管巨觀體。採用金屬有機物作為催化裂解法的催化劑先驅體，完成碳源和催化劑的同時不間斷進給，提高了催化效率，進而達到了定向奈米碳管巨觀體的快速連續生長。

鐵、鈷、鎳的有機化合物（二茂鐵、二茂鈷、二茂鎳）在一定溫度下裂解，既可產生催化劑顆粒，同時又能分解出碳簇，因此可以創造比較合適的條件來生成奈米碳管[12]。Rao 在 1100℃ 下分解二茂鐵，得到了定向的奈米碳管束[13-14]。Andrews 採用兩階段爐裝置（圖 6-8），將二茂鐵溶於二甲苯中形成

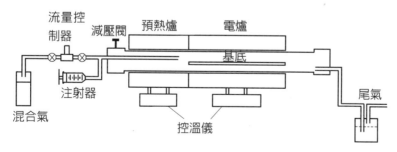

圖 6-8 金屬有機物熱解法反應裝置示意圖

溶液，然後通過注射器注入爐內。二茂鐵（其昇華與分解溫度分別為 140℃、190℃）在預熱爐內昇華後，被載氣吹入反應爐中分解為奈米級的鐵顆粒；二甲苯分解出的碳簇則會在反應爐內適當的溫度下（600℃ 以上），以鐵顆粒為催化劑形成奈米碳管。

Andrews 在反應爐內放置石英片，結果在石英片上得到了定向奈米碳管薄膜，且管壁晶化程度良好（圖 6-9）[15, 16]。定向奈米碳管生長速度約為 0.4 μm/min，產率為 10 mg/h 量級。此方法有望實現工業化生產。

作者採用二茂鐵（$C_{10}H_{10}Fe$）作為催化劑的先驅體。二茂鐵是一種含 Fe 的橘黃色柱狀晶體，其分子由上下兩個平行的、呈平面狀的環戊二烯基，以平面共軛 π 鍵的形式與鐵原子配位元，形成一種夾心結構。二茂鐵 100℃ 以上昇華，熔點為 173℃，沸點為 249℃，可在空氣中穩定存在，400℃ 以下不分解，高於 400℃ 時，分解出奈米級的 Fe 顆粒，可作為奈米碳管形核和生長的催化劑。以二甲苯（$C_6H_4(CH_3)_2$）為碳源，沸點範圍 137 ～ 140℃，在高溫下可以分解出碳簇（carbon clusters）。這些碳簇在催化劑的作用下發生結構重組，形成管狀結構，並隨著碳簇的不斷加入而生長，最終可形成長達 6 mm，長徑比高達 10^5 的奈米碳管巨觀體（圖 6-10）。當停止碳源供應時，奈米碳管的末端即自動封閉而停止生長。

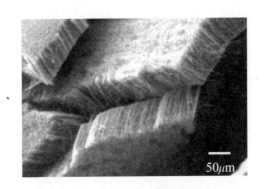

50μm

圖 6-9 金屬有機物熱解法製備的定向奈米碳管的掃描電子顯微鏡照片

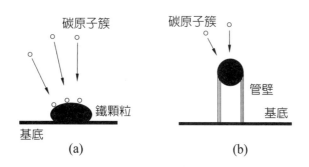

圖 6-10 奈米碳管巨觀體生長示意圖

(a) 碳簇到達催化劑鐵顆粒；(b) 鐵顆粒被托起，形成奈米碳管

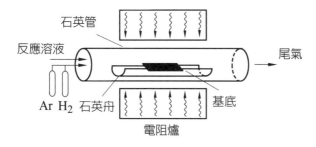

圖 6-11 製取定向奈米碳管巨觀體的實驗裝置示意圖

作者採用一般化學氣相沈積法類似的實驗裝置 [17]，其示意圖見圖 6-11。採用臥式電阻爐（額定溫度為 1200℃），用石英玻璃管（長 1.5 m，內徑 50 mm）作為反應器。以石英玻璃片作為定向奈米碳管的生長基底，搭載於石英舟上，置於反應室中間。碳源、催化劑、以及載體氣（氫氣和氬氣）從石英管的一端引入，尾氣從另一端排出。

石英管入口的橡皮塞上，插有一根進氣管（內徑 5 mm），一根玻璃毛細管（內徑 1 mm）和一個熱電偶（圖 6-12）。氫氣和氬氣由進氣管導入，而二甲苯和二茂鐵的混合溶液則通過一個精密流量泵（最小流量可為 0.006 mL/min），在反應室內部的毛細管開口處呈霧狀噴入。熱電偶的測溫點和毛細管的端部處於同一位置，用於測定反應室內毛細管端部的溫度。圖 6-13 為反應室入口處的實物照片及端部裝置的放大照片。

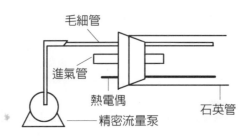

圖 6-12 石英管入口處放大圖

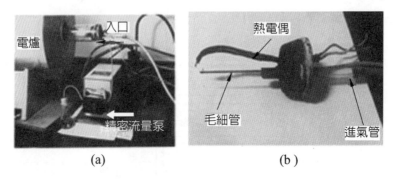

(a)　　　　　　　　　　　　(b)

圖 6-13 反應室入口處及其端部照片

(a) 反應室入口處的實物照片；(b) 端部裝置放大照片

作者採用的技術流程如下：

(1) 稱取適量的二茂鐵粉末（1～6 g），溶於一定體積的（通常為 50 mL）
二甲苯中。混合均勻後形成棕黃色透明溶液，其顏色深淺由二茂鐵濃度
決定，然後靜置 24 h。

(2) 將基底（石英玻璃片）搭載於石英舟上，再把石英舟緩緩推入反應室
的中部，用密封膠封閉石英管的兩端。

(3) 通入氬氣，流量為 100 mL/min，加熱反應室至試驗所需溫度。

(4) 調整氬氣流量到 2000 mL/min，並通入 400 mL/min 的氫氣。

(5) 通過移動石英管，調整毛細管開口相對於爐膛的位置，使熱電偶的指
示數保持在 250～300℃，進而保證反應溶液能夠呈霧狀噴入。

(6) 開啟精密流量泵，使二茂鐵／二甲苯反應物溶液通過毛細管呈霧狀噴入反應室內。溶液的進給速度為 0.4 mL/min。

(7) 反應完畢，停止通入氫氣，調小氫氣的流量至 100 mL/min，使反應室在氫氣氣氛中冷卻至室溫，取出樣品。

6.2 定向奈米碳管巨觀體的製取技術

由於催化裂解法的反應溫度較低，碳源供給過剩，所以在製備的定向奈米碳管薄膜中，通常含有非晶碳、催化劑顆粒等雜質。它們的存在會影響定向奈米碳管薄膜的性能，所以在應用之前要進行淨化處理。另外，有些特定的場合需要打開奈米碳管的端帽，比如在電場發射和儲氫用途方面。奈米碳管傳統的淨化和開口的方法有氧化、酸煮等。酸煮既能除去非晶碳和催化劑顆粒，又能打開奈米碳管的端帽，是原始狀態的無序奈米碳管普遍採用的純化方法。但是，定向奈米碳管薄膜不適合酸煮，因為奈米碳管的排列不可避免地要被破壞。為了既保持奈米碳管的定向性，又達到淨化的目的，就必須在實驗過程中採取相應的措施。由於催化劑顆粒、非晶碳雜質是和奈米碳管相伴生的，這裡敘述的實驗方法，旨在製備奈米碳管的同時抑制其他成分的產生，也就是力求直接生長出純淨、開口的奈米碳管定向薄膜。

6.2.1 減少催化劑鐵的含量──兩階段生長法

二茂鐵分解的鐵顆粒隨氫氣到達反應區，降落到奈米碳管的開口上或粘附到奈米碳管的外壁。鐵顆粒的供給促進了奈米碳管的生長，但反應完畢後也殘留在定向奈米碳管薄膜之中。穿透電子顯微鏡觀察表明，這些鐵顆粒的尺寸也是奈米量級，通常位於奈米碳管的中空內或粘附在奈米碳管的外壁上，或者夾雜在互相纏繞的奈米碳管束之間，而且表面包覆有若干層石墨層片。其中，奈米碳管中空內的鐵顆粒很難去除。

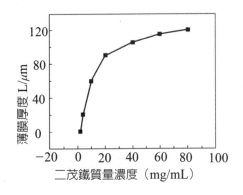

圖6-14 定向薄膜厚度隨二茂鐵濃度的變化

　　由於實驗採取的是間歇式供給二茂鐵和二甲苯的混合溶液，每進給一滴溶液，就分解出一批新的鐵顆粒到達奈米碳管薄膜。因此設想減少進給溶液中二茂鐵的濃度，能夠相應降低產物中鐵顆粒的含量。但是，由圖 6-14 可知，當二茂鐵的質量濃度降至 20 mg/mL 以下時，奈米碳管薄膜的生長速度急劇下降，這是因為到達石英基底上的催化劑顆粒數量太少。所以二茂鐵的質量濃度不能無限降低。為此，可採取兩階段生長法。即在第一階段（實驗開始前 10 min）先供給正常濃度的二茂鐵溶液，以分解出足夠數量和密度的鐵顆粒促進奈米碳管的形核，進而形成一層較短的定向薄膜；第二階段（即 10 min 之後）則只供給二甲苯，而停止二茂鐵的供應。由於正在生長的奈米碳管總是開口的，或者在開口處頂著一個鐵顆粒，因此碳簇能進入它們的管端，使奈米碳管的生長繼續進行。這樣儘管沒有鐵顆粒繼續加入，但定向薄膜的生長並不會停止。

　　採用的具體技術是：實驗前 10 min 進給的是二茂鐵和二甲苯的混合溶液，二茂鐵質量濃度為 20 mg/mL，進給速率 0.1 mL/min，然後只供給純的二甲苯。在此條件下製備了定向薄膜（樣品 2#）。作為對比，保持其他反應條件不變，在實驗過程中自始至終供給相同濃度的二茂鐵／二甲苯溶液，製備了樣品 1#。表 6-1 列出了兩種條件下各反應時間內得到的定向奈米碳管薄膜的厚度。

○表 6-1　兩種條件下定向薄膜的厚度隨時間的變化

反應時間 / min	2	4	6	10	20	30	60	90
1# 薄膜厚度 / μm	1	5	15	35	70	90	130	160
2# 薄膜厚度 / μm	1	5	15	35	45	55	70	80

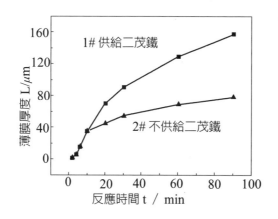

圖 6-15　兩種條件下定向薄膜的厚度隨時間變化曲線

相應的曲線見圖 6-15。在前 10 min 內，由於實驗條件完全一樣，兩個樣品的生長曲線相同。而在 10 min 之後，樣品 1# 既供給碳源又有催化劑；而樣品 2# 只供給碳源，因此圖 6-15 中樣品 2# 的曲線出現轉折，進而低於樣品 1# 的曲線。由此可見，當停止二茂鐵的供給後，定向薄膜的生長速度有所降低。反應 90 min 後樣品 1# 的厚度達到了 160 μm；而樣品 2# 只有 80 μm，說明停止催化劑的供給對定向奈米碳管薄膜的生長有較大的影響。但是在反應前的 30 min 內薄膜能保持 2 μm/min 的平均速度。

圖 6-16 是用上述實驗方法反應 30 min 後，生長的定向奈米碳管薄膜的掃描電子顯微鏡照片。樣品 1# 共進給了 3 mL 二茂鐵 / 二甲苯溶液，分 12 滴進入；而樣品 2# 進給了 4 滴該溶液和 8 滴純的二甲苯，總量也是 3 mL。樣品 1# 的奈米碳管薄膜厚度為 100 μm，薄膜側面有 12 條明顯的水平催化劑

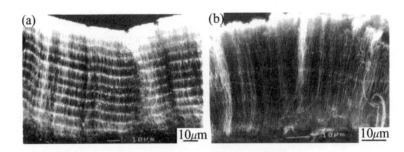

圖 6-16 兩種條件下得到的定向薄膜的掃描電子顯微鏡照片

(a) 一直供給二茂鐵 / 二甲苯（共 12 滴），薄膜側面呈現 12 條白色的平行條紋；(b) 兩階段法，只在反應的前 10 min 供給二茂鐵，催化劑條紋減弱減少

條紋，由鐵顆粒組成，對應於實驗過程中進給的 12 滴二茂鐵（圖 6-16(a)）。而樣品 2# 的薄膜厚度為 60 μm，比 1# 減少了 40 μm，平均生長速率降低了 1/3（圖 6-16(b)）。樣品 2# 的側面催化劑條紋已經很不明顯（總共有 4 條），這可能是因為鐵顆粒隨著奈米碳管的生長而向上遷移，最終被稀釋了。

由圖 6-16 可以看出，採用兩階段法製備的定向奈米碳管薄膜中鐵顆粒的含量明顯減少，達到了直接生長純淨的奈米碳管薄膜的目的。

6.2.2　減少非晶碳──水蒸氣氧化法

在催化裂解法製備的定向奈米碳管薄膜中，有較多的非晶碳產生。它們或者包覆在催化劑顆粒外形成碳球，或者附著在奈米碳管的外壁上，形成一層非晶碳膜。非晶碳、催化劑顆粒與奈米碳管壁之間的結合力非常強，即使採用酸煮法也難以完全去除。實驗發現，在進給溶液中加入適量蒸餾水，可以有效地去除產物中的非晶碳，尤其是管壁上的非晶碳層，並且還可打開奈米碳管的端帽。這是因為當蒸餾水隨著二茂鐵溶液進入爐內到達反應區後，氣化成水蒸氣籠罩在正在生長的奈米碳管周圍，這種氧化性氣氛抑制了非晶碳的產生。

實驗中將 1 mL 蒸餾水和 2 mL 二茂鐵 / 二甲苯溶液混合均勻後，按原來的方法進給入爐內，進給速率仍為 0.1 mL/min。反應 30 min 後將產物取出，在掃描電子顯微鏡下觀察發現，奈米碳管的管柱不再平直，而是出現很多彎折，

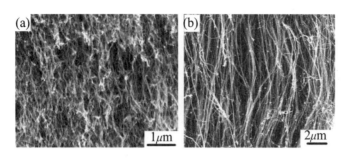

圖 6-17 定向薄膜的掃描電子顯微鏡照片

(a) 加入蒸餾水；(b) 不加蒸餾水

但是總體上仍保持平行的排列（圖 6-17(a)）。用作對比，圖 6-17(b) 是不加蒸餾水時產物的掃描照片，管身比較光滑平直。

　　穿透電子顯微鏡觀察表明，當只進給二茂鐵／二甲苯溶液時，奈米碳管的表面往往覆蓋一層非晶碳（圖 6-18(a)，右上角的箭頭所指）；而在該溶液中加入蒸餾水後，奈米碳管的管壁出現許多彎折（圖 6-18(b)），有的奈米碳管端帽被氧化打開（見箭頭 U 所指）。由圖 6-18(c) 可以看出，這些彎折是管壁的石墨層片被打斷的位置（垂直箭頭所示）。由於奈米碳管的管壁含有五邊形和七邊形等缺陷，生長過程中在水蒸氣氣氛下，這些曲率大的地方就容易被氧化斷開，並沿著管壁形成一系列的彎折。這根管的彎折位置的間距約為 15 nm。出現彎折的頻率隨各個管有所不同，如圖 6-18(b) 中管 V 就比較直，彎折位置少，說明在生長過程中管 V 的缺陷含量少。通過對管壁放大觀察，發現已經不存在連續的非晶碳膜層，只有少量斷續的非晶碳顆粒（圖 6-18(c) 中箭頭 X 所指）。奈米碳管管壁的石墨層片得以暴露出來（箭頭 Y 所指）。圖 6-18(c) 中的兩根奈米碳管仍保持平行，這說明它們的生長是沿著同樣的方向。

　　由於水蒸氣是氧化性氣氛，它不但可氧化去除奈米碳管壁上的非晶碳，也會刻蝕石墨層片，因此對奈米碳管的生長具有抑製作用。隨著進給溶液中加入的蒸餾水體積比例的增加，這種抑製作用越來越明顯。表 6-2 列出了在 3 mL 二甲苯溶液中加入不同體積的蒸餾水時，所得到的奈米碳管薄膜厚度及其生長速率，反應時間固定為 30 min。相應的曲線如圖 6-19 所示，隨著蒸餾水加入

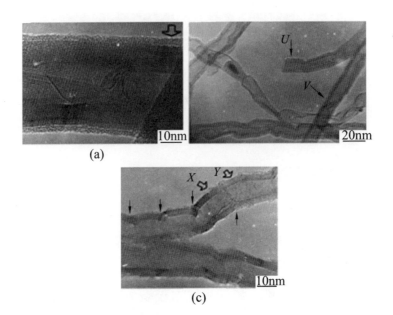

(a)

(c)

圖 6-18 奈米碳管的高解析穿透電子顯微鏡照片

(a) 未加入蒸餾水時,管壁上包覆一層非晶碳膜;(b)、(c) 加入蒸餾水後,管壁的石墨層片被氧化打斷,附在管壁上的非晶碳減少

◑表 6-2　定向薄膜的厚度及生長速率隨進給溶液中蒸餾水體積的變化

加入蒸餾水量 / mL	0	0.5	1	1.5	2
蒸餾水與二甲苯的體積分數 / %	0	17	33	50	67
薄膜厚度 / μm	80	60	30	20	4
奈米碳管生長速度 / ($\mu m/min$)	2.7	2	1	0.67	0.13

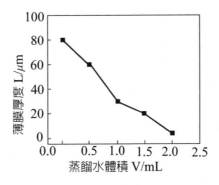

圖 6-19 定向奈米碳管薄膜的厚度隨進給溶液中蒸餾水體積的變化曲線

量的增加，定向奈米碳管薄膜的厚度呈近似線性地單調遞減，相應的生長速率也逐步遞減。當蒸餾水與二甲苯溶液的體積分數超過 2/3 時，奈米碳管薄膜很難再生長。

綜上所述，通過在進給溶液中添加適量的蒸餾水，能夠在奈米碳管薄膜的製備過程中去除非晶碳，進而得到管壁比較純淨的奈米碳管。蒸餾水的加入對薄膜的生長有一定的抑製作用，降低了薄膜的生長速率。但是適量體積比的蒸餾水能夠在使薄膜保持中等生長速率的同時，有效地去除非晶碳，並且不影響奈米碳管的定向性。另外，由於水蒸氣的適量引入，可製備出管壁上含有大量缺陷（石墨層片的斷裂位置）的奈米碳管，這種缺陷管子在某些領域會有潛在的用途。例如，外來粒子可以通過石墨層片的斷裂處進入管腔內，由於缺陷數量非常多，可能有效地提高奈米碳管的吸附性能。

6.2.3 定向薄膜中奈米碳管的開口──二氧化碳氧化法

實驗過程中，當碳源及催化劑的進給結束時，定向奈米碳管薄膜的製備過程即告完成。然後，保持反應溫度恒定（800℃），先停給氫氣和氬氣，後通入 CO_2 (200 mL/min) 一段時間，再冷卻取出樣品。由穿透電子顯微鏡觀察發現，在反應溫度下，CO_2 可以有效地打開奈米碳管的端帽。通 CO_2 氣體 5 min 後，約有 30% 的奈米碳管端帽被氧化打開。之所以選擇 CO_2 作為氧化介質，是因為它的氧化性適中，不會對奈米碳管的結構造成較大的破壞。設反應時間為 40 min，此時奈米碳管薄膜的厚度為 120 μm。當通入 CO_2 後，薄膜從頂部被氧化刻蝕，厚度逐漸減小。表 6-3 列出了經歷不同 CO_2 氧化時間後薄膜厚度的測量值。由圖 6-20 可以看出，隨著 CO_2 通入時間的延長，薄膜的氧化刻蝕越來越嚴重，薄膜的剩餘厚度呈近似線性遞減。通入 CO_2 氣體 15 min 後，定向奈米碳管薄膜全部被刻蝕。

●表 6-3　不同 CO_2 氧化時間與定向奈米碳管薄膜厚度的變化

氧化時間 / min	0	3	5	7	10	12	15
薄膜剩餘厚度 / μm	120	110	90	45	40	35	20

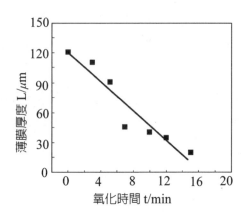

圖 6-20 定向奈米碳管薄膜的厚度與 CO_2 氧化時間的關係曲線

　　圖 6-21(a) 是定向奈米碳管薄膜生長結束後，通入 CO_2 氣體 7 min 後的樣品掃描電子顯微鏡照片，奈米碳管薄膜仍保持原來的定向性。箭頭所指區域被放大後發現，奈米碳管的頭部已被刻蝕，端帽被打開，可以見到管的空腔（圖 6-21(b)，箭頭所指為奈米碳管的開口）。

　　圖 6-22 是樣品中開口奈米碳管的穿透電子顯微鏡照片，顯示奈米碳管被 CO_2 氧化的不同階段。在圖 6-22(a) 中，奈米碳管的端帽剛剛被打開，管的頭部還殘留一顆催化劑。隨著氧化的繼續進行，管頭被進一步刻蝕，催化劑顆粒掉出管外（圖 6-22(b)）。隨後奈米碳管的管壁也逐漸被剝蝕，致使管壁變薄，管徑變細（圖 6-22(c)）。

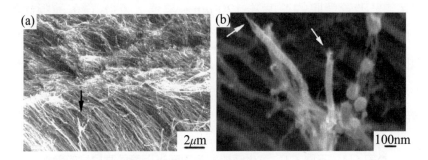

圖 6-21 CO_2 氧化 **7 min** 後定向奈米碳管薄膜的掃描電子顯微鏡照片

(a) 低倍；(b) 高倍

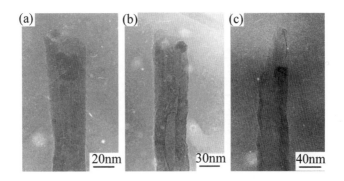

圖 6-22 被 CO_2 氧化程度不同的奈米碳管的穿透電子顯微鏡照片

(a) 輕度氧化，端帽打開；(b) 中等氧化，催化劑顆粒脫落；(c) 重度氧化，管壁剝蝕，管徑變細

　　以上觀察得知，在定向奈米碳管薄膜的生長完成之後，通入 CO_2 一定時間，可以有效地打開奈米碳管的端帽（開口比例近 30%），並且不影響奈米碳管薄膜的定向性，進而可達到直接生長開口定向薄膜的目的。CO_2 對定向奈米碳管薄膜有刻蝕作用，隨著氧化時間的延長，薄膜的厚度越來越小。

6.3 定向奈米碳管巨觀體的表徵

6.3.1 薄膜構造的掃描電子顯微鏡觀察

　　石英玻璃基底從臥式爐內取出後，其上表面和 4 個側面都覆蓋一層黑色薄膜（實物照片見圖 6-23）。圖 6-23(a) 為石英基底上的產物，圖 6-23(b) 為石英

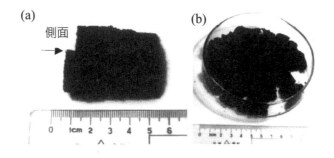

圖 6-23 定向奈米碳管薄膜的實物巨觀照片

(a) 石英基底上的定向奈米碳管產物；(b) 石英管反應室壁上的定向奈米碳管產物

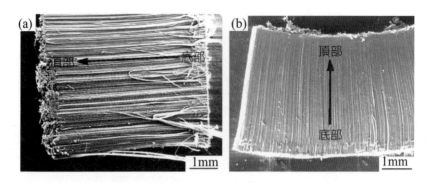

圖 6-24 定向奈米碳管薄膜的掃描電子顯微鏡照片

(a) 石英基底上的定向奈米碳管產物的巨觀掃描電子顯微鏡照片；(b) 石英管反應室內壁上產物的巨觀掃描電子顯微鏡照片

管反應室內壁上的產物。

　　圖 6-24 為定向奈米碳管薄膜的低倍掃描電子顯微鏡照片，生長時間為 240 min。圖 6-24(a) 為石英基底上定向奈米碳管薄膜側面的掃描電子顯微鏡照片，可以看出薄膜的底部平齊，而頂部稍有雜亂，薄膜厚度為 6 mm。這表示定向奈米碳管的長度為 6 mm，是迄今為止文獻報導中最長的多壁奈米碳管 [18]，也是本文所謂的超長巨觀定向奈米碳管。計算的定向奈米碳管的平均生長速度為 25 μm/min。圖 6-24(b) 是相同反應條件下，石英管內壁上定向奈米碳管薄膜側面的掃描電子顯微鏡照片，可以看出定向奈米碳管薄膜呈扇形，薄膜的底部具有和反應室石英管相同的曲率，定向奈米碳管的生長方向指向石英管反應室的軸心（如圖中的箭頭所示）。

　　圖 6-25 是超長定向奈米碳管薄膜不同部位的掃描電子顯微鏡照片。圖 6-25(a) 是薄膜的側面照片，可以看出定向奈米碳管排列緊密，定向性很好。圖 6-25(b) 是其相應的側面放大照片，可以看出奈米碳管的管身平直，表面潔淨，直徑均勻。圖 6-25(c) 是薄膜的底部照片，可以看出奈米碳管有一個從定向性差到定向性良好的過渡階段。圖 6-25(d) 是薄膜的頂部照片，可以看出在奈米碳管停止生長的階段，其定向性變差。

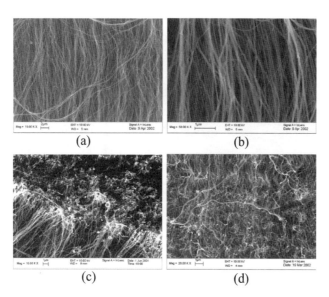

圖 6-25 超長定向奈米碳管薄膜不同部位的掃描電子顯微鏡照片

(a) 側面；(b) 側面的放大；(c) 底面；(d) 頂面

6.3.2 薄膜構造的穿透電子顯微鏡觀察

　　用刀片將超長巨觀定向奈米碳管薄膜從石英基底上刮下，經研磨、超聲處理，在微柵上作穿透電子顯微鏡觀察。圖 6-26 是定向奈米碳管的穿透電子顯微鏡照片。其中圖 6-26(a) 為較低倍的照片，可以看到奈米碳管保持著較好的定向性，且排列緊密，實際上定向奈米碳管雖經研磨、超聲處理，但由於碳管很長，結合較緊密，還是很難分散開。圖 6-26(b) 為較高倍的穿透電子顯微鏡照片，可以看出定向奈米碳管的管身比較平直，有明顯的中空。粗管的中空度相對比較小，細管的中空度相對比較大。奈米碳管的直徑多數處於 30 ～ 60 nm 之間，說明定向薄膜中的管徑有一定的均勻性。少數奈米碳管有彎曲，說明管壁上存在五邊形和七邊形的碳環，但是這些奈米碳管在巨觀上仍保持一定的定向性。

　　由圖 6-26(b) 還可以看出，管腔內含有較多的催化劑顆粒，它們是在生長過程中殘留下來的（如圖中的箭頭所指），這是快速生長條件下特有的現象。

圖 6-26 超長巨觀定向奈米碳管穿透電子顯微鏡照片

(a) 低倍；(b) 高倍

　　圖 6-27 是超長定向奈米碳管薄膜中一根典型奈米碳管的高解析穿透電子顯微鏡（HRTEM）照片，可見此為多壁奈米碳管，直徑為 30 nm，內徑為 10 nm，中空恰好占管徑的 1/3。管壁由 30 層石墨片組成，晶化程度良好，管身平直，管的外壁上非晶碳極少。這意味著定向奈米碳管具有較高的力學、電學或熱學性能。

　　圖 6-28 是兩根互相平行且緊靠在一起的多壁奈米碳管，在生長過程中這兩根奈米碳管靠在一起，相互支撐地生長，這有利於保持奈米碳管的定向性。同時可見兩根奈米碳管的晶化程度都很高，管壁上僅有極少量的非晶碳。

　　由以上兩幅定向奈米碳管的高解析穿透電子顯微鏡照片（圖 6-27 和圖 6-28）可以知道，定向奈米碳管在生長過程中並沒有像氣相生長碳纖維那樣，由於非晶碳在表面沈積而發生增粗生長的現象，碳原子的沈積僅使奈米碳管的長度增加。

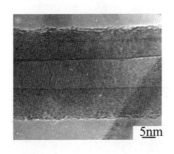

圖 6-27 超長定向奈米碳管薄膜中奈米碳管的高解析穿透電子顯微鏡照片

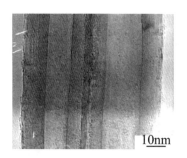

10nm

圖 **6-28** 兩根靠在一起的定向奈米碳管的高解析穿透電子顯微鏡照片

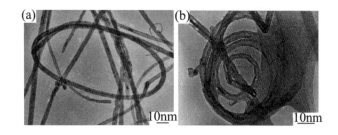

(a)   (b)

10nm   10nm

圖 **6-29** 發生捲曲的定向奈米碳管穿透電子顯微鏡照片

(a) 捲曲 1 周半；(b) 捲曲 4 周

定向奈米碳管的掃描電子顯微鏡樣品，不需經過任何研磨或超聲處理，即可直接進行電子顯微鏡觀察，因此，在掃描電子顯微鏡下很少看到定向奈米碳管有捲曲現象，而一般製備穿透電子顯微鏡樣品，需要對定向奈米碳管進行研磨和超聲分散處理，以便進行電子顯微鏡觀察。在穿透電子顯微鏡下，經常可以觀察到奈米碳管呈捲曲的形狀（如圖 6-29 所示）。圖 6-29(a) 中的定向奈米碳管捲曲了 1 周半，圖 6-29(b) 中定向奈米碳管的捲曲達到 4 周。定向奈米碳管雖嚴重捲曲卻未發生折斷，這意味著定向奈米碳管具有很高的力學強度和柔韌性。

6.3.3 超長定向奈米碳管薄膜的 X 射線繞射表徵

X 射線繞射（X-Ray diffraction, XRD）是分析晶體結構的有效方法，可以檢測滿足布拉格條件的晶面間距。在檢測慢速生長條件下較薄的定向奈米碳

管薄膜時，曾發現（002）峰（（002）為石墨的基面，即奈米碳管管壁結構）的強度和薄膜的定向程度有對應關係。其規律為：隨著薄膜中奈米碳管定向程度的提高，（002）峰的強度呈單調遞減。對於定向性非常好的薄膜，在 XRD 譜圖上幾乎看不到（002）峰[17]。由於超長定向奈米碳管形成了三維的巨觀體薄膜，因此可以對薄膜的不同部位分別進行 XRD 分析，結果見圖 6-30。

　　圖 6-30(a) 和 (b) 分別是超長定向奈米碳管薄膜底面和頂面的 XRD 譜圖，可以看出（002）峰和（100）峰處於同一量級，由前述定向奈米碳管薄膜的 XRD 譜線規律，可以推斷出超長定向奈米碳管薄膜的底部和頂部具有較好的取向，同時其定向性又不是非常好，這一推斷同掃描電子顯微鏡觀察結果是一致的。圖 6-30(c) 是超長定向奈米碳管薄膜側面的 XRD 譜圖，可以看出（002）峰要比（100）峰高出 1～2 個數量級，這一檢測結果是以前厚度較小的定向

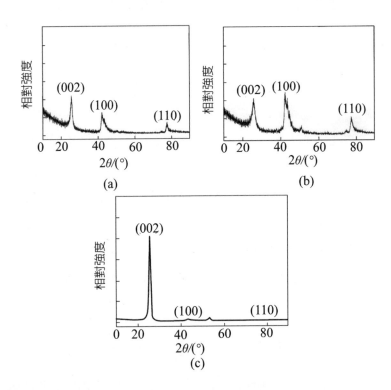

圖 6-30 超長定向奈米碳管薄膜不同部位的 XRD 譜線圖

(a) 底面；(b) 頂面；(c) 側面

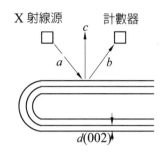

圖 6-31 超長定向奈米碳管薄膜 **XRD** 檢測的原理模型

奈米碳管薄膜所不具有的，因為即便是非定向的奈米碳管，其（002）峰也有（100）峰的幾倍，因此不能用以前的規律推斷定向奈米碳管薄膜側面的定向程度，比非定向奈米碳管還差。實際上，由前面的掃描電子顯微鏡觀測結果可知，超長定向奈米碳管薄膜側面的定向程度是非常好的。為了解釋這一現象，可通過一個簡單的模型來進行分析說明。如圖 6-31 所示，X 射線從待測樣品左上方的 X 射線源發出，到達樣品表面（箭頭 *a*），被樣品表面反射後到達右上方的計數器（箭頭 *b*）。箭頭 *c* 為樣品表面的法線，也是 *a* 和 *b* 的夾角平分線。由此可知，只有與水平方向接近的（002）面（即奈米碳管的管壁）的繞射才能被計數器檢測到，而與水平方向偏離較遠的（002）的繞射無法被計數器檢測到。由於超長定向奈米碳管薄膜是三維巨觀體，所以在對其底面和頂面進行 XRD 檢測時，大部分奈米碳管垂直於樣品台，即大部分奈米碳管的（002）偏離水平位置，因此檢測到（002）峰的信號就比較弱。而在對其側面進行檢測時，由於樣品側面是平行於樣品臺的，因此大部分奈米碳管的（002）面（即管壁）接近於水平位置，從而檢測到（002）峰的信號就強，而且其強度隨著奈米碳管的定向程度和晶化程度的提高而增大。由於超長定向奈米碳管薄膜的定向程度高、管身平直、晶體學缺陷少，所以在對定向奈米碳管薄膜的側面進行 XRD 檢測時，得到了極強的（002）峰。

6.3.4 超長定向奈米碳管薄膜的拉曼光譜表徵

拉曼光譜是鑒定單壁管存在最靈敏的辦法。由於單壁管特有的環呼吸振動模式，使得在拉曼光譜的 $100 \sim 400\ cm^{-1}$ 範圍內會出現它們的特徵峰[19]。並且單壁管直徑 $d(nm)$ 與其特徵峰的波數成反比，即 $d = 223.8/\omega$, $\omega(cm^{-1})$ 為波數。檢測過程中變換樣品的擺放位置，以便獲得超長定向奈米碳管薄膜各部位的資訊。

圖 6-32 是超長定向奈米碳管薄膜不同部位，及高溫石墨化後的拉曼檢測結果。圖 6-32(a) 是薄膜側面的拉曼光譜圖，在該圖的環呼吸振動模式區間內（$100 \sim 400\ cm^{-1}$），沒有出現任何峰。位於 $1580\ cm^{-1}$ 處的峰是石墨峰（G-band），它由石墨基面（即奈米碳管的管壁）所產生。完好的石墨層片全部由碳原子的六邊形組成，當有五邊形和七邊形或其他局部缺陷存在時，會產生缺陷峰（D-band），它位於 $1334\ cm^{-1}$ 處。所以 G 峰和 D 峰可顯示奈米碳管的晶化情況。檢測中發現，在 G 峰的右側有一個弱峰（$1615\ cm^{-1}$），這個峰的存在與定向多壁奈米碳管拉曼檢測的有關報導是一致的[17, 20, 21]，本書稱其為定向奈米碳管特徵原子簇峰。

圖 6-32(b) 是超長定向奈米碳管薄膜底部的拉曼光譜，在環呼吸振動模式範圍區間內出現了兩個強度很高的峰，分別位於 $217\ cm^{-1}$ 和 $277\ cm^{-1}$ 處。這說明超長定向奈米碳管薄膜的底部有單壁奈米碳管存在，其直徑相應為 $1\ nm$ 和 $0.8\ nm$。與圖 6-32(a) 相比，位於 $1326\ cm^{-1}$ 處的 D 峰的強度非常高，甚至超過了 G 峰。說明此區域以多壁奈米碳管的存在為主，同時還存在著許多非晶碳等，這與掃描電子顯微鏡和穿透電子顯微鏡的觀測結果一致。因此可以得出結論，在定向多壁奈米碳管形核生長的初始階段，同時存在著單壁奈米碳管的形核生長條件，但由於溫度較低、催化劑的顆粒較大，所以無論是從動力學上還是從熱力學上來講，低溫催化裂解更有利於多壁奈米碳管的生長。由於生長競爭的關係，多壁奈米碳管逐步變為有序的定向生長，而單壁奈米碳管則由於逐步失去碳源和催化劑的供給而停止生長。此外，拉曼光譜還出現了兩個新的

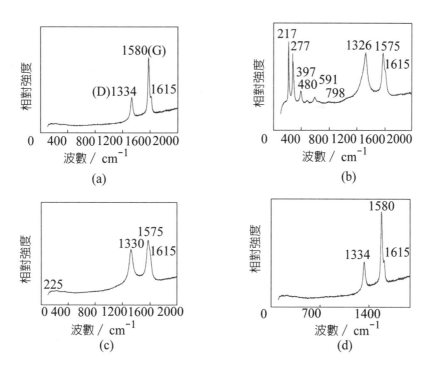

圖 6-32　超長定向奈米碳管薄膜的拉曼光譜圖

(a) 側面的；(b) 底部的；(c) 頂部的；(d) 經高溫熱處理後底部的拉曼光譜

峰，分別位於 397 cm⁻¹ 和 591 cm⁻¹ 處。397 cm⁻¹ 可能是 (9, 9) 扶手椅形奈米碳管的一種環呼吸振動模式 [19]，591 cm⁻¹ 可能是 283 cm⁻¹ 的倍頻。這與慢速生長條件下厚度較小的定向奈米碳管薄膜的拉曼光譜類似 [17]。

　　圖 6-32(c) 是超長定向奈米碳管薄膜頂部的拉曼光譜，在環呼吸振動模式區間內，沒有出現明顯的特徵峰。並說明了定向膜的頂部沒有或者只有極少量的單壁奈米碳管。其 D 峰明顯比圖 6-32(a) 中的要高，證明頂部奈米碳管的晶化較中部的要差，且非晶碳的數量較多。奈米碳管在結束生長的時候，由於要保持熱力學上的穩定性，其頂部會自動封口閉合，最後沈積的碳簇由於缺少催化劑顆粒的作用，而形成了非晶碳，這一結果與掃描電子顯微鏡和穿透電子顯微鏡的觀察結果相一致。

　　圖 6-32(d) 是經過高溫熱處理後的定向奈米碳管薄膜底部的拉曼光譜，可

以看出在 $100 \sim 400 \ cm^{-1}$ 範圍內，單壁奈米碳管的特徵峰消失，證明單壁奈米碳管不復存在，這可能是由於未經高溫熱處理的單壁奈米碳管表面有大量的非晶碳包裹，高溫條件使非晶碳轉化為有序的石墨片層，進而使單壁奈米碳管變成了多壁奈米碳管；也可能是在高溫下，由於單壁奈米碳管熱力學穩定性差，發生融合重組，變成了多壁奈米碳管；由圖 6-32(d) 還可以看出，高溫熱處理後，D 峰變小，G 峰變大，說明非晶碳等不規則的碳組織減少了，使奈米碳管的晶化程度得到提高，這與浮動催化法奈米碳管的高溫熱處理結果相一致 [22]。此外，與圖 6-32(b) 相比，定向奈米碳管特徵峰變得更明顯。

因此，由圖 6-32 可知，在奈米碳管定向性程度高的情況下（圖 6-32(a) 和圖 6-32(d)），定向奈米碳管的特徵峰明顯；在奈米碳管定向性程度差的情況下（圖 6-32(b) 和圖 6-32(c)），定向奈米碳管的特徵峰不明顯。由此可以得出結論，拉曼光譜中，定向奈米碳管特徵峰的強弱，可以定性地表徵奈米碳管的定向程度。

6.4 定向奈米碳管巨觀體的生長機制

對奈米碳管生長機制的認識，有助於控制其生長參數，便於製取從質量和產量方面均符合要求的奈米碳管。人們對催化裂解法制取奈米碳管的生長機制，已經有了比較成熟的認識 [23-26]，但是對於金屬有機物催化裂解法 [27-30] 製備定向奈米碳管的生長機制，還有待深入研究。金屬有機物催化裂解法不同於常用的基種催化裂解法 [31-34]（基種催化裂解法的特點是先預置催化劑，再通入碳源），金屬有機物催化裂解法的碳源和催化劑是同時供給的，這有利於催化劑顆粒保持很高的催化活性，從而完成定向奈米碳管的快速連續生長。

定向奈米碳管長度通常只有幾十微米，人們對其生長機制的研究，往往僅限於奈米碳管定向性的成因，而對於其生長速度及生長過程中催化劑與奈米碳管石墨片層的關係，尚沒有詳細的研究。作者製備的超長定向奈米碳管長度可達 6 mm，而直徑只有 40 nm 左右，進而使長徑比達到了 10^5 量級。這種超長

定向奈米碳管並沒有依靠特定模板或是外力作用，而是自定向生長。作者在實驗和電子顯微鏡觀察的基礎上，提出了超長定向奈米碳管的快速連續生長機制，並從熱力學和動力學兩方面，分析了催化劑顆粒同超長定向奈米碳管形核生長的關係。

6.4.1 催化劑顆粒形成的熱力學分析

二茂鐵作為催化劑的先驅體，是通過溶於二甲苯後，被攜帶進入反應室的。試驗研究表明，在有氫氣存在的條件下，溫度高於 300°C 時二茂鐵開始發生分解，生成鐵原子和環戊二烯（C_5H_5），其反應式如下：

$$(C_5H_5)_2Fe \longrightarrow Fe + 2C_5H_5 \tag{6-1}$$

由於催化劑鐵的作用，二甲苯和環戊二烯在溫度高於 500°C 時開始發生裂解反應，生成碳原子（C）或／和碳簇（$C_n, n \geq 2$），反應式如下：

$$C_5H_5 \longrightarrow C_n + H_2 \tag{6-2}$$

$$(C_6H_4)(CH_3)_2 \longrightarrow C_n + H_2 \tag{6-3}$$

其中 $n \geq 2$。

二茂鐵分解出鐵原子以後，鐵原子間不斷地發生碰撞，由於熱力學穩定性的要求，鐵原子不斷聚集長大，進而形成了鐵催化劑顆粒。基於擴散作用和吸附作用，鐵催化劑顆粒不斷在基底和反應室壁上沈積。圖 6-33 顯示了催化劑在定向奈米碳管的形核階段掃描電子顯微鏡照片，可以看出，催化劑顆粒多呈球形，在基底上均勻分佈，其直徑多數為 10 ～ 30 nm，有些鐵顆粒的尺寸在 100 nm 以上，說明催化劑顆粒在高溫（700 ～ 900°C）下有聚集長大的趨勢。

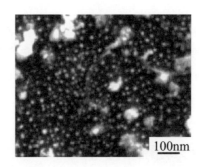

100nm

圖 6-33 催化劑在定向奈米碳管形核階段的掃描電子顯微鏡照片

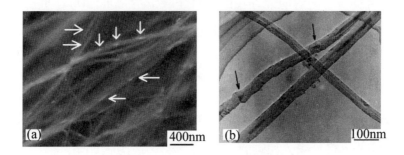

(a) 400nm　(b) 100nm

圖 6-34 快速生長條件下，催化劑在定向奈米碳管內的掃描電子顯微鏡和穿透電子顯微鏡照片

(a) 奈米碳管管腔內催化劑的掃描電子顯微鏡照片；(b) 奈米碳管管腔內催化劑的穿透電子顯微鏡照片

　　圖 6-34 是快速生長條件下，催化劑在定向奈米碳管內的掃描電子顯微鏡和穿透電子顯微鏡照片。由圖 6-34(a) 可以看出，催化劑顆粒在奈米碳管的管腔內均勻分佈（如圖中箭頭所示），其間隔為幾十到幾百個奈米，比慢速生長條件 [17] 下要小 1～2 個量級，這是由於快速生長條件下，反應物的進給是連續的，而且預熱區的溫度較高，反應物以氣態進入反應室，因而降低了反應室中氣氛的波動。由圖 6-34(b) 可以看出，催化劑顆粒在奈米碳管的管腔多呈圓柱狀，其外徑和奈米碳管的內徑一致，還發現有少量的催化劑顆粒呈橢球或圓錐狀（如圖中箭頭所示）。

　　圖 6-35 是管腔內催化劑顆粒的高解析穿透電子顯微鏡照片。由圖可以看出，催化劑呈圓柱狀，其直徑約 15 nm，端部呈半球形。奈米碳管的管壁並非沿奈米碳管的軸向都是平直的，而是發生局部的彎曲變形（如圖中箭頭所示）。

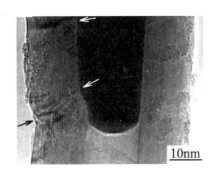

10nm

圖 6-35 奈米碳管內催化劑顆粒的高解析穿透電子顯微鏡照片

由此可以推斷，在生長過程中催化劑顆粒是以固體狀態存在的，且與管壁存在有很大的相互作用力；另外，這些圓柱狀的催化劑可能會對奈米碳管保持良好的定向性，產生一定的支撐作用。

由上述可知，在定向奈米碳管生長過程中，大直徑的催化劑顆粒應該呈固態，這可由催化劑的變形和奈米碳管上管壁的皺褶推斷出。但是管腔內小直徑的催化劑顆粒呈梨形或橢球形，而且大顆粒催化劑的端部也呈現出明顯的半球形，說明大顆粒應該是由小顆粒聚集而成的，小顆粒在沒有聚集成大顆粒之前，呈液態或易變形的半固態。然而實際的反應溫度卻遠遠低於鐵的熔點，甚至比 Fe-C 共晶溫度（1153℃）還要低 300℃ 以上。為了認識催化劑顆粒的形成過程，作者從熱力學的角度來進行分析。

在反應室內，碳原子不斷地在鐵催化劑顆粒表面吸附，並發生溶解和擴散，因此可以簡單地把每個催化劑顆粒看作一個 Fe-C 體系。由於這些催化劑顆粒屬於奈米顆粒，因此每個體系的介面曲率較大，這種介面曲率可以看成是引入體系的壓力，這一壓力使體系具有較高的自由能，進而使體系的熔點降低[22]。由介面曲率引起的溫差為

$$\Delta T_r = \frac{2MT_m}{\Delta H_m \rho_S d_S}\left[\sigma_L\left(\frac{\rho_S}{\rho_L}\right)^{2/3} - \sigma_S\right] \qquad （6\text{-}4）$$

式中，M：莫耳質量（kg/mol）；

　　T_m：熔點溫度（℃），$T_m = 1538℃$；

　　ΔH_m：熔點溫度 T_m 時的潛熱，$\Delta H_m = 15500$ J/mol；

　　ρ_S, ρ_L：固相和液相的密度（kg/m³），

$$\rho_S = 7035 \text{ kg/m}^3 \text{，} \rho_S/\rho_L = 1.034 \text{；}$$

　　d_S：催化劑鐵顆粒的直徑（m）；

　　σ_L, σ_S：固相和液相的表面張力（J/m²），

$$\sigma_L = 1.8 \text{ J/m}^2 \text{，} \sigma_S = 2.05 \text{ J/m}^2 \text{，}$$

代入各參數的值，計算得到：

$$\Delta T_r = T_r - T_e = -\frac{8.0 \times 10^{-7}}{d_S} \tag{6-5}$$

式中，T_r 為實際熔點溫度，T_e 取 Fe-C 共晶溫度 1153℃，則有：

$$T_r = 1153 - \frac{8.0 \times 10^{-7}}{d_S} \tag{6-6}$$

　　由式（6-6）計算可知：在催化劑直徑小於 8 nm 時，其熔點迅速減小；隨著催化劑尺寸的增大，半徑對熔點的影響變小。在催化劑直徑為 30 nm 時，其熔點為 1126℃。

　　根據掃描電子顯微鏡和實驗現象的觀察，可以斷定催化劑顆粒是先沈積到基底上，而後才發展呈定向奈米碳管生長的。由金屬凝固原理得知，催化劑顆粒在凝固時發生的是非均質形核，非均質形核所需要的過冷度一般較小。金屬非均質形核具有最大形核率時，其過冷度和熔點有如下關係 [35]，

$$\Delta T_{max} \approx 0.02 T_L \tag{6-7}$$

其中 T_L 表示金屬的液相線溫度（熔點溫度）。

因此，鐵催化劑顆粒凝固形核時，所需要的過冷度小於 20℃。通過計算可知，對於共晶成分的 Fe-C，即便考慮形核過冷度，只要顆粒的直徑大於 4 nm，鐵催化劑就會以固態形式存在。而在電子顯微鏡下觀察到的奈米碳管管腔內的催化劑直徑通常大於 4 nm，因此定向奈米碳管生長過程中鐵催化劑一般是以固態形式存在的。

那麼在定向奈米碳管的生長過程中，鐵催化劑有以液態存在的可能性嗎？由於純鐵熔點最高，所以用純鐵的熔點（1538℃）來推算在 850℃ 時，可維持鐵催化劑呈液態的最大顆粒尺寸。經計算可知，只要顆粒的直徑在 1 nm 以下，鐵催化劑就能夠以液態狀態存在。這就是奈米碳管內小催化劑顆粒呈錐形或橢球形，大顆粒催化劑的端部呈現出明顯的半球形的原因。

由以上熱力學分析可知，在快速生長條件下，鐵催化劑顆粒發生由液態到固態轉變的直徑範圍是 1～4 nm。由催化劑先驅體（二茂鐵）剛分解出的鐵催化劑顆粒由於直徑很小（小於 1 nm），所以呈液體狀態。由於催化劑顆粒不斷發生碰撞融合以及熱力學穩定性的要求，鐵催化劑顆粒不斷聚集長大。當催化劑顆粒直徑增大到一定值（1～4 nm 之間一數值）時，催化劑顆粒由液態轉變為固態。由此可以推知，在快速生長條件下，定向奈米碳管內的大部分催化劑是以固態形式存在的。

6.4.2 超長定向奈米碳管巨觀體的形核與生長

1. 超長定向奈米碳管巨觀體的形核與生長的電子顯微鏡觀察

人們對氣相生長碳纖維的生長機制，已經有了比較成熟的認識，圖 6-36 為氣相生長碳纖維建立了兩種可能的生長機制模型：底部生長機制和頂部生長機制。當碳纖維以底部生長機制形核和生長時，催化劑顆粒固定在基底上，碳原子主要利用表面擴散，在催化劑顆粒的上部形核作用，此後碳原子不斷地加入到催化劑顆粒同碳纖維的介面處，使得碳纖維不斷增長；當碳纖維以頂部生長機制形核和生長時，碳原子首先在催化劑顆粒的上表面吸附，然後擴散進入

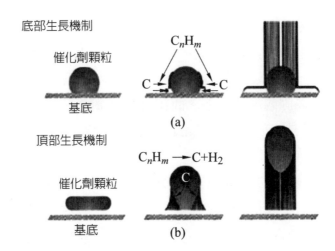

底部生長機制

催化劑顆粒

基底

C_nH_m

C — — C

(a)

頂部生長機制

催化劑顆粒

基底

$C_nH_m \longrightarrow C+H_2$

C

(b)

圖 6-36 碳纖維生長機制模型：底部生長機制和頂部生長機制

催化劑顆粒，由於溫度梯度的存在，碳原子在催化劑顆粒的下側形核析出，形成碳纖維，隨著碳纖維的不斷伸長，催化劑顆粒被托離基底，隨著碳纖維的生長端一起上移。

為了研究超長定向奈米碳管巨觀體的形核與生長，本書作者對超長定向奈米碳管薄膜的根部，進行了掃描電子顯微鏡和穿透電子顯微鏡觀察（圖 6-37）。圖 6-37(a) 是超長定向奈米碳管薄膜根部的掃描電子顯微鏡照片，可以看出定向奈米碳管開始生長的起始階段管身比較彎曲，經過大約 2 μm 的生長後，管

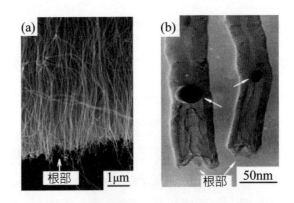

(a) 根部 1μm

(b) 根部 50nm

圖 6-37 超長定向奈米碳管的根部掃描電子顯微鏡和穿透電子顯微鏡照片

(a) 掃描電子顯微鏡照片；(b) 穿透電子顯微鏡照片

身變得非常平直。這說明定向奈米碳管的生長有一個從無序到有序的過渡階段，在此階段內奈米碳管生長速度很慢。

圖 6-37(b) 是超長定向奈米碳管薄膜根部的穿透電子顯微鏡照片，可以看出在超長定向奈米碳管生長的起始階段，奈米碳管的內外直徑變化都很大，管壁也不規則，還可看到奈米碳管的根部是開口的，並且有催化劑顆粒在奈米碳管管腔的頂部，這說明奈米碳管是以頂部生長方式生長的，奈米碳管管層由催化劑顆粒的底部析出，在催化劑和基底之間不斷延長，當奈米碳管管壁對催化劑顆粒的頂起力大於催化劑和基底之間的附著力時，催化劑顆粒被頂起，然後催化劑顆粒隨著奈米碳管的增長不斷升高。當催化劑的催化活性降低和／或被石墨片層包裹時，催化劑顆粒停止升高，被滯留在奈米碳管的管腔內。

圖 6-38 是超長定向奈米碳管端部高解析穿透電子顯微鏡照片，可以看出奈米碳管端部的管腔內有一圓柱狀的催化劑顆粒，奈米碳管端部的部分管壁尚未完全形成，有一些奈米碳管的石墨片層的邊緣與催化劑顆粒緊密接觸，有明顯的由催化劑顆粒析出的跡象（如圖中的箭頭所示），這說明快速生長條件下，奈米碳管的生長是通過碳原子擴散析出機制進行的，催化劑顆粒的有無及其活性將決定奈米碳管的生長速度，因此要想實現定向奈米碳管的快速連續生長，必須有高活性催化劑顆粒的不斷加入。

圖 6-39 是管腔內催化劑顆粒的高解析穿透電子顯微鏡，及相應的電子繞射樣式，晶體學分析表明，催化劑顆粒為 γ-Fe 單晶體，其（111）面與管身呈一定夾角，（002）面基本與石墨片層平行，而且石墨片層與催化劑顆粒之間有一

10nm

 超長定向奈米碳管端部的催化劑顆粒高解析穿透電子顯微鏡照片

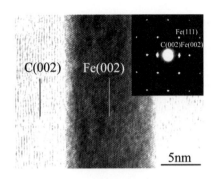

圖 6-39　超長定向奈米碳管內，催化劑顆粒的高解析穿透電子顯微鏡照片和相應的電子選區繞射

過渡區。由此可以得出：生長過程中碳原子是通過 γ-Fe 的慣析面（111）擴散析出的，進而形成奈米碳管的石墨片層。由此還可以推論，催化劑的晶體結構及它與奈米碳管的石墨片層所呈的相位關係，影響著碳原子的溶解、擴散和析出，進而影響了奈米碳管的生長速度。

2. 超長定向奈米碳管巨觀體定向生長動力學分析

在定向奈米碳管生長過程中，鐵催化劑位於奈米碳管的端部，在一定的時間和空間內，與催化劑接觸的氣相成分和固相成分都為定值，所以鐵催化劑顆粒內部碳的濃度只隨位置變化，不隨時間變化。故此，可以推斷 γ-Fe 催化劑內碳的擴散條件在一段時間內滿足菲克（Fick）第一定律：

$$J = -D\frac{dC}{dx} \qquad (6\text{-}8)$$

由式（6-8）可看出，擴散流量 J（即碳原子的析出速度）正比於擴散係數 D 和濃度梯度 $\frac{dC}{dx}$，即定向奈米碳管的生長速度與擴散係數 D 和濃度梯度 $\frac{dC}{dx}$ 成正比。

此時，濃度梯度 $\frac{dC}{dx}$ 是由電化學梯度（electrochemical gradient）造成的，

電化學梯度取決於碳原子在鐵催化劑顆粒上的吸附和析出。當反應氣氛中碳原子濃度增大時，單位時間內吸附到催化劑顆粒上的碳原子會增加，因此增加碳源的供給量，有利於提高定向奈米碳管的生長速度。當在碳原子析出的部位有較多的石墨片層時，接納碳原子的臺階增多，因此定向奈米碳管的生長速度與奈米碳管端部的石墨片層，與催化劑顆粒所呈的晶體學取向有關。

由於碳原子的濃度正比於碳源的進給量（設為 I），所以 $\dfrac{dC}{dx}$ 可以由式（6-9）表達

$$\frac{dC}{dx} = AI \qquad (6\text{-}9)$$

其中，A 為石墨片層同催化劑顆粒晶體學取向有關的常數。

擴散係數 D 可由下式表示：

$$D = D_0 e^{-\frac{Q}{kT}} \qquad (6\text{-}10)$$

式中，D_0：擴散常數（m²/s）；

Q：擴散啟動能（J）；

k：玻耳茲曼常數（J·K⁻¹），$k = 1.381 \times 10^{-23}$ J·K⁻¹；

T：絕對溫度（K）。

溫度是影響擴散係數的最主要因素，擴散係數 D 與溫度 T 呈指數關係，隨著溫度的升高，擴散係數急劇增大，所以提高反應溫度會極大地增加定向奈米碳管的生長速度。但實際試驗結果證明：只有在一定的溫度範圍內才能生長定向奈米碳管，溫度過高或過低都不能生長奈米碳管（表 6-4）。由定向奈米碳管薄膜的厚度與反應溫度的洛侖茲曲線（圖 6-40）可以看出：曲線呈鐘形，在溫度低於 850℃ 時，碳原子在鐵催化劑內的擴散，是定向奈米碳管生長的控制環節，當溫度高於 850℃ 時，碳氫化合物的催化裂解反應速度很快，同時碳原子在催化劑顆粒表面的擴散加劇，催化劑顆粒被很厚的碳層包裹，因而影響了定

●表 6-4　不同反應溫度下定向奈米碳管薄膜的厚度

反應溫度 / ℃	700	720	750	780	800	820	850	880	900
薄膜厚度 / μm	10	80	300	580	800	900	650	100	1

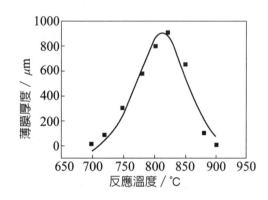

圖 6-40 定向奈米碳管薄膜厚度與反應溫度的關係曲線

向奈米碳管的生長。

　　由式（6-10）還可以看出，D 還與 D_0 和 Q 有關，而 D_0 和 Q 取決於物質的組織和結構。對於鐵而言，在 800℃ 左右可以有兩種同素異形體結構：α-Fe 和 γ-Fe。經計算 $D_\gamma/D_\alpha \approx 2$。另外，碳在 γ-Fe 中的溶解度要比在 α-Fe 大得多（約 50 倍），單位時間內通過 γ-Fe 擴散的碳會較多，因此當鐵催化劑顆粒以 γ-Fe 狀態存在時，奈米碳管會有較高的生長速度。

　　對於確定的物質結構，D_0 和 Q 是定值，式（6-10）可以表達為

$$D = Be^{-\frac{Q}{kT}} \qquad (6\text{-}11)$$

其中 k 是常數，B 是依據催化劑性質而定的常數。

　　將式（6-9）和（6-11）分別代入式（6-8），得到如下關係式：

$$J = ABIe^{-\frac{1}{kT}} \qquad (6\text{-}12)$$

由於定向奈米碳管的生長速度正比於擴散流量 J，所以可以將定向奈米碳管的生長速度（設為 R）表達為：

$$R = ABIe^{-\frac{1}{kT}} \qquad\qquad (6\text{-}13)$$

由式（6-13）可以看出，影響定向奈米碳管生長速度（R）的因素，包括催化劑與奈米碳管石墨片層間的相位關係（A）、催化劑的晶體結構（B）、碳源進給量（I）以及反應溫度（T）。其中反應溫度與生長速度呈指數關係，隨著反應溫度的升高，奈米碳管的生長速度迅速加快，這與反應溫度在 820℃ 以下的試驗結果符合得很好，但在生長溫度高於 850℃ 時公式不再適用，說明奈米碳管生長的控制環節發生了轉變；當鐵催化劑的慣析面（111）與奈米碳管的石墨片層（002）取向相近時，奈米碳管具有較快的生長速度；因此，當鐵催化劑的晶體結構具有較高的擴散係數、較多的慣析面或較大的碳原子溶解度的碳源子時，奈米碳管具有較高的生長速度；提高碳源的進給量可以提高奈米碳管的生長速度，這與試驗結果相符，但進給量過大時碳原子會在鐵催化劑表面形成一層非晶碳，進而影響奈米碳管的生長，因此只能在一定的範圍內提高碳源進給量。

6.4.3　超長定向奈米碳管巨觀體的快速連續生長機制

由前述的電子顯微鏡觀察結果可知，在快速生長條件下，奈米碳管的管腔內含有較多呈均勻分佈的鐵催化劑顆粒，這是慢速生長條件所沒有觀察到的現象。因此可以斷定超長定向奈米碳管的快速生長，一定與管腔內大量存在的催化劑顆粒有關。由此，作者通過穿透電子顯微鏡，對超長定向奈米碳管內的催化劑顆粒做了進一步的觀察（圖 6-41）。由圖 6-41(a) 可以看到，管腔內有很多很長的圓柱狀催化劑顆粒，有的長度甚至達到了 600 nm （如圖中箭頭所示）。這是由於在快速生長條件下，相比慢速生長條件，加大了催化劑濃度和反應溶液的流量；反應溶液是通過一個精密流量泵呈霧狀噴入反應室的，進而保證了

碳源和催化劑的連續性；又由於反應室的預熱區溫度較高，使得反應溶液迅速氣化，得以避免了反應氣氛的波動。因此，不斷有新的催化劑微粒附著在奈米碳管端部的催化劑上，使得催化劑顆粒不斷增長。

圖 6-41(b) 是圖 6-41(a) 右上角一個奈米碳管端部的放大穿透電子顯微鏡照片，可以看出催化劑顆粒與奈米碳管端帽間有長約 30 nm 的空腔，說明奈米碳管在頂部沒有催化劑顆粒的情況下，仍然可以繼續生長，但由於缺少了催化劑的作用，其生長速度變得很慢；而由於熱力學穩定性的要求，奈米碳管端部有了自我封閉的趨勢，開始停止生長。此時，如果有新的催化劑顆粒趨附到奈米碳管開口的端部，並有充足的碳源供給，奈米碳管的端部仍不會封閉，甚至保證了奈米碳管的連續生長。由於新的催化劑顆粒具有較高的催化活性，使得奈米碳管可以保持較高的生長速度，因而達到超長定向奈米碳管薄膜的快速連續生長。

圖 6-42 為快速生長條件下，奈米碳管端部的穿透電子顯微鏡照片，可以看到其頂部有一較小的催化劑顆粒，此顆粒與管腔內的柱狀催化劑顆粒的間距僅有 20 nm，而快速生長條件下，奈米碳管管腔內的催化劑顆粒間距，通常都大於 200 nm，由此可知，頂部在沒有催化劑存在的情況下，奈米碳管生長緩慢；而當有催化劑顆粒附著到頂部的時候，以頂部生長方式快速生長，進而使催化劑顆粒之間的間距增大。通常情況下頂部的催化劑顆粒都較小，且呈球

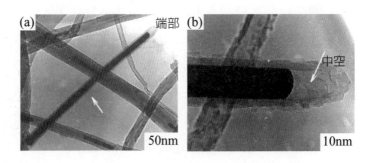

圖 6-41 快速生長條件下，超長定向奈米碳管的穿透電子顯微鏡照片

(a) 低倍照片；(b) 端部的放大照片

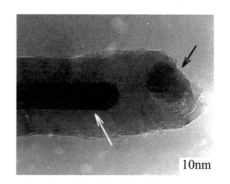

10nm

圖 6-42 快速生長條件下，一根奈米碳管的端部穿透電子顯微鏡照片

形，這證明在奈米碳管快速生長過程中，不斷有新的催化劑顆粒附到上面，因而使催化顆粒聚集長大。待長大到一定程度以後，由於催化活性降低，催化劑便與奈米碳管的石墨片層作用固定在奈米碳管的管腔內。

基於上述電子顯微鏡觀察分析，作者提出一種超長定向奈米碳管薄膜快速生長機制，其模型示意圖如圖 6-43 所示。超長定向奈米碳管薄膜的快速連續生長可分為 4 個階段：

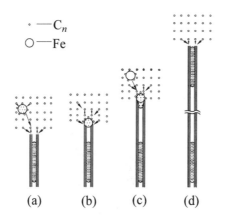

圖 6-43 超長定向奈米碳管薄膜快速連續生長機制的示意圖

(a) 慢速生長階段；(b) 快速生長階段的開始；(c) 快速生長階段；(d) 快速生長階段的結束

(1) 慢速生長階段

在此階段奈米碳管的端部呈開口狀態，由於其上沒有催化劑顆粒存在，奈米碳管通過碳簇直接附著在開口處而生長，生長速度很慢，且由於熱力學穩定性要求，奈米碳管的端部有自我封閉的趨勢（相應的電子顯微鏡觀察結果見圖 6-41(b)）。

(2) 快速生長階段的開始

微小的、呈液態的鐵催化劑顆粒在奈米碳管的開口處碰撞融合，形成一較大的半固態鐵催化劑顆粒。由於鐵催化劑顆粒的催化作用，奈米碳管開始快速生長（相應的電子顯微鏡觀察結果見圖 6-42）。

(3) 快速生長階段

在此階段由於不斷有新的鐵催化劑顆粒聚集到奈米碳管頂部的催化劑上，使催化劑保持較高的催化活性；又由於有豐富碳源的不斷供給，進而使奈米碳管保持快速生長狀態。此時，催化劑顆粒呈易變形的半固態，被析出的石墨片層擠壓成圓柱形（相應的電子顯微鏡觀察結果見圖 6-38）。

(4) 快速生長階段結束

圓柱狀催化劑顆粒的直徑多數大於 4 nm，由公式（6-5）及相應的熱力學的分析，催化劑的熔點超過了反應室的溫度，因此發生了液固轉變，催化劑變形困難，使得催化劑顆粒和析出的奈米碳管石墨片層間作用力變大（相應的電子顯微鏡觀察結果見圖 6-35），也導致催化劑顆粒完全被奈米碳管的石墨片層包圍（相應的電子顯微鏡觀察結果見圖 6-37(b)），停止升高。由於催化劑顆粒失去催化作用，所以奈米碳管又慢速生長。

由上述分析可知，要想保持奈米碳管快速生長，就要縮短慢速生長階段，使快速生長階段相應增強，使奈米碳管在其大部分的生長時間內得以保持較高

的生長速度。本書作者的試驗條件滿足了奈米碳管快速生長的要求，因而得到了較快的生長速度。同時，又因反應溶液是連續進給的，反應氣氛的濃度波動小，進一步減少了奈米碳管因缺少催化劑或碳源而自動封口的機率，並同時得到了超長的巨觀定向奈米碳管薄膜。

參考文獻

[1]　Ajayan P M, Stephan O, Colliex C, et al. Aligned carbon nanotube arrays formed by cutting a polymer resin-nanotube composite. Science, 1994, 265: 1212~1214

[2]　Jin L, Bower C, Zhou O. Alignment of carbon nanotubes in a polymer matrix by mechanical stretching. Appl Phys Lett, 1998, 73 (9): 1197~1199

[3]　de Heer W A, Bacsa W S, Châtelain A, et al. Aligned carbon nanotube films: production and optical and electrical properties. Science, 1995, 268: 845~847

[4]　Vigolo B, Pénicaud A, Coulon C, et al. Macroscopic fibers and ribbons of oriented carbon nanotubes. Science, 2000, 290: 1331~1334

[5]　Wang X K, Lin X W, Dravid V P, et al. Growth and characterization of buckybundles. Appl Phys Lett, 1993, 62 (16): 1881~1883

[6]　Kyotani T, Tsai L F, Tomita A. Formation of ultrafine carbon tubes by using an anodic aluminum oxide film as a template. Chem Mater, 1995, 7 (8): 1427~1428

[7]　Che G, Lakshmi B B, Martin C R, et al. Chemical vapor deposition based synthesis of carbon nanotubes and nanofibers using a template method. Chem Mater, 1998, 10: 260~267

[8]　Li W Z, Xie S S, Qian L X, et al. Large-scale synthesis of aligned carbon nanotubes. Science, 1996, 274: 1701~1703

[9]　Pan Z W, Xie S S, Chang B H, et al. Very long carbon nanotubes. Nature, 1998, 394: 631~632

[10]　Terrones M, Grobert N, Olivares J, et al. Controlled production of aligned-nanotube

bundles. Nature, 1997, 388: 52~55

[11] Ren Z F, Huang Z P, Xu J W, et al. Synthesis of large arrays of well-aligned carbon nanotubes on glass. Science, 1998, 282: 1105~1107

[12] Sen R, Govindaraj A, Rao C N R. Carbon nanotubes by the metallocene route. Chem Phys Lett, 1997, 267: 276~280

[13] Rao C N R, Sen R, Satishkumar B C, Govindaraj A. Large aligned-nanotube bundles from ferrocene pyrolysis. Chem Commun, 1998, 1525~1526

[14] Rao C N R, Govindaraj A.Carbon nanotubes from organometallic precursors. acc Chem Res, 2002, 35: 998~1007

[15] Andrews R, Jacques D, Rao A M, et al. Continuous production of aligned carbon nanotubes: a step closer to commercial realization. Chem Phys Lett, 1999, 303: 467~474

[16] Andrews R, Jacques D, Qian D L, et al. Multiwall carbon nanotubes: Synthesis and Application. Acc Chem Res, 2002, 35: 1008~1017

[17] 曹安源。定向生長碳奈米管薄膜的研究：〔博士學位論文〕。北京：清華大學機械系，2001

[18] Satishkumar B C, Govindaraj A, Sen R, Rao CNR. Single-walled nanotubes by the pyrolysis of acetylene-organometallic mixtures. Chem Phys Lett, 1998, 293: 47~52

[19] Rao A M, Richter E, Bandow S, et al. Diameter-selective Raman scattering from vibrational modes in carbon nanotubes. Science, 1997, 275: 187~191

[20] Rao A M, Jorio A, Pimenta M A, et al. Polarized raman study of aligned multiwalled carbon nanotubes. Phys Rev Lett, 2000, 84 (8): 1820~1823

[21] Li W, Zhang H, Wang C, et al. Raman characterization of aligned carbon nanotubes produced by thermal decomposition of hydrocarbon vapor. Appl Phys Lett, 1997, 70 (20): 2684~2686

[22] 慈立傑。浮動催化法碳奈米管的製備及其晶化行為的研究：〔博士學位論文〕。北京：清華大學機械系，2000

[23] Yacaman M J, Yoshida M M, Rendon L. Catalytic growth of carbon microtubules with fullerene structure. Appl Phys Lett, 1993, 62: 202~204

[24] Growth of straight nanotubes with a cobalt-nickel catalyst by chemical vapor deposition. Appl Phys Lett, 1999, 74(5): 644~646

[25] Scanning tunneling microscope investigation of carbon nanotubes produced by catalytic decomposition of acetylene. Phys Rev B, 1997, 56(19): 12490~12498

[26] Growth of carbon nanotubes on cobalt disiticide precipitates by chemical vapor deposition. Appl phys Lett, 1998, 72(25): 3297~3299

[27] Rao C N R, Sen R, Satishkumar B C, Govindaraj A. Large aligned-nanotube bundles from ferrocene pyrolysis. Chem Commun, 1998, 1525~1526

[28] Rao C N R, Govindaraj A, Carbon nanotubes from organometallic precursors. Acc Chem Res, 2002, 35: 998~1007

[29] Andrews R, Jacques D, Rao A M, et al. Continuous production of aligned carbon nanotubes: a step closer to commercial realization. Chem Phys Lett, 1999, 303: 467~474

[30] Andrews R, Jacques D, Qian D L, et al. Multiwall carbon nanotubes: Synthesis and Application. Acc Chem Res, 2002, 35: 1008~1017

[31] Li W Z, Xie S S, Qian L X, et al. Large-scale synthesis of aligned carbon nanotubes. Science, 1996, 274: 1701~1703

[32] Pan Z W, Xie S S, Chang B H, et al.Very long carbon nanotubes. Nature, 1998, 394: 631~632

[33] Terrones M, Grobert N, Olivares J, et al. Controlled production of aligned-nanotube bundles. Nature, 1997, 388: 52~55

[34] Ren Z F, Huang Z P, Xu J W, et al. Synthesis of large arrays of well-aligned carbon nanotubes on glass. Science, 1998, 282: 1105~1107

[35] 胡漢起。金屬凝固。北京：冶金工業出版社，1985

奈米碳管巨觀體

定向奈米碳管
巨觀體的性能

7.1 定向奈米碳管巨觀體的電場發射特性

7.2 定向奈米碳管巨觀體的太陽能吸收特性

7.3 定向奈米碳管巨觀體的電化學特性

7.4 定向奈米碳管巨觀體的複合材料特性

參考文獻

　　奈米碳管的獨特結構，使人們能比較簡捷地根據奈米碳管的一維模型進行理論計算，來預測其電學、力學、熱學等方面的性能，後來的大量實驗不斷地證實了這些預測。

1. 電學性能

　　石墨層片的碳原子之間是 sp^2 混成，每個碳原子都有一個未成對電子位於垂直於層片的 π 軌道上，因此奈米碳管和石墨一樣具有良好的導電性能，並且取決於石墨層片捲曲形成管狀的直徑（d）和螺旋角（θ），導電性介於導體和半導體之間 [1, 2]。隨著螺旋向量 (n, m) 的不同，奈米碳管的能隙寬度可以從零變化到和矽相等。世界上還沒有任何一種物質，在調製它的導電性能時可以做到如此的隨心所欲。單壁奈米碳管的直徑僅約為 1 nm，所以電子在其中的運動具有量子行為 [3, 4]。事實上，某些直徑較小的多壁奈米碳管（小於 25 nm）也表現出量子傳輸的特性 [5, 6]。Tsukagoshi 發現，奈米碳管兩端接觸有磁性物質時，電子傳輸遵守自旋方向的規律，因此可用作新一代的由電子自旋態進行開關（不僅是依靠電荷的變化而已）的功能裝置 [7]。Bockrath 報導了奈米碳管的 Luttinger 液體行為 [8]，這是由管身的長程庫侖力作用所導致的 [9]。Bachtold 研究了奈米碳管的 Aharonov-Bohm 效應 [10]。奈米碳管的管壁常常含有成對的五邊形和七邊形 [11]，這些缺陷的存在又會產生新的導電行為，因此每一缺陷都可看成是一個由很少數目碳原子（幾十個）組成的奈米裝置 [12]。奈米碳管之間的異質結或 T 形結，可視為金屬與金屬，或金屬與半導體之間的連接 [13, 14]。奈米碳管用作極細的導線，在設計、製造微電子設備的領域中具有廣泛的前景。

2. 力學性能

　　組成奈米碳管的碳原子之間以極強的 C-C 共價鍵結合，而且，C-C 鍵之間的距離很小（1.42），使得外來雜質很難引入（缺陷含量少），這意味著奈米碳管有極高的軸向強度。1996 年，Treacy 和 Ebbesen 首先測量了奈米碳管的楊

氏模量。他們將一根奈米碳管垂直並固定於基底表面，測量其自由端（頂端）的熱振動，進而推算出奈米碳管的楊氏模量值可達到 1 TPa 以上 [15]。這一結果後來又被 Charles Lieber 小組的工作所證實 [16]。他們的方法是利用原子力顯微鏡來測量使奈米碳管某一端彎曲所需要的外力，取應變值為 25%，理想的多壁奈米碳管的抗拉強度可達 250 GPa。從測量含有奈米碳管的有機物體的剪切應力可估算出，實際的奈米碳管強度為 40 GPa [17]。Pan 測量了巨觀長度（2 mm）的定向多壁奈米碳管束的楊氏模量和抗拉強度，分別為 0.45 TPa 和 1.72 GPa [18]。化學氣相沈積法製備出的奈米碳管含有較多的雜質和缺陷，使抗拉強度大幅度降低。奈米碳管不但具有很高的軸向強度，還顯示出良好的韌性和彈性。它可以大角度彎曲而不斷裂，撤銷外力後能完全恢復原來的形狀 [16, 21]。

3. 熱學性能

奈米碳管的熱學性能不僅與組成它的石墨片本質有關，而且還與其獨特的結構和尺寸有關。Yi [22] 採用自加熱技術測量了化學催化裂解法製備的直徑 20 ～ 30 nm 多壁奈米碳管的比熱，發現從 10 ～ 300 K 比熱與溫度呈直線關係，這種線性關係與低於 100 K 時計算得到的高度取向石墨的行為一致，但比 200 ～ 300 K 時計算值要低。奈米碳管的比熱與高度取向石墨，而不是普通石墨的比熱相似，說明奈米碳管層間結合相對較弱。

奈米碳管和石墨、金剛石一樣，都是良好的熱導體。分子動力學類比結果證明 [6]：由於奈米碳管導熱系統具有較大的平均聲子自由程，其軸向導熱係數高達 6600 W/(m·K)，與單層石墨基面的熱導率相當，在自然界已知材料中最高，是電子設備中高效的散熱材料。單壁奈米碳管具有光聲和光熱轉換效應，在普通的攝影閃光燈下會發生自燃 [23]。但是多壁奈米碳管、石墨粉、鬆散的碳灰和 C60 則不具備這一特性。

4. 其他性能

奈米碳管細小而狹長的管腔具有很強的毛細作用，能夠把外界的微小顆

粒吸入管腔並且密集排列 [24]。**Ajayan** 將金屬鉛沈積到奈米碳管表面然後在 400℃ 下處理，發現熔融鉛進入了管腔內 [8]。**Tsang** 將奈米碳管與硝酸鎳混合後回流加熱，結果一氧化鎳（NiO）進入了管腔 [25]。另外，稀土和金屬元素對奈米碳管的填充情況也有研究 [26]。此外，對奈米碳管的超導、磁學及光學等方面的性能也都有了初步的研究 [27-29]。

7.1 定向奈米碳管巨觀體的電場發射特性

當前各種顯示元件中，圖像質量最優良的，包括彩色逼真度、對比度、亮度、灰度、清晰度、回應時間、視角等，仍首推陰極射線螢光顯像管（CRT）。而在結構上能做到輕薄化的，則有液晶（LCD）、電漿（PDP）和電激發光等平板顯示元件。但後者的圖像都遠遠不能和 CRT 相媲美。因此，如何把 CRT 做成矩陣驅動的平板顯示器（FPD），使它既能保持 CRT 優良的像質，又具有超薄結構，就成為當前設計和研製新一代顯示器的重要方向。電場發射顯示器正是在這一設計構思下研製出來的一種新型顯示器。

7.1.1 電場發射顯示元件的特點及其結構

電場發射平板顯示器主要有如下特點：大規模集成技術可將無數微細發射尖錐製作在極小的基底上，集成密度高達 5×10^{11}A／cm^2，峰值電流達 1000 A/cm^2，進而顯示超高亮度；基於細小的發射陣列，配以高解析度螢光粉可完成高清晰度顯示；元件中每個像素均由數百個微細發射體激發，即使個別發射體停止工作也沒有關係，較易完成大面積平板顯示；屏電壓低，工作安全，柵極截獲電壓小，轉換效率高；結構簡單，無偏轉線圈、聚焦系統、加熱燈絲等 CRT 必須的零件，可實現低成本大規模生產。因此，FED 顯示元件可以容易地達到體積小、重量輕、回應速度快（小於 2 μs）、電流密度高、耗能低、壽命長、耐高溫及抗核輻射等 CRT 和 LCD 難以全面實現的性能特點（表 7-1）。可以預測，FED 可能成為新一代性能優良的平板顯示元件，並將在電視機、攜

○表 7-1　電場發射顯示器（FED）和陰極射線管（CRT）的性能比較

性能	FED	CRT
厚度／mm	<6	屏對角線尺寸
質量（尺寸為 48 cm）/kg	1～2	9～11
解析度／（線／cm）	>40	20～24
屏接收電子數／%	>75	<20
功耗	很小	大
X 射線輻射	無	有
螢幕均勻性	均勻	不均勻（中心與周邊）

帶型電腦、電子照相機、攝像機、航空電子設備、雷達屏、頭盔顯示、可視電話以及飛機、坦克、汽車、航天器等儀錶顯示幕方面獲得廣泛的應用。

　　陰極射線管的電子發射是一種熱發射，利用燈絲的加熱升溫使電子獲得足夠的動能，從而逸出燈絲。而電場發射是一種冷發射，它是通過外加電場使電子克服導體表面的勢壘而逸出。電場發射體通常是尺寸很小的微尖錐，在外加電場中，其尖端附近能夠形成很大的局部電電場強度度，以利於電子的發射（圖 7-1）。

　　電場發射的優勢在於可以通過集成製備大面積的平板顯示器。其陰極是一個由無數發射微尖錐組成的矩陣，陽極為螢光屏，中間由玻璃隔離柱隔開，周圍密封，形成真空腔。螢光屏上的每一個像素都對應著一個由數百個微尖錐組成的發射陣列，個別微尖錐受損不影響該像素的激發。圖 7-2 是電場發射平板顯示器的陰極陣列示意圖。

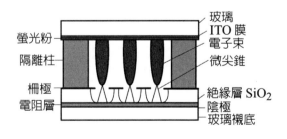

圖 7-1　電場發射顯示元件的結構示意圖

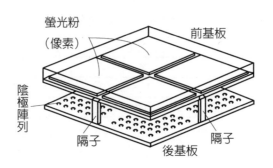

圖 7-2 電場發射平板顯示器的陰極陣列示意圖

7.1.2 奈米碳管——新型的電場發射材料

　　1995 年，de Heer 研究了奈米碳管的電場發射情形 [30]。他用懸濁液過濾法得到的奈米碳管薄膜作為陰極，對應的螢光屏作為陽極，在陰陽極之間施加電壓並測量發射電流。結果在電場強度度僅為 10 V/μm 時就產生 0.1 mA/cm^2 的電流密度，證明奈米碳管在電場發射方面具有潛在的應用。其後的研究可知，用奈米碳管作電場發射的陰極材料，閾值電壓在 10 V/μm 以下，而金屬（Mo）微尖錐的閾值電壓在 10^3 V/μm 左右，整整降低了三個數量級。金剛石薄膜具有負的電子親合勢，摻雜後（n 型）啟動電壓 E_{t_0} 可達 1.5 V/μm，閾值電壓 E_{thr} 為 10 V/μm。但是其電場發射特性受薄膜的摻雜技術及方法的影響較大。奈米碳管可較容易地達到 E_{t_0}= 4 V/μm，E_{thr} = 6.5 V/μm。表 7-2 列出了幾種材料電場發射性能的比較。

●表 7-2　幾種電場發射材料的啓動電壓（E_{t_0}）和閾值電壓（E_{thr}）

	啓動電壓 E_{t_0}/(V/μm)	閾值電壓 E_{thr}/(V/μm)
金屬微尖錐	1000	1000
金剛石膜（摻雜後）	1.5	10
非晶碳	4	50
奈米碳管膜	4	6.5

奈米碳管之所以可以作為電場發射材料，取決於它的結構特點和力學、電學性能。首先，奈米碳管是良好的電導體，並且載流能力特別大，能夠承受較大的電場發射電流。相關的測試得知，奈米碳管作為陰極，可以產生 4 A/cm^2 的電流密度 [31]。其次，單壁奈米碳管的直徑可以小到 1 nm 左右，如此小的尺寸可以在其半球形的端部產生極大的局部電電場強度度。局部電電場強度度 E_{loc} 的計算公式為

$$E_{loc} = \beta V$$

式中，V：陽極電壓；

　　β：局部放大因數，取決於發射尖端的尺寸和形狀；$\beta = 1/\alpha R$（α 為比例係數，約等於 10；R 是曲率半徑）。

對於直徑為 10 nm 的奈米碳管，其局部放大因數 β 可達 10^7，因此在很低的工作電壓下，即可產生較大的局部電場強度，發射電子。奈米碳管的奈米級尺寸決定了它具有低的閾值電壓。另外，奈米碳管的化學性質穩定，不易與其他物質反應，在真空中 2000℃ 不會燒損；並且機械強度高、韌性好，在電場發射過程中不易發生折斷或變形，並且不要求過高的真空度（在 10^{-3} torr 下即可穩定發射）。研究證明，以奈米碳管薄膜作電場發射陰極，可以實現長時間（超過 10000 h）穩定的發射，電流波動不超過 5%。目前韓國和日本已製備出奈米碳管電場發射顯示器的原型。

Collins 和 Zettl 系統地研究了奈米碳管薄膜的電場發射行為 [32]。由於薄膜內包含無數的奈米碳管尖端，它們在外加電場中都能參與電場發射。但是從微觀上看，並非所有的奈米碳管尖端都同時或同等程度地進行發射，總是那些處於優勢位置中最尖細突出的管端先進行電場發射。因此在每個暫態，電場發射只反映某一小部分特定奈米碳管的特性。整個奈米碳管膜的電場發射永遠是一個隨時間變化的動態過程，具體作法是：

(1) 每根奈米碳管管端的電子發射可能在圍繞尖端的各個小平面（由 5～6 個碳原子組成）之間變換；

(2) 電子發射也會在不同的奈米碳管之間轉移，這就是轉換行為，是普遍存在的，其轉換條件是局部電場影響的空間範圍能夠和奈米碳管尖端之間的距離相近。當各個奈米碳管的尖端的構造比較接近時，轉換行為將更加頻繁，進而使各奈米碳管的尖端之間越發強烈地互相影響、干預或合作。轉換行為可以解釋奈米碳管薄膜的電場發射電流隨時間有變化，但波動幅度並不大的現象；

(3) 電場發射過程中奈米碳管的尖端會發生一系列不可逆變化，如端帽被打開、管端變細等。端帽打開後，電子逸出功從 5 eV 減小至 1 eV；而管端變細則使幾何放大因數 β 增大。在陰極為奈米碳管和有機物的混合物情況下，有機物的燒損會暴露出更多內部的奈米碳管尖端。因此電場發射過程中發生的這些變化，不會削弱奈米碳管的發射行為，相反還有促進作用。這也是奈米碳管薄膜表現出發射電流穩定、波動小、重複性好的原因。

7.1.3 定向奈米碳管巨觀體的電場發射性能

進行奈米碳管薄膜電場發射測試的實驗裝置，如圖 7-3 所示。待測樣品放入真空室內，真空度為 10^{-7} torr 以上。外接直流電源和萬用表。通過觀察窗觀察螢光屏被點亮的情況。設想每根奈米碳管是圖 7-2 中的一個發射微尖錐，則整個定向奈米碳管薄膜就是由無數微尖錐組成的一個平板矩陣。因此直接把整塊薄膜作為陰極，樣品放在載物臺（40 mm×25 mm）上，其上面對著一塊螢光屏（陽極），陰陽極之間的距離 d 固定為 1 mm，在它們之間施加電壓，然後記錄電流隨電壓升高的變化。

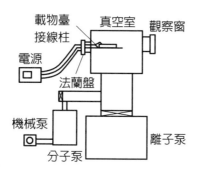

圖7-3 電場發射測試裝置示意圖

1. 定向奈米碳管薄膜的 *I-V* 曲線

實驗測試了不同厚度的定向奈米碳管薄膜的電場發射電流（*I*）-電壓（*V*）曲線（圖 7-4）。樣品厚度最大的達到 1 mm，最薄的樣品只有 1 μm。全部 5 條 *I-V* 曲線都呈指數關係上升，即隨陽極電壓的升高，發射電流的增加幅度越來越大。這種指數關係符合電場發射的特性，也和文獻報導的奈米碳管電場發射曲線一致 [32, 33]。對於厚度為 120 μm 的定向奈米碳管薄膜，陽極電壓為 1200 V 時（對應電電場強度度為 1.2 V/μm），發射電流達到了 500 μA。實際的發射面積難以確定，若以樣品面積的 1% 即 100 mm^2 估算，相應的電流密度為 50

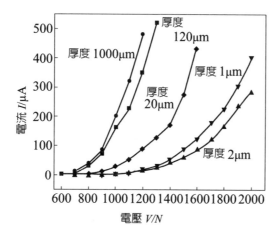

圖7-4 不同厚度定向奈米碳管薄膜的電場發射 *I-V* 曲線

μA/mm^2，即 5 mA/cm^2。而平板顯示器要求的電流密度為 1 mA/cm^2。

　　隨著薄膜厚度的增加，相應的 *I-V* 曲線被抬高，斜率增大，表示在相同的陽極電壓下，發射電流越來越大。其原因是定向奈米碳管薄膜在整個基底表面的生長微觀上是不均勻的，有的區域奈米碳管生長較快，有的區域生長較慢。造成這種生長速率差異的因素有基底溝槽、反應室內的氣流以及能量和濃度起伏等。最終導致薄膜的表面，即奈米碳管的生長頂端不平整，有些地方生成較突出的奈米碳管束。隨著生長時間的增加，突出的奈米碳管束數目增多，高度差異也增大。因此對於厚度較大的樣品，一方面奈米碳管的密度較高，另一方面突出的奈米碳管束會優先發射電子，由於其頂端離陽極更近，局部電電場強度度也更大，從而使得發射電流增大。

　　定向奈米碳管薄膜中，奈米碳管的排列密度相當大，在發射過程中彼此之間會有抑制作用，產生所謂遮罩效應。遮罩效應使得緊密接觸的奈米碳管尖端的局部電電場強度度下降，因而不利於電子的發射。研究證明，奈米碳管的間距有一個最佳值，距離太大或太小均會使發射電流下降。對於 1 μm 長的奈米碳管，當其間距降至 1 μm 以下時，發射電流急劇降低 [34]。作者製備了兩種不同排列密度的奈米碳管樣品，樣品 1# 的厚度為 2 μm，排列密度較大（圖 7-5(a)），樣品 2# 的厚度為 1 μm，但是含有大量非晶碳，僅在薄膜表面生出一些稀疏的奈米碳管（圖 7-5(b)，豎直箭頭所指）。樣品 1# 的奈米碳管間距在 100 nm 以下，而樣品 2# 的間距增大到 1 $\sim$ 2 μm，排列密度較低。

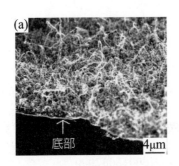

圖 7-5 不同排列密度的定向奈米碳管薄膜的掃描電子顯微鏡照片

(a) 奈米碳管間距小；(b) 奈米碳管間距大

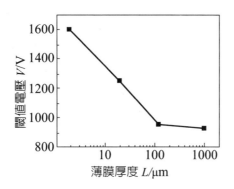

圖 7-6 閾值電壓隨定向奈米碳管薄膜厚度的變化

　　但是樣品 2# 的電場發射曲線卻高於樣品 1#，即雖然樣品中含有的奈米碳管數量減少、排列密度降低，但是發射電流反而增大。這說明樣品 1# 由於排列密度較大，存在較強的遮罩效應。

　　我們可將此達到 $1\ \mu A/mm^2$ 電流密度所需的陽極電壓稱為閾值電壓，並得知（圖 7-6），隨著薄膜厚度的增加，閾值電壓逐漸降低。但是，當薄膜厚度達到 $100\ \mu m$ 以上時，閾值電壓的變化不再明顯。對於 1 mm 厚的定向奈米碳管薄膜，閾值電壓僅為 900 V，對應的閾值電電場強度度為 $0.9\ V/\mu m$。

2. 定向奈米碳管薄膜的點屏過程及均勻性

　　在對定向奈米碳管薄膜進行電場發射測試時，通過觀察窗可以拍攝螢光屏的點亮過程。圖 7-7 是樣品 2#（厚度 $2\ \mu m$，奈米碳管排列密度小）在不同的陽極電壓下的點屏照片。陽極電壓在 1000 V 以下時，螢光屏上只有零星的數點，發出綠色光。隨著電壓的逐漸加大，螢光屏上的點數越來越多、分佈越來越密，亮度也增加，從綠色變為白色。到陽極電壓為 2000 V 時，亮點幾乎連成一片，螢光屏被全部點亮。但是螢光屏上的亮點是離散分佈的，說明並非是全體奈米碳管都參與了電場發射。

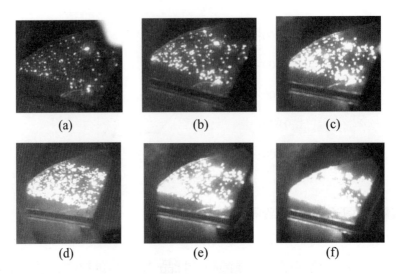

圖 7-7 厚度為 2 μm 的定向奈米碳管薄膜不同陽極電壓下的點屏照片

(a) 陽極電壓 = 1000 V；(b) 陽極電壓 = 1200 V；(c) 陽極電壓 = 1400 V；
(d) 陽極電壓 = 1600 V；(e) 陽極電壓 = 1800 V；(f) 陽極電壓 = 2000 V

　　從螢光屏上亮點的分佈情況，可以比較各種樣品電場發射的均勻性。圖 7-8 為薄膜厚度分別為 2 μm、120 μm 和 1000 μm 的三個樣品的點屏照片，其中，第一個樣品的奈米碳管密度很低（如圖 7-5(b)），而其他兩個厚的樣品則含有密集排列的純淨奈米碳管。可以看出，2 μm 厚度的薄膜的點屏均勻性最好，120 μm 厚度的薄膜只在螢光屏的上下兩個角有較多亮點，其他區域亮點很少。

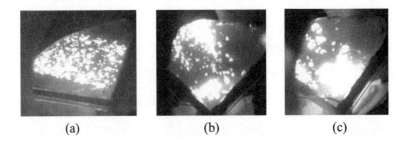

圖 7-8 不同厚度奈米碳管排列密度的定向薄膜的點屏照片

(a) 薄膜厚度 = 2 μm，密度低；(b) 薄膜厚度 = 120 μm，密度高；
(c) 薄膜厚度 = 1000 μm，密度高

1000 μm 厚度的薄膜也是如此,雖然螢光屏的局部區域非常亮,但亮點集中在一起,不像 2 μm 厚度的樣品那樣分佈比較均勻。因此結論是,隨定向奈米碳管薄膜的密度增加和厚度增大,其電場發射的均勻性逐漸降低。

7.1.4 大面積電場發射

電場發射平板顯示器的顯著特點是面積大。由催化裂解法製備的定向奈米碳管薄膜的面積受反應室內徑的限制,要製取大面積的定向奈米碳管薄膜就需要與之相應的具有大面積反應室的催化裂解裝置。圖 7-9 是在一塊面積為 90 mm×25 mm 的光滑石英片上生長的定向奈米碳管薄膜,巨觀上可以看見整個石英基底被均勻覆蓋了一層黑色薄膜。掃描電子顯微鏡觀察顯示,整塊大面積薄膜的表面非常平整,奈米碳管的定向性好,厚度在 200 μm 左右(圖 7-10)。對這塊薄膜進行了電場發射測試,結果顯示,薄膜的各個區域都能參與電場發射,點亮了與薄膜面積相當的螢光屏範圍(圖 7-11)。由於石英片本身不太平整,有些地方有翹曲,導致陰極(薄膜表面)與陽極(螢光屏)之間的距離不嚴格相等,因此點屏的均勻性不高。右邊部分亮點集中,亮度非常高,而左半部分亮點數相對較少,也更分散,這說明石英片的右邊上翹,與螢光屏的距離較近一些。

圖 7-9 面積為 **90 mm×25 mm** 的奈米碳管薄膜

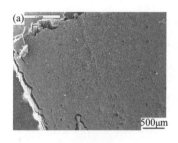

圖 7-10 大面積定向奈米碳管薄膜

(a) 掃描電子顯微鏡照片；(b) 左上角的放大顯示出良好的定向性

圖 7-11 大面積定向奈米碳管薄膜的電場發射點屏照片

在電場發射應用中存在的主要問題

　　雖然定向奈米碳管薄膜的電場發射電流大，點屏亮度高，但是要真正用作電場發射平板顯示元件，還需要解決發射均勻性的問題。通常薄膜內的奈米碳管排列很緊密，會產生很強的遮罩效應，使得只有處於最優位置的奈米碳管才能參與電場發射，其他相鄰的管端都被抑制，因此螢光屏上只有離散分佈的亮點，局部區域亮度很高，區域之間的亮度差異較大。定向奈米碳管薄膜製備過程中，奈米碳管高度的差異也會抑制其電場發射，進而影響點屏的均勻性。

　　解決電場發射均勻性的一個途徑是製備超薄的定向奈米碳管薄膜，例如薄膜厚度在 1 μm 以下時，奈米碳管剛剛長出，彼此之間的高度差異還不大，而且排列密度也較小，有利於整塊薄膜各個區域的均勻發射。此外，降低定向奈米碳管薄膜的排列密度，例如通過引入非晶碳等方法，使露出的奈米碳管數目減少，讓間距增大，也可以有效提高電場發射的均勻性。

7.2 定向奈米碳管巨觀體的太陽能吸收特性

隨著人類社會的不斷發展，人與自然的矛盾也愈來愈突出。目前全世界範圍內面臨的最為緊迫的問題是環境與能源，即環境惡化和能源短缺。太陽能是人類取之不盡、用之不竭的可再生能源，也是清潔能源，不產生任何的環境污染。為了充分有效地利用太陽能，人們開發了多種太陽能材料。按性能和用途大體上可分為光熱轉換材料、光電轉換材料、光化學能轉換材料和光能調控變色材料等。由此形成太陽能光熱利用、光電利用、光化學能利用和光能調控等相應技術。可以預見，在 21 世紀，太陽能材料將扮演更為重要的角色。就像半導體等功能材料的開發帶來電信和電腦產業的興起和發展一樣，太陽能材料及其相關技術也將帶來太陽能元件的產業化的發展，使人類在環境保護和能源利用兩方面和諧地達到完美的境界。

7.2.1 太陽光熱轉換及選擇性吸收表面

太陽主要以電磁輻射的形式給地球帶來光和熱。太陽表面的溫度達到 $6000°C$，輻射的波長主要分佈在 $0.25 \sim 2.5 \ \mu m$ 範圍內，屬於短波輻射。而地球上的物體溫度低得多，黑體輻射的波長範圍大約在 $2 \sim 100 \ \mu m$ 之間，被稱為長波輻射。黑體輻射的強度分佈只與溫度和波長有關，常溫下輻射強度的峰值對應的波長在 $10 \ \mu m$ 附近（圖 7-12）。

由此可見，太陽光譜的波長分佈範圍，基本上與地球上物體的熱輻射不重疊。要實現最佳的光熱轉換，所採用的材料必須滿足以下兩個條件：(1) 在太陽光譜範圍內吸收光線程度高，即有儘量高的吸收率 α；(2) 在自身熱輻射波長範圍內只有很少的輻射損失，即有盡可能低的發射率 ε。根據基爾霍夫定律，在相同的溫度下，黑體的發射（ε）等於吸收（α）。也就是說，最有效的太陽能光熱轉換材料是在太陽光譜範圍內（$\lambda < 2 \ \mu m$），有 $\alpha \approx 1$（即 $\gamma \approx 0$）；而在熱輻射波長範圍內（$\lambda > 2 \ \mu m$），有 $\varepsilon \approx 0$（即 $\alpha \approx 0$ 或 $\gamma \approx 1$）。$\lambda = 2 \ \mu m$ 稱為臨界波長，γ 為反射率，對於不透明材料，$\alpha + \gamma = 1$。具備這一特性的塗層材料被稱為選擇

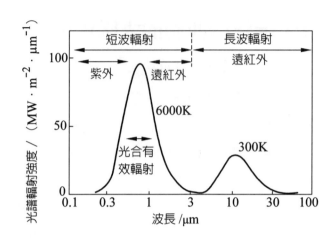

圖 **7-12** 太陽和地球輻射的光譜範圍

性吸收表面。

一個典型的選擇性表面漸變鋁—氮／鋁塗層的太陽光譜吸收曲線如圖 7-13 所示 [35]。

所有選擇性吸收表面的結構基本上分為兩個部分：紅外反射底層（銅、鋁等紅外高反射比金屬）和太陽光譜吸收層（金屬化合物或金屬複合材料）。吸收層在太陽能峰值波長附近產生強烈的吸收，在紅外波段則自由透過，並借助於底層的紅外高反射特性構成選擇性表面（圖 7-14）。實際上利用的選擇性表

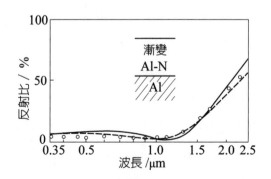

圖 **7-13** 典型選擇性吸收表面的太陽光譜吸收曲線（反射比）

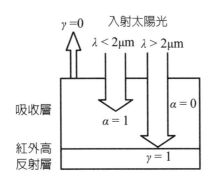

圖 7-14 選擇性吸收塗層的結構

面材料，多是將超細金屬顆粒分散在金屬氧化物的基體上形成黑色吸收表面。這通常採用電化學、真空蒸發和磁控濺射等技術來實現。

在太陽能熱水器上得到廣泛應用的吸收塗層主要有：磁控濺射塗層，選擇性陽極氧化塗層等。其中，中國大陸所研製的黑鉻塗層即具有良好的光譜選擇性，適合應用在工作溫度較高的真空集熱管上。用於全玻璃真空管上的鋁—氮／鋁漸變塗層也具有很好的性能參數。

7.2.2 定向奈米碳管薄膜的太陽能吸收特性

定向奈米碳管薄膜中的奈米碳管垂直於基底排列，相鄰的奈米碳管之間形成狹長的空隙，尺寸約數百奈米，正好對應於可見光的波長範圍。當入射太陽光到達薄膜表面時，這些微小空隙如同無數個陷阱，使光線在其中多次反射後直到薄膜內部，而不能逸出。因此可以設想，定向奈米碳管薄膜對太陽光有較強的吸收作用。

本研究小組進行的實驗是預先在石英基底上濺射一層金膜（厚度為幾十奈米），作為選擇性表面的底層——紅外高反射層，然後在金膜上生長定向奈米碳管薄膜作吸收層，旨在以此形成具有選擇性的結構。為了研究定向奈米碳管薄膜的吸收和金膜的反射特性，分別測量了兩者的太陽光譜反射比（圖 7-15）。純的定向奈米碳管薄膜的反射比近似於一條直線，在可見光和紅外區都趨於

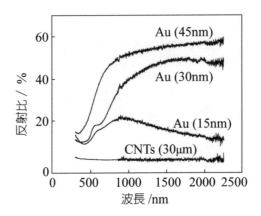

圖 7-15 定向奈米碳管薄膜（奈米碳管）

零，顯示定向奈米碳管薄膜不論對可見光還是紅外線都是強吸收，沒有選擇性。而在石英上濺射的金膜則對太陽光，尤其是紅外線有較強的反射作用。隨著濺射厚度的增加，反射比也加大。當金膜厚度為 45 nm 時，紅外反射比超過 50%。

　　和不同厚度金膜（Au）的太陽反射比測試得知，定向奈米碳管薄膜對太陽光具有強吸收，而金膜則對紅外線有較強的反射。圖 7-16 為測得的波長在 $0.5 \sim 3\ \mu m$ 範圍內，定向奈米碳管薄膜的太陽光譜吸收比和金膜的太陽光譜

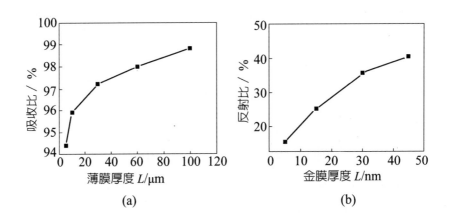

圖 7-16 定向奈米碳管薄膜的太陽吸收比

(a) 定向奈米碳管薄膜的吸收比隨薄膜厚度的變化；(b) 金膜反射比與其厚度的關係

反射比。5 μm 厚的定向奈米碳管薄膜的吸收比在 94% 以上，並且隨著薄膜厚度的增加而繼續提高；100 μm 的定向奈米碳管薄膜吸收比將幾近 99%（見圖 7-16(a)），而典型選擇性表面的吸收比僅在 90% 左右。金膜的反射比隨著濺射厚度的增加近似呈線性提高（圖 7-16(b)）。

實驗中金膜濺射厚度為 40 nm，並在其上製備了不同厚度的定向奈米碳管薄膜。樣品的掃描電子顯微鏡照片如圖 7-17(a) 所示，和直接在石英基底上生長的薄膜相比較，奈米碳管的定向性有所降低。對應於該結構的示意圖如圖 7-17(b) 所示。

圖 7-18 是在 40 nm 金膜上生長的不同厚度定向奈米碳管薄膜的太陽光譜反射比曲線。由圖可知，當定向奈米碳管薄膜厚度在 10 μm 以上時，該薄膜對可見光的吸收強烈，但同時對紅外線也是強吸收，這時反映的是奈米碳管的特性。當薄膜厚度減至 5 μm 以下時，薄膜對紅外線的反射升高，此時可見光的反射比也跟著上升，不僅僅是後半部分被提高，整個曲線都被提高，當薄膜厚度僅為 2 μm 時，紅外反射比增加到 40%，但可見光吸收比也下降到 75% 以下，這時候反映的是金膜的特性。由此可知，以金膜為襯底製備定向奈米碳管薄膜或者呈現奈米碳管的特性（薄膜厚度大於 10 μm），或者只呈現襯底金膜的特性（薄膜厚度小於 5 μm），對於太陽光的吸收完全沒有選擇性 [36]。

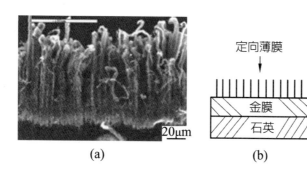

(a) (b)

圖 7-17 在金膜上生長的定向奈米碳管薄膜

(a) 掃描電子顯微鏡照片；(b) 在金膜上生長定向奈米碳管薄膜的示意圖

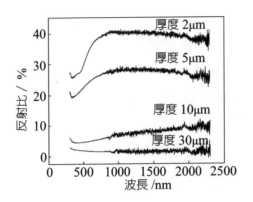

圖 7-18 金膜上不同厚度（L = 2、5、10、30 μm）的定向奈米碳管薄膜的太陽反射比譜

7.2.3 製備模組化的定向奈米碳管薄膜以增加選擇性

　　由前一節得知，奈米碳管薄膜對紅外線是不透過的。當薄膜厚度較大時，對可見光和紅外線完全吸收，金膜襯底不產生任何作用。如果將薄膜厚度減小到使金膜襯底能起反射紅外線的作用，則奈米碳管的可見光吸收也迅速下降。為了增加該結構的選擇性，實驗製備了模組化的奈米碳管薄膜和金膜的組合結構，使部分金膜暴露出來，以便讓奈米碳管和金膜二者能同時發揮作用。

　　利用奈米碳管在石英和金膜上的選擇性生長，可以製備模組化的定向奈米碳管薄膜陣列，並可以通過預先處理金膜來控制和改變奈米碳管與金膜的面積比例。作者對這種模組化的定向奈米碳管薄膜，進行了太陽能吸收測試。樣品的掃描電子顯微鏡觀察如圖 7-19 所示，它由橫豎交叉的平行條帶組成，每個條帶含有定向排列的奈米碳管，條帶之間的矩形區域是露出的濺射金膜。

　　實驗對比測試了奈米碳管條帶三種面積百分比的太陽反射比（圖 7-20）。三個樣品的面積比（D）分別為 10%、40% 和 80%，即奈米碳管在基底上的面積比例逐漸增加，其掃描電子顯微鏡照片見圖 7-21。當定向奈米碳管薄膜在石英基底上的覆蓋面積為 80% 時，其太陽反射比譜呈直線，反射比趨於零，吸收接近 100%，由於露出的金膜比例小，該模型反應的仍是奈米碳管的吸收特性。降低定向奈米碳管薄膜的面積比至 40%，由於金膜的面積比增加到

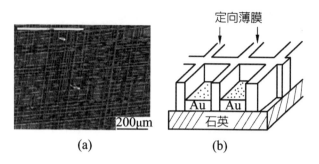

(a)　　　　　　　　(b)

圖 7-19 與金膜組合的模組化定向奈米碳管薄膜陣列及其模型

(a) 掃描電子顯微鏡照片；(b) 模型

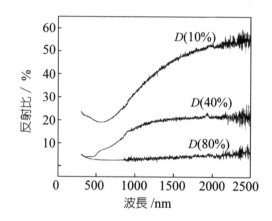

圖 7-20 定向奈米碳管薄膜面積比（D）分別為 **10%**、**40%** 和 **80%** 時的太陽反射比譜

60%，相應曲線的紅外部分抬高，反射比升至約 20%。同時可見光區域的吸收比略有下降，處於 90% 和 95% 之間。繼續降低定向奈米碳管薄膜的面積比至 10%，曲線被進一步提高，紅外反射比增加到 50% 以上，而可見光吸收比將減少到 80% 以下。

　　由此可見，模組化的奈米碳管陣列通過金膜襯底的暴露，可以有效提高其紅外反射比，但是仍然存在著吸收比同時下降的矛盾。值得一提的是，面積比 D 為 10% 的反射比曲線有繼續走高的趨勢，這意味著其遠紅外區域的反射作用將繼續增強，這種趨勢和現有的選擇性塗層的太陽反射比譜（圖 7-13）是

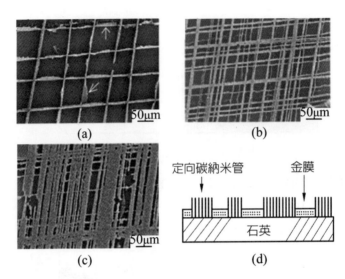

圖 7-21 不同奈米碳管條帶的寬度和間距下，在濺射金膜並預處理過石英基底表面生長的

模組化定向奈米碳管薄膜陣列的掃描電子顯微鏡照片

(a) 寬度 = 5 μm，間距 = 100 μm；(b) 寬度 = 5 μm，間距 = 50 μm；

(c) 寬度 = 50 μm，間距 = 20 μm；(d) 定向薄膜選擇性生長的模型

一致的，表示模組化的奈米碳管薄膜對太陽光吸收的選擇性有所提高。根據選擇比的計算公式 $S = \alpha/\varepsilon$，當奈米碳管面積比為 10% 時，選擇比約等於 (80%)/(50%) = 1.6，呈現弱選擇性。

7.2.4 奈米碳管在太陽能利用中存在的主要問題

奈米碳管是一種奈米級的結構，其定向排列形成的微小空隙對波長處於同一量級波長的入射太陽光，包括可見光和紅外線，具有強烈的吸收作用。但是，真正實用的太陽能吸收塗層要求有選擇性，即要求對紅外部分高反射。因為奈米碳管本身對太陽能吸收沒有選擇性，所以需要借助於其他紅外高反射材料來提高其選擇性。但是，由於奈米碳管對紅外線不透過，紅外反射襯底難以發揮作用，導致當紅外反射比提高時，可見光吸收比同時下降。利用奈米碳管在石英和金膜上的選擇性生長，製備模組化的定向奈米碳管薄膜陣列，可以暴

露出紅外反射襯底，提高紅外反射比。並且反射比曲線在近紅外波長部分有繼續走高的趨勢，雖然只呈現弱選擇性（約為 1.6）。

奈米碳管薄膜的高吸收比（接近 100%），可以應用於聚光比非常高的太陽能發電廠。太陽能光熱轉換效率 η 的公式為

$$\eta = \alpha - \frac{\varepsilon k T^4}{CI} \tag{7-1}$$

式中，α：吸收比；

ε：發射率（等於紅外反射比）；

k：玻耳茲曼常數；

T：選擇性表面工作溫度；

C：聚光比；

I：太陽輻射強度（880 W/m^2）。

假設太陽能發電廠中心接收器的聚光比為 500，工作溫度為 500℃，即使吸收表面的選擇比只有 1.6，其光熱轉換效率 η 也可高達 90% 以上。進一步的研究將著眼於提高定向奈米碳管薄膜的選擇性。例如使紅外反射材料與其巧妙結合，以便於同時發揮作用，或者將奈米碳管分散到基底材料中，形成漸變塗層等。

7.3 定向奈米碳管巨觀體的電化學特性

質子交換膜燃料電池是直接將氫和氧的化學能轉換成電能，是一種非常清潔的能源，但質子交換膜燃料電池的催化劑（鉑）極易受一氧化碳的影響而中毒，進而失去催化能力，因此解決質子交換膜燃料電池催化劑抗一氧化碳中毒的能力，成為當今關注的一個焦點。儘管人們在這方面做了大量的工作 [37-40]，但到目前為止，中毒問題仍未得到很好的解決。為此，作者進行研究，將沈積

了奈米 CeO_2 的定向奈米碳管複合體與 Pt/C 機械混合，作為質子交換膜燃料電池的催化劑，旨在提高其對一氧化碳毒化的抵抗能力。

7.3.1 定向奈米碳管巨觀體與奈米 CeO_2 複合體的製備

採用化學沈積法製備定向奈米碳管巨觀體與奈米 CeO_2 的複合體（CeO_2／奈米碳管），技術過程如下。

將 $CeCl_3 \cdot 7H_2O$ 溶於水後，向溶液中滴入 NaOH 溶液。攪拌、過濾和烘乾後得到 $Ce(OH)_3$／奈米碳管黑色粉末，將其放在電爐中加熱，使 $Ce(OH)_3$／奈米碳管轉變為 CeO_2／奈米碳管複合體。主要反應式如下：

$$CeCl_3 + NaOH + 奈米碳管 \rightarrow NaCl + Ce(OH)_3 ／ 奈米碳管 \qquad （7\text{-}2）$$

$$Ce(OH)_3 ／ 奈米碳管 \rightarrow Ce_2O_3 ／ 奈米碳管 + H_2O \qquad （7\text{-}3）$$

$$Ce_2O_3 ／ 奈米碳管 + O_2 \rightarrow CeO_2 ／ 奈米碳管 \qquad （7\text{-}4）$$

定向奈米碳管巨觀體沈積 $Ce(OH)_3$ 後，在 400℃ 保溫 10 min，冷卻後進行穿透電子顯微鏡觀察。從圖 7-22(a) 中可以看出，在較粗的定向奈米碳管的外表面沈積了一層連續的 CeO_2 奈米顆粒（如箭頭 b 所示），在較細的定向奈米

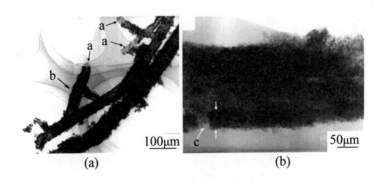

(a)　　　　　(b)

圖 7-22 定向奈米碳管沈積 CeO_2 後的穿透電子顯微鏡照片

(a) 低倍；(b) 高倍

碳管身上或端帽處，不容易沈積上連續的 CeO_2 薄膜（如箭頭 a 所示）；CeO_2 薄膜的厚度大約是 20 nm，而 CeO_2 奈米顆粒的直徑大約是 5 nm。在 CeO_2 薄膜上，可以看到一些裂紋（圖 7-22(b) 中箭頭 c 所示）處，這可能是由加熱保溫處理後冷卻速度較快引起的。

7.3.2 抗一氧化碳的中毒性能

分別將 Pt／奈米碳管、Pt/C 以及 Pt/C 與 CeO_2／奈米碳管的混合物，製作成質子交換膜燃料電池的電極，並將其安裝在燃料電池的測試系統中，通純氫氣或含 100×10^{-6}（體積分數）一氧化碳的氫氣作為陽極燃料，陰極則採用空氣中的氧氣作為燃料。測量並記錄電池的電壓─電流密度曲線，對比各種催化劑抵抗一氧化碳中毒的能力。

圖 7-23 是以 Pt／奈米碳管為催化劑，分別用純氫氣和含 100×10^{-6} 一氧化碳的氫氣測試質子交換膜燃料電池的性能。從圖中可以看出，採用純氫作為燃料電池的燃料時，隨著電流密度的增加，電壓下降非常緩慢；當氫氣中含有 100×10^{-6} 的一氧化碳時，燃料電池的電壓隨電流密度的增加而急劇下降，在電流密度只有 3 mA/cm^2 時，電壓已經從 860 mV 降到 37 mV，因此說明 Pt／奈米碳管催化劑對一氧化碳的毒化非常敏感，很容易失去催化效果。

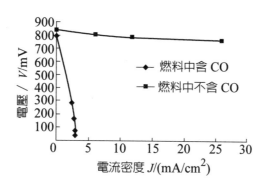

圖 7-23 CO 對 Pt/CNTs 催化劑性能的影響

　　質子交換膜燃料電池最常用的催化劑是 Pt/C，因為活性炭具有非常大的比表面積，沈積鉑後，能增加催化劑的有效面積以及降低鉑的用量。圖 7-24 中曲線 a 顯示 Pt/C 催化劑燃料電池，採用純氫作為陽極燃料時，隨著電流密度的增加，電壓降低非常緩慢，在電流密度為 1000 mA/cm^2 時，電壓仍能達到 480 mV；當氫氣中含有一氧化碳時（圖 7-24 曲線 b），燃料電池的電壓隨電流密度的增加而迅速降低，在電流密度為 650 mA/cm^2 時，電壓很快降至 310 mV，可見一氧化碳使 Pt/C 催化劑中毒而失去活性，導致燃料電池性能迅速下降；採用 Pt/ 奈米碳管作催化劑時，儘管以純氫為陽極燃料，但是電池的性能與以 Pt/C 為催化劑、H$_2$ + CO 為燃料的電池相比，很明顯地提高（圖 7-24 曲線 d）；當採用 CeO$_2$／奈米碳管與 Pt/C 的複合物為催化劑，H$_2$ + CO 為燃料時，燃料電池抵抗一氧化碳毒化的能力有顯著的提高（圖 7-24 曲線 c），在電流密度為 1000 mA/cm^2 時，電壓仍能達到 450 mV，與 Pt/C 為催化劑、純氫作為燃料的電池的性能相近，與 Pt／奈米碳管為催化劑、純氫為燃料的電池相比，其性能提高很多；可見，在 Pt/C 中加入 CeO$_2$／奈米碳管時，能有效地提高質子交換膜燃料電池催化劑抵抗一氧化碳毒化的能力。

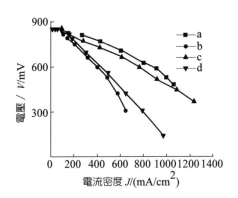

圖 7-24 **含 CeO$_2$ 催化劑抗 CO 中毒能力與其他催化劑比較的實驗**

a: Pt/C，H$_2$ 中不含 CO；b: Pt/C，H$_2$ 中含有 CO；c: CeO$_2$/CNTs + Pt/C，H$_2$ 中含有 CO；d: Pt/CNTs，H$_2$ 中不含 CO

在 Pt/C 中加入 CeO_2 ／奈米碳管時，能顯著提高質子交換膜燃料電池催化劑抵抗一氧化碳毒化的能力，其原因可能是，CeO_2 具有吸附一氧化碳的能力，被吸附的一氧化碳能夠與 CeO_2 以多種形式結合，在室溫、完全脫水並且潔淨的 CeO_2 表面，被吸附的一氧化碳會形成各種碳酸鹽、羧酸鹽和線性一氧化碳。CeO_2 能夠促使一氧化碳的氧化，即被吸附的一氧化碳可與 CeO_2 結合提供活性的表面；而鉑的存在，又能夠促進 CeO_2 對一氧化碳的氧化反應[41]。由於 CeO_2 顆粒尺寸較小（平均粒徑為 5 nm），其表面原子的利用率很高，增強了對一氧化碳的吸附和氧化效果。正是由於 CeO_2 對一氧化碳的吸附和氧化作用，還有鉑對 CeO_2 氧化一氧化碳的促進作用，使得 Pt/C ＋ CeO_2 ／奈米碳管對質子交換膜燃料電池抵抗一氧化碳中毒的能力大大提高。

7.3.3 超長定向奈米碳管在儲能上的應用

氫能的優點是無污染、效率高，它是公認的綠色能源之一，在能源匱乏及環境問題日益嚴重的今天，人們期待氫能的早日大規模使用，成為石化能源的替代物。目前，氫能的生產及使用已經沒有太大的技術障礙，阻礙氫能大規模使用的關鍵是氫能的儲運。因此，關於氫能的儲運技術的研究具有迫切的現實意義。奈米碳管具有獨特的結構，比表面積大，儲氫位置多（管外壁、管內壁和管中間）、儲氫密度高等優點，是可供選擇的儲氫材料之一。奈米碳管的電化學特性，使得奈米碳管電化學儲氫成為可能。氣體在奈米碳管中的物理吸附的驅動力是壓力或者低溫，而電化學吸附的驅動力是電勢。比較而言，電化學儲氫的驅動力更安全、穩定、容易實現，進而可以獲得更高的經濟效益和實用價值，因此電化學儲氫具有很多優勢和潛力有待研究。前人實驗研究結果證明，奈米碳管電化學儲氫可能獲得較高的儲氫量。為此，作者研究了定向奈米碳管的電化學儲氫，旨在提高奈米碳管的電化學儲氫量，加快儲氫的實用化進程。

實驗方法

將活性材料（奈米碳管、碳纖維、石墨等）與銅粉及黏結劑（聚四氟乙烯

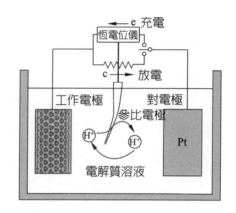

圖 7-25 電化學測量裝置簡圖

等）混合，與泡沫鎳集電極一起壓製成直徑 20 mm 的電極片，以該電極作為工作電極，輔以參比電極和對電極，以鹼性溶液為電解液，組成半電池三電極體系，如圖 7-25 所示，在該體系兩電極間施以恆電流，對工作電極進行恆流充放電循環測試。

在充放電過程中，工作電極主要發生以下反應：

$$MWNT + xH_2O + e^- \rightleftharpoons (MWNT + xH) + xOH^-$$

其中 MWNT 表示多壁奈米碳管。

7.3.4 定向奈米碳管／銅粉電極的電化學測量

將奈米碳管（或石墨粉）、銅粉（質量分數大於 99.9%，400 目純銅粉）和黏結劑（聚四氟乙烯）球磨（球磨時間 5 min，轉速 300 r/min）混合均勻，稱取 0.3 g 混合粉末，與泡沫鎳（直徑 22 mm）集電極冷壓（壓力 30 MPa，保壓 5 min）在一起，製成 22 mm×0.5 mm 的圓片狀電極，各電極的成分配比及電極中混合粉末的質量如表 7-3 所示。將原始定向奈米碳管在 H_2SO_4：HNO_3（體積比）為 1：1 的混合溶液中煮沸 30 min，去除非晶碳等微粒雜質，同時將奈米碳管封閉的端帽打開，然後用去離子水沖洗至中性。

●表 7-3　各個電極的成分配比

電極編號	成分	比例（質量分數）	粉末總重／g
H-01	定向多壁奈米碳管，銅粉，聚四氟乙烯	1：5：3	0.3
H-02	非定向多壁奈米碳管，銅粉，聚四氟乙烯	1：5：3	0.3
H-03	石墨，銅粉，聚四氟乙烯	1：5：3	0.3
H-04	銅粉，聚四氟乙烯	5：3	0.3

　　圖 7-26(a) 是純化後的定向多壁奈米碳管掃描電子顯微鏡照片。圖 7-26(b) 為定向多壁奈米碳管電極表面的掃描電子顯微鏡照片。可以看出，定向奈米碳管在壓製成電極後仍具有良好的定向性。為了排除銅粉和泡沫鎳集電極對儲氫量的影響，對純銅粉混以聚四氟乙烯黏結劑，並與泡沫鎳集電極冷壓在一起製成電極，對其進行對比實驗。實驗前電極在去離子水中浸泡 24 小時，以使電極充分浸潤。圖 7-27 是各電極在 50 mA 恆流充放電曲線，表 7-4 是各電極電化學測試結果。

　　在充電過程中，可以明顯觀察到工作電極表面的反應分為三個階段：(1) 充電開始，對電極表面就立即產生氣泡，而工作電極表面無氣泡現象，電位降低，說明氫是以原子形態儲存在工作電極中；(2) 工作電極表面開始有微量氣

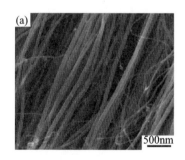

圖 7-26 電極用的定向奈米碳管

(a) 純化後的定向奈米碳管掃描電子顯微鏡照片；(b) 定向奈米碳管混合銅粉壓製成電極後的掃描電子顯微鏡照片

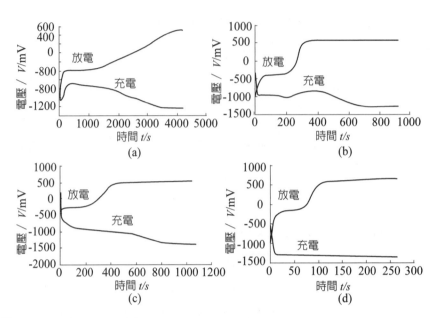

圖 7-27 各電極 50 mA 恆流充放電曲線（參比電極 Ag/Agcl）
(a) H-01；(b) H-02；(c) H-03；(d) H-04

○表 7-4　各電極電化學測試結果

電極編號	奈米碳管的質量 / mg	放電量 / C	比電量 / (mA · h/g)
H-01	33.3	200	1625
H-02	33.3	20	125
H-03	33.3	25	156
H-04	0	5	0

泡產生，電位繼續降低，說明可能有氣態分子氫儲存到工作電極中；(3) 工作電極表面和對電極表面連續冒出氣泡，電位保持不變，說明工作電極電位達到水分解電位，水分解反應處於平衡。放電過程和充電過程相似，也可分為三個階段，到達放電平臺時，工作電極表面和對電極表面也連續冒出氣泡，電位保持不變，說明工作電極電位達到水分解電位，水分解反應處於平衡。

表 7-5 是不同比例含量定向奈米碳管電極的電化學比電量測試結果，將銅

●表 7-5 不同比例含量定向奈米碳管電極的電化學比電量測試結果

電極中銅粉與定向多壁碳奈米管的質量比例	定向多壁碳奈米管的質量 / mg	比電量 / (mA · h/g)
1：1	66	316
2：1	33	850
3：1	33	1258
4：1	33	1552
5：1	33	1875
6：1	41.7	2120
7：1	41.7	2331

粉與定向奈米碳管以質量比 5：1 混合，製備成電極後進行電化學恆流充放電，折算得到的定向奈米碳管的電化學比電量高達 1625 mA · h/g。由此顯示，定向奈米碳管巨觀體是很有潛力的化學電極材料。定向多壁奈米碳管和非定向多壁奈米碳管及石墨的電化學比電量的對比表明，定向多壁奈米碳管巨觀體的儲電量是非定向多壁奈米碳管的 13 倍，是石墨的 10 倍。由此可見，定向奈米碳管比非定向奈米碳管和石墨更優於作為電極材料，定向多壁奈米碳管的結構是影響比電量的重要因素，因此，定向奈米碳管巨觀體是很有潛力的化學電極材料。

7.3.5 定向奈米碳管／奈米銅複合體的電化學測量

本實驗所使用的定向奈米碳管／奈米銅複合體，是通過滴定化學鍍的方法製得的。其實際技術是，將 Cu^{2+} 絡合溶液和奈米碳管充分混合，然後再用滴定的方式加入還原劑溶液，緩慢沈積出奈米銅顆粒。通過控制 Cu^{2+} 絡合溶液的量，得到奈米銅和奈米碳管不同質量分數的沈積奈米銅奈米碳管。

對所製得產物進行了穿透電子顯微鏡觀測（圖 7-28），圖 7-28(a) 是產物的低倍穿透電子顯微鏡照片，可以看出大部分奈米碳管上沈積有奈米級的銅顆粒。圖 7-28(b) 是單根沈積了奈米銅的奈米碳管的高倍穿透電子顯微鏡照片，可以看出奈米的銅顆粒在奈米碳管表面上分佈均勻，顆粒直徑在 10 nm 左右。

　　將已製備好的不同質量分數的沈積奈米銅奈米碳管和一定量黏結劑（聚四氟乙烯）球磨，然後稱取 0.3 克混合粉末，與泡沫鎳（直徑 22 mm）集電極冷壓在一起，製成 22 mm×0.5 mm 的圓片狀電極。

　　分別將不同比例的沈積奈米銅之定向多壁奈米碳管和聚四氟乙烯（PTFE）球磨混合，並與直徑為 20 mm 的泡沫鎳集電極冷壓成電極片。將已製備不同比例的、沈積奈米銅的定向多壁奈米碳管電極作為工作電極，並與標準鉑對電極和用液體鹽橋引出的 Ag/AgCl 參比電極組成三電極半電池體系，在 Galvanostat Model 263A 型恆電位儀上，進行 50 mA 的恆流充放電實驗。測得的恆流充放電結果如表 7-6 所示。

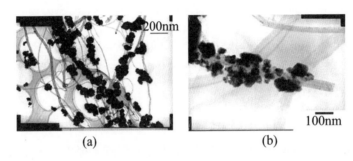

(a)　　　　　　　　　　　　(b)

圖 7-28 定向奈米碳管上滴定化學鍍沈積銅後的穿透電子顯微鏡照片

(a) 低倍；(b) 高倍

●表 7-6　不同的奈米銅與定向奈米碳管比例電極的比電量

電極中奈米銅與定向多壁奈米碳管的比例	定向多壁奈米碳管的質量／mg	比電量／(mA・h/g)
0.5：1	25	110
1：1	33	378
1.5：1	50	708
2：1	38.5	1296
3：1	37.5	2370
4：1	30	3148
5：1	33	3216

用表面沈積奈米銅的定向奈米碳管製備成電極，進行電化學性能測試發現，定向多壁奈米碳管的比電量，隨著奈米銅質量比的增加而增加，當奈米銅與定向多壁奈米碳管的質量比為 4：1 時，定向多壁奈米碳管的比電量可達 3148 mA · h/g。這進一步證明了金屬粉添加劑的重要作用，也預示著沈積了奈米銅的定向奈米碳管複合材料可以作為一種高效的化學電極材料。

7.4 定向奈米碳管巨觀體的複合材料特性

奈米碳管的尺寸處於奈米量級，長徑比高，而且具有極高的軸向抗拉強度，是鋼的 100 倍。同時，它全部由碳原子組成，密度只有鋼的 1/6，這使得奈米碳管非常適合於用作複合材料的增強相。Ajayan 和 Andrews 對奈米碳管和環氧樹脂、瀝青相混合，測量了該複合物的力學性能，但是複合物強度的增加不太理想 [42,43]。這主要因為：(1) 奈米碳管在有機物基體中沒有均勻地分散開；(2) 奈米碳管的管身非常平滑，和有機物的結合能力較弱，受到剪切力時容易和基體產生相對滑動。這也是將來奈米碳管用於增強複合材料需要解決的兩個關鍵問題。奈米碳管與其他材料例如金屬（鐵基，鎳基，鋁基）、陶瓷以及聚合物等的複合增強性能也有初步的研究 [44-47]。

7.4.1 定向奈米碳管巨觀體作為模板材料的應用

奈米碳管具有奈米級的管狀中空結構，以奈米碳管薄膜為模板材料填充其他物質，一直是奈米碳管應用領域的一個研究重點。目前主要是藉由後處理的方法，利用奈米碳管的毛細作用，填充與奈米碳管有較好潤濕性的材料 [48-53]。但是由於奈米碳管開口困難、內徑尺寸分散，因此很難得到大量的、尺寸較大的填充物。

作者通過催化裂解金屬有機物的方法，得到了長度可達微米量級的單晶奈米線（γ-Fe 和 Fe$_3$C）。而且兩種奈米線都是從高溫被強制保留到了室溫，它們將具有潛在的實際應用價值。

7.4.2　γ-Fe 單晶奈米線的製備

　　在快速生長條件下，已經發現奈米碳管的管腔內含有較多的催化劑顆粒，並且是 γ-Fe 單晶體。為了得到更長、更多的 γ-Fe 單晶奈米線，作者將反應溶液中催化劑（二茂鐵）的濃度增大到快速生長條件選用濃度的 3 倍（60 mg/mL），其他試驗條件與快速生長條件相同。

　　由試驗結果可知，隨著催化劑濃度的增大，奈米碳管的直徑增大，非晶碳等雜質增多。作者通過穿透電子顯微鏡，對催化劑濃度為 60 mg/mL 時得到的定向奈米碳管薄膜進行了觀察（圖 7-29），發現定向奈米碳管的管腔內，出現了比快速生長條件下更多的催化劑顆粒（圖 7-29(a)），而且多數催化劑顆粒的長徑比達到了 10 倍以上，形成了鐵催化劑的奈米線。由圖 7-29(a) 還可以看出，奈米線的直徑約為 10 ～ 40 nm，長度平均可達 500 nm 以上，奈米碳管的表面有較多的非晶碳雜質，這是由於催化劑濃度增大引起的。在穿透電子顯微鏡觀察中經常可以看到長度達微米量級的鐵催化劑奈米線，圖 7-29(b) 便為一根長度在 2 μm 以上的奈米線，由於電子顯微鏡放大倍數的限制無法在照片上看到其全貌，這根奈米線的直徑約 30 nm，因此其長徑比達到了 50 倍以上。

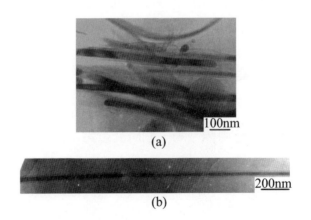

圖 7-29　γ-Fe 單晶奈米線的低倍穿透電子顯微鏡照片

(a) 多根 γ-Fe 單晶奈米線；(b) 一根長度在 2 μm 以上的 γ-Fe 單晶奈米線

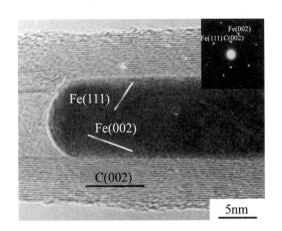

圖 7-30 γ-Fe 單晶奈米線的高解析穿透電子顯微鏡照片及其電子選區繞射樣式

為了確定鐵催化劑奈米線的晶體結構，作者進行了高解析穿透電子顯微鏡觀察和相應的電子選區繞射分析（圖 7-30）。由圖 7-30 可知，定向奈米碳管內的鐵催化劑奈米線為 γ-Fe 的單晶體，其（002）面和奈米碳管的（002）面基本平行，也即和奈米碳管的軸向接近平行，而（111）面與奈米碳管的軸向呈一定的角度，這與第 4 章觀察到的 γ-Fe 的單晶體基本一致，進一步證明了奈米碳管的管壁是由催化劑析出的，並保持了一定的晶體學相位關係。由圖上還可以看出奈米碳管和 γ-Fe 的單晶體都具有很高的晶化程度。

當溫度低於 Fe-C 合金的共析溫度（727℃）時，碳原子要從 γ-Fe 中析出，進而使 Fe 形成低溫下更穩定的相 α-Fe。但是由於管壁的限制效應，使得碳原子無法從 γ-Fe 顆粒中析出，因此也無法實現 γ-Fe 到 α-Fe 的轉變，致使原來是在高溫存在的 γ-Fe 保存到了室溫。

7.4.3 Fe₃C 單晶奈米線

由試驗結果可知，隨著氫氣流量的增大，奈米碳管薄膜的定向性變差，厚度變薄，這必然導致奈米碳管薄膜中催化劑的相對含量增加。為了考察氫氣的作用及催化劑的存在形態，作者進一步加大氫氣的流量至 2000 mL/min，將 Ar 的流量降至 0，其他試驗條件與定向奈米碳管的快速生長條件相同。

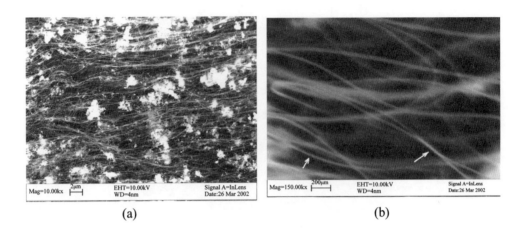

圖 7-31 H₂/Ar 的流量比為 2000/0 時奈米碳管薄膜掃描電子顯微鏡照片

(a) 低倍；(b) 高倍

　　圖 7-31 為所得產物的掃描電子顯微鏡照片，圖 7-31(a) 是產物的低倍照片，可以看出，該產物是由奈米碳管和大塊的被碳層包覆的催化劑顆粒構成。圖 7-31(b) 是產物的高倍照片，可以看出奈米碳管內有很長的催化劑奈米線存在（如圖中白的箭頭所示）。

　　透過穿透電子顯微鏡對奈米碳管內的催化劑顆粒做了進一步觀察（圖 7-32），發現催化劑顆粒在奈米碳管的管腔內，形成了長達幾百奈米甚至幾微米的奈米線，軸向平直，徑向一致，奈米線的直徑多為 10 ～ 30 nm，奈米線的平均長徑比達到了 30 倍以上（圖 7-32(a)）。圖 7-32(b) 是一根長達 2 μm 以上的奈米線，其周圍有中空的薄壁奈米碳管，這可能是由於氫氣的刻蝕作用引起的，在其上還有一個被碳包覆的催化劑顆粒，尺寸在 100 nm 以上（如圖中箭頭所示）。

　　接著，再藉由高解析穿透電子顯微鏡和電子選區繞射，對奈米線的晶體結構做了進一步研究（圖 7-33），發現該催化劑為 Fe_3C 的單晶體。Fe_3C 的（010）面與奈米碳管的（002）面相平行，Fe_3C 的（201）面與奈米碳管的（002）面垂直。Fe_3C 單晶奈米線和奈米碳管的晶化都很好。此外，還可以看出奈米碳管的管壁很薄，僅由 15 層石墨片層構成，這說明氫氣與氯元素類似，對奈米

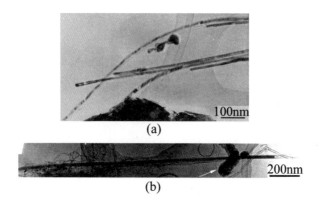

(a)

(b)

圖 7-32 **Fe$_3$C 單晶奈米線的低倍穿透電子顯微鏡照片**

(a) 多根 Fe$_3$C 單晶奈米線；(b) 一根長度在 2 μm 以上的 Fe$_3$C 單晶奈米線

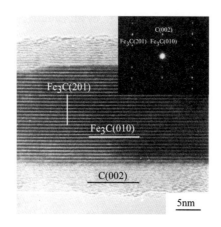

圖 7-33 **Fe$_3$C 單晶奈米線的高解析穿透電子顯微鏡照片及相應的電子選區繞射圖**

碳管具有很強的刻蝕作用。

Fe$_3$C 單晶奈米線的形成可能與氫氣的急冷作用有關，溫度的降低抑制了碳原子由催化劑顆粒中析出，同時由於管壁的限製作用，使得催化劑中過飽和的碳保存到了室溫，進而形成 Fe$_3$C 單晶奈米線。

參考文獻

[1]　Odom T W, Huang J L, Kim P, et al. Atomic structure and electronic properties of single-walled carbon nanotubes. Nature, 1998, 391: 62~64.

[2]　Ebbesen T W, Lezec H J, Hiura H, et al. Electrical conductivity of individual carbon nanotubes. Nature, 1996, 382: 54~56.

[3]　Dai H, Wong E W, Lieber C M. Probing electrical transport in nanomaterials: conductivity of individual carbon nanotubes. Science, 1996, 272: 523~526.

[4]　Thess A, Lee R, Nilolaev P, et al. Crystalline ropes of metallic carbon nanotubes. Science, 1996, 273: 483~487.

[5]　Bockrath M, Cobden D H, McEuen P L, et al. Single-electron transport in ropes of carbon nanotubes. Science, 1997, 275: 1922~1925.

[6]　Berber S, Kwon Y K, Tom nek D. Unusually high thermal conductivity of carbon nanotubes. Phys Rev Lett, 2000, 84 (20): 4613~4616.

[7]　Pederson M R, Broughton J Q. Nanocapillarity in fullerene tubules. Phys Rev Lett, 1992, 69: 2689~2692.

[8]　Ajayan P M, Iijima S. Capillarity-induced filling of carbon nanotubes. Nature, 1993, 361: 333~334.

[9]　Tsang S C, Chen Y K, Harris P J F, et al. A simple chemical method of opening and filling carbon nanotubes. Nature, 1994, 372: 159~162

[10]　Saito Y. Nanoparticles and filled nanocapsules. Carbon, 1995, 33 (7): 979~988.

[11]　Huang Y, Okada M, Tanaka K, et al. Estimation of superconducting transition temperature in metallic carbon nanotubes. Phys Rev B, 1996, 53 (9): 5129~5132.

[12]　Wang X K, Chang R P H, Pataskinski A, et al. Magnetic susceptibility of buckytubes. J Mater Res, 1994, 9 (6): 1578~1582.

[13]　Chauvet O, Forro L, Bacsa W, et al. Magnetic anisotropies of aligned carbon nanotubes. Phys Rev B, 1995, 52 (10): R6963~6966.

[14] Kuhlmann U, Jantoljak H, Pfâder N, et al. Infrared reflectance of single-walled carbon nanotubes. Synthetic Met, 1999, 103: 2506~2597.

[15] Treacy M M J, Ebbesen T W, Gibson J M. Exceptionally high Young's modulus observed for individual carbon nanotubes. Nature, 1996, 381: 678~680.

[16] Wong E W, Sheehan P E, Lieber C M. Nanobeam mechanics: elasticity, strength, and toughness of nanorods and nanotubes. Science, 1997, 277: 1971~1974.

[17] Ebbesen T W. Carbon nanotubes: preparation and properties. New York: CRC Press, 1997.

[18] Pan Z W, Xie S S, Lu L, et al. Tensile tests of ropes of very long aligned multiwall carbon nanotubes. Appl Phys Lett, 1999, 74 (21): 3152~3154.

[19] Li F, Cheng H M, Bai S, et al. Tensile strength of single-walled carbon nanotubes directly measured from their macroscopic ropes. Appl Phys Lett, 2000, 77 (20): 3161~3163.

[20] Zhu H W, Xu C L, Wu D H, et al. Direct synthesis of long single-walled carbon nanotube strands. Science, 2002, 296: 884~886.

[21] Falvo M R, Clary G J, Taylor R M, et al. Bending and buckling of carbon nanotubes under large strain. Nature, 1997, 389: 582~584.

[22] Yi W, Lu L, Zhang D L, et al. Linear specific heat of carbon nanotubes. Phys Rev B, 1999, 59: R9015~R9018.

[23] Ajayan P M, Terrones M, de la Guardia A, et al. Nanotubes in a flash-ignition and reconstruction. Science, 2002, 296: 705~707.

[24] Pederson M R, Broughton J Q. Nanocapillarity in fullerene tubules. Phys Rev Lett, 1992, 69: 2689~2692.

[25] Tsang S C, Chen Y K, Harris P J F, et al. A simple chemical method of opening and filling carbon nanotubes. Nature, 1994, 372: 159~162.

[26] Saito Y. Nanoparticles and filled nanocapsules. Carbon, 1995, 33 (7): 979~988.

[27] Huang Y, Okada M, Tanaka K, et al. Estimation of superconducting transition

temperature in metallic carbon nanotubes. Phys Rev B, 1996, 53 (9): 5129~5132.

[28]　Wang X K, Chang R P H, Pataskinski A, et al. Magnetic susceptibility of buckytubes. J Mater Res, 1994, 9 (6): 1578~1582.

[29]　Kataura H, Kumazawa Y, Maniwa Y, et al. Optical properties of single-wall carbon nanotubes. Synthetic Met, 1999, 103: 2555~2558.

[30]　de Heer W A, Châtelain A, Ugarte D. A carbon nanotube field-emission electron source. Science, 1995, 270: 1179~1180.

[31]　Zhu W, Bower C, Zhou O, et al. Large current density from carbon nanotube field emitters. Appl Phys Lett, 1999, 75 (6): 873~875.

[32]　Collins P G, Zettl A. Unique characteristics of cold cathode carbon nanotube-matrix field emitters. Phys Rev B, 1997, 55 (15): 9391~9399.

[33]　de Heer W A, Bonard J M, Fauth K, et al. Electron field emitters based on carbon nanotube films. Adv Mater, 1997, 9 (1): 87~89.

[34]　Nilsson L, Groening O, Emmenegger C, Kuettel O, Schaller E, Schlapbach L, Kind H, Bonard J M, Kern K. Scanning field emission from patterned carbon nanotube films. Appl Phys Lett, 2000, 76 (15): 2071~2073.

[35]　殷志強。全玻璃真空太陽集熱管。北京：科學出版社，1998。

[36]　Cao A, Zhang X, Xu C, et al. Tandem structure of aligned carbon nanotubes on Au and its solar thermal absorption.Sol Energ Mat Sol C,2002,70(4): 481~486.

[37]　Biswas P C, Nodasaka Y, Enyo M. Electrocatalytic activities of graphite-supported platinum electrodes for methanol electrooxidation. J Appl Electrochem, 1996, 26: 30~35.

[38]　Delime F, Leger J M, Lamy C. Optimization of platinum dispersion in Pt-PEM electrodes: application to the electrooxidation of ethanol. J Appl Electrochem, 1998, 28: 27~35.

[39]　Morimoto Y, Yeager Ernest B. CO oxidation on smooth and high area Pt, Pt-Ru and Pt-Sn electrodes. J Electroanal Chem, 1998, 441: 77~81.

[40] Schmidt T J, Noeske M, Gasteiger, H A, et al. PtRu alloy colloids as precursors for fuel cell catalysts. J Electrochem Soc, 1998, 145(3): 925~931

[41] Trovarelli A. Catalytic properties of ceria and CeO2-containing materials. Catal Rev, 1996, 38: 439~520.

[42] Bockrath M, Cobden D H, McEuen P L, et al. Single-electron transport in ropes of carbon nanotubes. Science, 1997, 275: 1922~1925.

[43] Berber S, Kwon Y K, Tomáek D. Unusually high thermal conductivity of carbon nanotubes. Phys Rev Lett, 2000, 84 (20): 4613~4616.

[44] Pederson M R, Broughton J Q. Nanocapillarity in fullerene tubules. Phys Rev Lett, 1992, 69: 2689~2692.

[45] Ajayan P M, Iijima S. Capillarity-induced filling of carbon nanotubes. Nature, 1993, 361: 333~334.

[46] Tsang S C, Chen Y K, Harris P J F, et al. A simple chemical method of opening and filling carbon nanotubes. Nature, 1994, 372: 159~162.

[47] Pederson M R, Broughton J Q. Nanocapilarity in fullerenetubules. Phyes Rev Lett, 1992, 69: 2689~2692.

[48] Dujardin E, Ebbesen T W, Hiura H, et al. Capillarity and wetting of carbon nanotubes. Science, 1994, 265(5180): 1850~1852.

[49] Lago R M, Tsang S C, Lu K L, et al. Filling carbon nanotubes with small palladium metal crystallites: the effect of surface acid groups. J Chem Soc-Chem Commun, 1995, 13: 1355~1356.

[50] Satishkumar B C, Govindaraj A, Mofoking J, et al. Novel experiments with carbon nanotube-opening, filling, closing and functionalizing nanotubes. J Phys B-At Mol Opt, 1996, 29(21): 4925~4934.

[51] Ugarte D, Châtelain A, de Heer W A. Nanocapillarity and chemistry in carbon nanotubes. Science, 1996, 274(5294): 1897~1899.

[52] Tsang S C, Harris P J F, Green M L H. Thinning and opening of carbon nanotubes

by oxidation using carbon dioxide. Nature, 1993, 362(6420): 520~522.

[53] Ajayan P M, Stephan O, Redlich P, et al. Carbon nanotubes as removable templates for metal oxide nanocomposite and nanostructure. Nature, 1995, 375: 564~567.

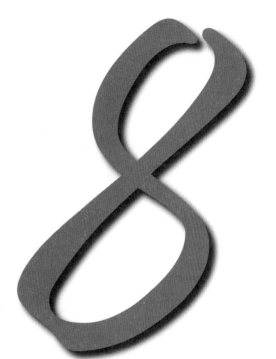

無序奈米碳管
巨觀體的製取

8.1 無序奈米碳管高溫巨觀壓製體的製取

8.2 無序奈米碳管／酚醛樹脂巨觀壓製體
的製取

8.3 多壁奈米碳管巨觀條帶的製取和表徵

參考文獻

奈米碳管獨特的結構和奇異的性能,使許多研究者一直在探索奈米碳管的潛在工程應用。因為奈米碳管的奈米尺寸,加之奈米碳管還未完全達到工業化生產,所以這種探索主要集中在奈米碳管本身。而要完成奈米碳管在工程上的應用,則對大量奈米碳管的巨觀性能的研究是非常必要的。

前幾章介紹的奈米碳管巨觀體在製備態下就已經是巨觀體了,其中的奈米碳管是呈有序狀態的,而目前多數製備方法,特別是產量較大的方法,得到的奈米碳管是呈雜亂、無序狀態的奈米級粉體。要對這種無序奈米碳管粉體的巨觀性質進行研究,首先需要製備無序奈米碳管巨觀體。那麼能否通過後處理技術,如壓製、複合或者化學處理等方法,將微觀長度的奈米碳管製成奈米碳管巨觀體?這些不同技術手段製備的壓製體在性能上有什麼區別,這種區別對奈米碳管的應用有什麼具體影響?對於這些問題的研究,不僅具有重要的理論價值,而且有著顯著的工程應用價值。

8.1 無序奈米碳管高溫巨觀壓製體的製取

Ebbesen 和 Dai 都進行過單根奈米碳管的導電性測量,發現每根管的資料各異,甚至有數量級的差別 [1, 2]。而當奈米碳管作為工程材料應用時,則無須瞭解每根奈米碳管的具體性能。但是原始奈米碳管在巨觀上表現為粉體,所以需要採用新的技術來製備純奈米碳管的三維巨觀體,完成巨觀體性能的測量。

有研究者進行過用電弧放電法製備含奈米碳管陰極晶片和微米尺寸的奈米碳管束的電阻率測定工作,實驗證明這些奈米碳管束的電阻率為 $10^{-2}\ \Omega \cdot cm$ 量級,電阻隨溫度的變化類似於半導體 [3]。但是,由於電弧放電能產生多種產物,奈米碳管束中實際上含有碳奈米顆粒等多種雜質 [4],而不是純正的奈米碳管巨觀體。催化裂解法製備的奈米碳管具有較高的純度,為此,本章將主要討論採用高溫熱壓的手段,在不需要任何黏結劑的條件下,用催化裂解法製備的奈米碳管來製取純淨的奈米碳管壓製巨觀體。儘管有文獻報導奈米碳管具有很好的高溫穩定性,在高真空條件下於 2973 K 左右溫度退火時,奈米碳管仍能

保持富勒碳結構，且轉變為更穩定的碳奈米蔥。但是，高溫熱壓條件下奈米碳管的行為仍然是很有意義的研究課題。

奈米碳管電場發射特性的研究，是一個非常具有吸引力的新課題，很多研究者開展了深入的研究。但這些研究主要集中於單根奈米碳管或奈米碳管有序排列薄膜。這種有序排列薄膜的製備需要經過複雜的技術過程。為此，作者通過對無序奈米碳管高溫巨觀壓製體電場發射特性的研究，進一步證明奈米碳管具有良好的電場發射特性。

首先採用基種催化裂解法製備無序奈米碳管。實驗採用超細矽藻土上沈積 $NiO_2(NiO_2/(SiO_2, Al_2O_3))$ 粉末作為催化劑，C_3H_6 作為碳源氣體，在還原性氣體 H_2 的氣氛下，溫度為 700℃ 下合成奈米碳管。製備催化劑時，在一定濃度的 $Ni(NO_3)_2$ 和 $Al(NO_3)_3$ 溶液中加入矽藻土（SiO_2）並攪拌，形成懸濁液，將 $(NH_4)_2CO_3$ 溶液滴定沈澱後，用蒸餾水多次清洗，烘乾並在 400℃ 焙燒 1 h，然後研磨成細粉，配製成催化劑。

催化裂解法製備的無序奈米碳管管端含有催化劑顆粒，所以必須經過 HNO_3 或 HF 清洗。用質量分數為 20% 左右的 HNO_3 浸泡 24 h，然後用蒸餾水漂洗乾淨並乾燥。圖 8-1 為無序奈米碳管漂洗後的穿透電子顯微鏡照片。由圖可見，所製備的奈米碳管很純淨，管身彎曲，奈米碳管團聚纏繞，這是催化裂解法製備的奈米碳管典型特徵。製備的奈米碳管外徑在 30 nm 左右，內徑 10 nm 左右，長度為微米量級。與電弧法製備的直型管相比，催化裂解法製備的奈米碳管含有較多缺陷，管身碳層的石墨化程度不如電弧法製備的奈米碳管。

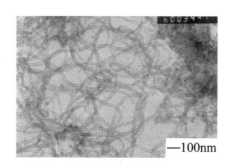

—100nm

圖 8-1　奈米碳管清洗後的穿透電子顯微鏡照片

8.1.1　無序奈米碳管高溫壓製體的製備方法

在氮氣保護下，高溫（2000℃）熱壓純的無序奈米碳管粉末（下稱無序奈米碳管高溫壓製體），是在如圖 8-2 的熱壓燒結爐上製備。熱壓燒結爐的主要參數見表 8-1。在奈米碳管高溫壓製體中採用酚醛樹脂黏結，為此，首先將奈米碳管和一定量的酚醛樹脂在球磨機中充分混合，然後在金相鑲嵌機上或自製模具上於 100℃ 左右進行加壓固化。在金相鑲嵌機上製備的樣品的直徑為 22 mm，自製模具上製備的樣品直徑為 45 mm，樣品的厚度由混合料的重量來控制，然後將樣品在氮氣氣氛中加熱到 850℃，保溫一定時間進行炭化。

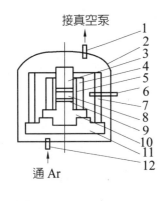

接真空泵

通 Ar

●表 8-1　熱壓燒結爐主要參數

型號	HIGH-MULTI 5000
壓力	25 MPa
最大溫度（最高）	2200℃
保護氣氛	Ar
氣壓	0.95 MPa
真空度	5×10^{-5} Torr
發熱體	石墨
模具	石墨（φ50 mm）

圖 8-2　熱壓燒結爐示意圖

1：出氣口；2：殼體；3：上壓頭；4：模體；
5：襯套；6：光學高溫計；7：發熱體；8：被壓製粉料；
9：墊片；10：下壓頭；11：底座；12：進氣口

製備奈米碳管高溫巨觀壓製體的具體燒結過程是：先將一定量的奈米碳管裝入 φ50 mm 的石墨模具中，模具是由模體和上、下壓頭組成。為了起模方便，在模體內側裝一襯套，並且在粉末與上、下壓頭之間安放墊片。然後將整個模具放入爐內。在燒結前，先將爐內抽真空，再通入 Ar 氣。準備工作完成後，即可升溫，到預定溫度後，從上壓頭單向加壓，同時保溫。其中加熱是靠石墨發熱體，利用光學高溫計來測量溫度。

　　熱壓技術曲線如圖 8-3 所示。勻速升溫到 2000℃，同時加壓，壓力為 25 MPa，保溫時間為 1 h，然後降溫，即完成整個熱壓過程。

　　採用四端電流─電壓降法測量電阻率。首先將奈米碳管高溫巨觀壓製體表面打磨乾淨，用銀膠粘上四根細銅導線，然後組成如圖 8-4 所示的電路圖。用大功率的恆定直流電源（波動性小於等於 1%），0.5 級直流電流錶，0.5 級直流毫伏表和電位探測器來測量。採用恆流電源測得電壓降，換算出電阻值 $R(R = U/I)$，再換算得到電阻率 σ $(\sigma = R(A/L)$，其中 A 為奈米碳管的截面積，L 為奈米碳管的長度）。由於電路設計的特點，可有效地減小銅導線與樣品的接觸電阻。一般來說，為了減小測量中接觸電勢引起的誤差，應更換試樣兩端極性後，再重測一次 (U_1, U_2)，取兩次測量結果的平均值。

　　只有在高真空條件下才能進行電場發射性能檢測。在低真空下使用機械泵，隨後改用分子泵、離子泵來抽真空，系統的極限真空度可達到 1×10^{-8} Torr，為了縮短檢測週期，一般在 10^{-7} Torr 時進行實驗。實驗示意圖如圖 8-5。將奈米碳管高溫巨觀壓製體用作陰極，背面均勻地塗上一薄層石墨乳，

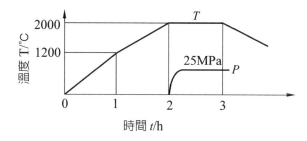

圖 8-3 熱壓技術曲線

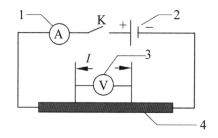

圖 8-4 四端電流─電壓降法測量電阻率的電路圖

1：毫安表；2：電源；3：毫伏表；4：奈米碳管高溫壓製體

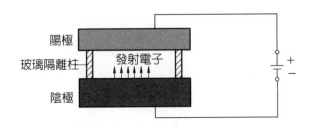

陽極

玻璃隔離柱

陰極

發射電子

圖 8-5 二極型電場發射結構示意圖

以起到導電的作用。將螢光粉塗在陽極板表面，用絕緣的玻璃隔離柱將陰陽極分開，距離控制在 1 mm 以下，本實驗中陰陽極之間的距離為 125 μm。

按相應的接線柱給陰極和陽極接上電源，為了使測量準確，在陽極上串接 510 kΩ 的電阻，緩慢地加電壓使奈米碳管陰極發射電子，在陽極上測試發射電流。實驗中發射區域約為 0.5 cm^2。由此可知，即使是無序的奈米碳管巨觀體也具有電場發射性能。

8.1.2 高溫巨觀壓製體的構造及成分

在熱壓技術下，可製備出具有一定強度的奈米碳管的高溫巨觀壓製體。由於沒有添加劑，高溫巨觀壓製體的體積密度 ρ 約為 0.9 g/cm^3，由於奈米碳管的密度 ρ_0 在 1.6～1.7 g/cm^3 之間，高溫巨觀壓製體的孔隙率 ξ 由下面公式來計算：

$$\xi = \frac{\rho}{\rho_0} \tag{8-1}$$

ξ 值約為 0.47，也就是說，高溫巨觀壓製體的緻密度為 53%。

圖 8-6 為在上述熱壓技術下製備的奈米碳管高溫壓製體，其低倍和高倍掃描電子顯微鏡照片。奈米碳管互相纏繞在一起，與原始奈米碳管相比，沒有明顯的構造變化，證明高溫熱壓技術並未破壞奈米碳管的結構。

取少量磨碎的高溫巨觀壓製體粉末，做 X 射線繞射實驗。圖 8-7 為奈米碳管高溫巨觀壓製體的 X 射線繞射圖，第一繞射峰為 25.9°，對應層間距 0.34nm，這是奈米碳管與其他碳結構，如石墨、無定形碳等的典型區別。與原

(a)   (b)

圖 8-6 奈米碳管高溫壓製體的掃描電子顯微鏡照片

(a) 低倍；(b) 高倍

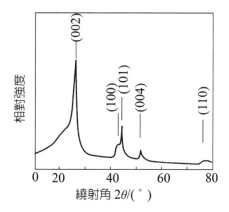

圖 8-7 熱壓後奈米碳管 **X** 射線繞射圖

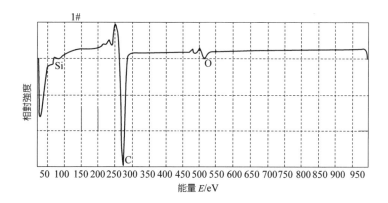

圖 8-8 掃描歐傑電子探針分析結果

始奈米碳管相比，其他繞射峰也沒有顯著變化。這些結果表明奈米碳管在 2273K/25 MPa/1 h/Ar 熱壓技術下保持穩定，並且證明熱壓方法是製備奈米碳管高溫巨觀壓製體的有效方法。

採用掃描歐傑電子探針來分析奈米碳管在高溫巨觀壓製體表面的成分。圖 8-8 的分析結果表明，樣品主要成分為碳和少量的氧。氧吸附在奈米碳管表面，這是多孔材料所不可避免的。

8.2 無序奈米碳管／酚醛樹脂巨觀壓製體的製取

製備出無序奈米碳管的巨觀壓製體，可以開展許多有效的研究。例如，許多研究者開展了關於奈米碳管在雷射輻照等極端條件下的轉變的研究。但這些研究都是以奈米碳管粉體或金屬基體上的奈米碳管塗層為研究物件 [5-8]，仍沒有在奈米碳管巨觀壓製體上進行雷射輻照來研究其結構變化的報導。另外，已經有研究者在炭黑、活性炭、石墨、玻璃、矽片等基體上覆蓋或鑲嵌金屬催化劑，來進行氣相生長碳纖維和奈米碳管的研究，都取得較好的結果 [9-13]。可以設想在奈米碳管巨觀壓製體的孔徑中吸附金屬催化劑，同樣也可進行氣相生長。熱壓為無序奈米碳管壓製體的製備，提供了一種不需要任何黏結劑的成型方法，但是顯然其成本過高。所以需要開發一種無序奈米碳管壓製體的簡便成型方法。

對石墨和活性炭等材料，有研究者開發添加了有機黏結劑低溫固化成型，然後炭化黏結劑，從而製備壓製體的方法 [14, 15]。本書介紹的是以此種技術來製備奈米碳管與酚醛樹脂的壓製體。顯然，無序奈米碳管／酚醛巨觀壓製體與高溫壓製體由於製備技術的不同，許多性能會不同。本書對此也作了對比研究 [16]。

8.2.1 無序奈米碳管／酚醛樹脂巨觀壓製體的製備技術

採用粉末狀的 2123 酚醛樹脂作為黏結劑，這種黏結劑純度較高，一般在電子元件上應用。採用烏洛托品作為樹脂的固化劑，其加入質量為黏結劑質量的 10% 左右。將清洗好的奈米碳管與質量分數為 10% ～ 30% 的酚醛樹脂和

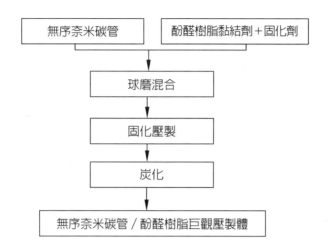

```
┌─────────────────┐   ┌───────────────────────┐
│  無序奈米碳管    │   │ 酚醛樹脂黏結劑＋固化劑 │
└─────────────────┘   └───────────────────────┘
                │
                ▼
        ┌───────────────┐
        │  球磨混合      │
        └───────────────┘
                │
                ▼
        ┌───────────────┐
        │  固化壓製      │
        └───────────────┘
                │
                ▼
        ┌───────────────┐
        │  炭化          │
        └───────────────┘
                │
                ▼
┌───────────────────────────────────┐
│ 無序奈米碳管／酚醛樹脂巨觀壓製體   │
└───────────────────────────────────┘
```

圖 8-9 奈米碳管／酚醛樹脂壓製體成型技術

固化劑混合，球磨混合 10 ～ 15 min，然後稱取定量的混合粉末，在金相鑲嵌機上使酚醛樹脂固化、成型，得到的奈米碳管巨觀壓製體尺寸為 $\varphi22$ mm，厚度視添加的混合料而定，一般為 3 ～ 5 mm。成型溫度在 100℃ 左右。製備得到的無序奈米碳管／酚醛巨觀壓製體需要經過炭化。具體的炭化技術如下：氮氣保護下，以 30℃/min 的升溫速率升溫至 850℃，保溫 2 ～ 4 個小時，然後自然降溫。得到的無序奈米碳管巨觀壓製體經過打磨，就可以進行各種處理或測試。圖 8-9 是具體的技術流程圖。

8.2.2 奈米碳管／酚醛樹脂壓製體的構造及成分

與高溫壓製體不同的是，無序奈米碳管／酚醛樹脂巨觀壓製體中含有酚醛樹脂黏結劑。但是這些黏結劑在炭化後轉變成能導電的碳顆粒，因此炭化後構造與沒有酚醛樹脂作黏結劑的高溫壓製體無顯著區別。圖 8-10 為炭化後壓製體的低倍和高倍掃描電子顯微鏡照片，奈米碳管交錯纏繞在一起，與高溫壓製體無顯著區別。圖 8-11 為無序奈米碳管／酚醛樹脂巨觀壓製體的掃描歐傑電的 10% 左右。將清洗好的奈米碳管與質量分數為 10% ～ 30% 的酚醛樹脂和子探針分析，分析得到樣品成分同樣為碳、氧，與高溫壓製體的成分幾乎相

(a)　　　　　　　　　　(b)

圖 8-10　奈米碳管／酚醛樹脂巨觀壓製體的掃描電子顯微鏡照片

(a) 低倍；(b) 高倍

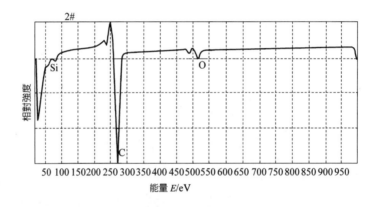

圖 8-11　無序奈米碳管／酚醛樹脂巨觀壓製體的掃描歐傑探針分析結果

同。由此表示，這種無序奈米碳管／酚醛巨觀壓製體炭化後即為奈米碳管／炭複合體。

　　表 8-2 為不同酚醛含量的奈米碳管／酚醛樹脂巨觀壓製體炭化前後的密度變化。無序奈米碳管／酚醛樹脂巨觀壓製體的密度與酚醛樹脂加入量有直接關係，酚醛樹脂加入量越多，壓製體的密度就越高，強度也越好。一般來說，炭化過程可以分為三個階段：在 25 ～ 100℃ 區間是水分蒸發階段，即普通乾燥，除掉壓製體中的水分，為第一階段。在 100 ～ 300℃ 區間是除掉殘餘有機先驅體階段。奈米碳管原料和酚醛樹脂中不可避免地含有少量熔點較低的殘餘有機先驅體，在這個階段將被除去。300 ～ 800℃ 區間是真正的炭化階段，除掉酚

○表 8-2　巨觀壓製體的密度與酚醛含量的關係

酚醛質量分數／%	5	15	30
炭化前密度／(g/cm^3)	1.1	1.17	1.42
炭化後密度／(g/cm^3)	0.98	1.08	1.28

醛樹脂中的氧和氫，使之轉化為炭。整個炭化過程使壓製體質量損失 10%～15% 左右，此時，不但炭化了酚醛樹脂，同時對壓製體有一定的純淨作用，所以炭化後，壓製體的密度減小。

在酚醛樹脂含量為 5% 時，炭化後壓製體的密度與高溫壓製體相近，當酚醛樹脂含量為 30% 時，炭化後壓製體的密度達到 1.28 g/cm^3。壓製體中黏結劑含量太少時，填充率不夠，電阻較大，強度也不好；而黏結劑含量太多時，壓製體不容易炭化完全，殘留的黏結劑也影響導電性。綜合考慮成型性、強度和導電性，採用 15% 酚醛樹脂為最適宜添加量。下面如無特別指出，無序奈米碳管／酚醛巨觀壓製體中酚醛含量都是 15%。

8.3　多壁奈米碳管巨觀條帶的製取和表徵

8.3.1　製取

2002 年，李延輝研究小組通過對奈米碳管進行化學處理，使奈米碳管表面富集官能基，然後使奈米碳管靠凡德瓦力自建組織形成具有巨觀長度的奈米碳管條帶。為此，首先將催化裂解法合成的奈米碳管進行純化處理，以除去催化劑顆粒和其他雜質顆粒；接著對奈米碳管粉末進行球磨，將其剪短為長度 1～5 μm 的奈米碳管；然後將球磨後的奈米碳管粉末在濃硫酸和濃硝酸的混合溶液（體積比為 3：5）中回流 1 個小時以上；最後，將漂洗後的奈米碳管在溫度為 120℃ 的烘箱內烘烤 12 個小時，奈米碳管便沿著燒杯壁形成奈米碳管巨觀條帶。奈米碳管巨觀條帶可以以兩種方式生長：垂直燒杯底部生長和平行燒杯底部生長，分別如圖 8-12(a) 和 (b) 所示。

當漂洗後的奈米碳管水溶液濃度較稀，並且在真空乾燥箱烘烤時（真空度約為 10 Torr，烘烤溫度為 120℃），奈米碳管巨觀條帶易於垂直燒杯底部生長。這是由於奈米碳管溶液中水分蒸發速率比較快。奈米碳管順著溶液下降的方向，並在凡德瓦力的作用下進行自建組織排列，進而形成垂直於燒杯底部的多壁奈米碳管巨觀條帶。該奈米碳管巨觀條帶的尺寸為巨觀尺度，寬度約為 0.1～2 mm，厚度約為 20～100 μm，長度約為 3～10 cm。

當漂洗後的奈米碳管溶液濃度較高，並且溶液是在普通乾燥箱烘烤時（烘烤溫度為 100℃），奈米碳管巨觀條帶易於平行燒杯底部生長。這是由於溶液中的水分蒸發速率比較慢，漂浮在溶液上層的奈米碳管附著在燒杯壁上，隨著溶液的下降，奈米碳管表面的官能基相互作用，便形成平行於燒杯底部的奈米碳管巨觀條帶。圖 8-12(b) 右下角所示為從燒杯壁上取下的奈米碳管巨觀條帶的巨觀照片。該奈米碳管巨觀條帶的尺寸為：寬度約為 50～100 μm，厚度約為 4～12 μm，長度可達 15 cm。奈米碳管巨觀條帶具有與燒杯相同的曲率半徑，並且具有金屬光澤。

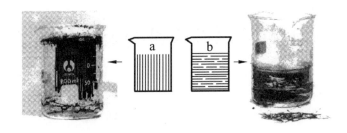

圖 8-12 奈米碳管巨觀條帶的兩種組織方式

(a) 垂直燒杯底部生長；(b) 平行燒杯底部生長

8.3.2 表徵

將奈米碳管巨觀條帶直接從燒杯壁上取出，並在掃描電子顯微鏡下觀察發現，奈米碳管巨觀條帶的截面呈規則的矩形。由圖 8-13(a) 可以看出，該奈

米碳管巨觀條帶的厚度僅為 10 μm。奈米碳管巨觀條帶具有較好的強度和柔韌性,可以對其進行彎曲而不發生斷裂,如圖 8-13(b) 所示。

　　圖 8-14 為奈米碳管巨觀條帶的高倍掃描電子顯微鏡照片。圖中箭頭為條帶的長度方向,奈米碳管沿著長度方向呈定向、緊密的排列。實驗發現,組成奈米碳管巨觀條帶的奈米碳管非常純淨,很少有非晶碳等雜質顆粒,證明了奈米碳管靠凡德瓦力自建組織而成緻密的奈米碳管巨觀條帶,而並非靠非晶碳等雜質顆粒的黏結作用形成的。與未經球磨、酸煮處理的奈米碳管相比,奈米碳管的長度較短,約為 0.5 ～ 3 μm,並且管身比較平直,這與未經任何處理的奈米碳管有所不同。在掃描電子顯微鏡下還可以觀察到大量的開口的奈米碳管,這是由於球磨、酸煮處理可以將奈米碳管打斷、開口造成的。奈米碳管短而平直有利於其在溶液中的分散和移動,因而形成緻密的奈米碳管巨觀條帶。

　　奈米碳管為什麼可以自建組織形成條帶呢?對酸煮前後的奈米碳管樣品進行紅外吸收光譜研究發現,酸煮前的奈米碳管紅外吸收光譜沒有明顯的吸收峰,而是在波數為 1200 cm^{-1} 和 1550 cm^{-1} 處有兩個很弱的吸收峰 (圖 8-15),這對應著奈米碳管的結構的吸收峰 [18],由此證明奈米碳管表面幾乎沒有任何官能基;而酸煮後的奈米碳管紅外吸收光譜上出現了 5 個明顯的吸收峰,分別位於 1200 cm^{-1},1400 cm^{-1},1550 cm^{-1},1750 cm^{-1} 和 3500 cm^{-1}。波數為 1400 cm^{-1} 和 3500 cm^{-1} 的吸收峰與羥基官能基有關,而波數為 1750 cm^{-1} 的吸收峰則與羧基官能基有關。由此可知經過酸煮後,奈米碳管表面產生了一些化學官能基。而有人的研究結果也證明了奈米碳管在硝酸和硫酸的氧化作用

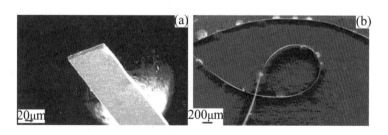

圖 8-13　**多壁奈米碳管巨觀條帶低倍掃描電子顯微鏡照片**

(a) 奈米碳管巨觀條帶的截面;(b) 可彎曲的奈米碳管巨觀條帶

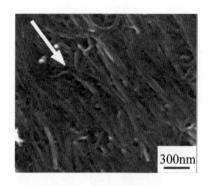

圖 8-14 奈米碳管巨觀條帶的高倍掃描電子顯微鏡照片 [17]

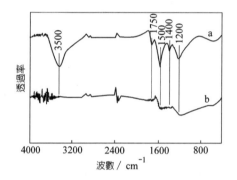

圖 8-15 酸煮前後奈米碳管的紅外吸收光譜

a：酸煮後；b：酸煮前

下，會在其表面產生諸如羥基（—OH）、羧基（—COOH）、羰基（＞ C ＝ O）等官能基 [19, 20]。奈米碳管之所以可以自組織形成條帶，主要是由於在回流酸煮過程中在奈米碳管表面形成官能基，這些官能基在溫度為 100 ～ 120℃ 時具有較高的活性，使得奈米碳管之間在凡德瓦力的作用下自組織形成巨觀條帶。這種奈米碳管巨觀條帶的密度為 1.1 ～ 1.2 g/cm³，比奈米碳管粉末的 0.8 ～ 0.9 g/cm³ 要高，顯示奈米碳管巨觀條帶的緻密度較高，這與掃描電子顯微鏡檢測結果相符。

　　圖 8-16 為奈米碳管自建組織形成條帶的模型示意圖。經過球磨、酸煮處理後的奈米碳管，之所以能自組織形成巨觀條帶，是由於奈米碳管在表面官能

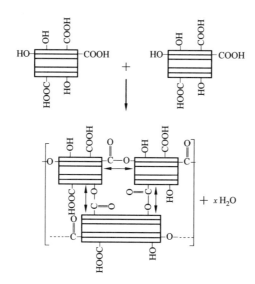

圖8-16 奈米碳管自組織形成巨觀條帶的模型

基的作用下發生縮聚而形成的。奈米碳管在球磨和酸煮處理後，在管身缺陷較多的彎折處發生斷裂，而形成短小、平直的奈米碳管。這些表面富集了大量化學官能基的奈米碳管，隨著溶液的揮發和流動而發生重新排列，當兩根奈米碳管靠近時，便在表面張力的作用下緊靠在一起，因此奈米碳管在條帶中呈一定程度的排列。兩根緊靠的奈米碳管在凡德瓦力的作用和化學官能基的相互作用下，形成較牢固的結合，因此，可以預計奈米碳管將具有良好的性能。

參考文獻

[1]　Ebbesen T W, Lezec H J, Hiura H, et al. Electrical conductivity of individual carbon nanotubes. Nature, 1996, 382: 54~56

[2]　Dai H, Wong E W, Lieber C M. Probing electrical transport in nanomaterials: conductivity of individual carbon nanotubes.Science, 1996, 272: 523~526

[3]　張聯盟，余茂黎，余家國。Al$_2$O$_3$/Si$_3$N$_4$ 系奈米—亞微米複合陶瓷的製備與性能。矽酸鹽學報，1992, 5 (20): 484~487

[4]　Ebbesen T W, Ajayan P M. Large-scale sythesis of carbon nanotube. Nature, 1992,

358: 220~222

[5] Ugarte D. Curling and closure of graphitic networks under electron-beam irradiation. Nature, 1992, 359 (6397): 707

[6] Ugarte D. Onion-like graphitic particles. Carbon, 1995, 33(7): 989~993

[7] Li Y B, Wei B Q, Liang J, et al. Transformation of carbon nanotubes to nanoparticles by ball milling process. Carbon, 1999, 37(3): 493~497

[8] Wei B Q, Liang J, Gao Z D, et al. The transformation of fullerenes into diamond under different processing conditions. J Mat Pro Tech, 1997, 63: 573~578

[9] Ren Z F, Huang P, Xu J W, et al. Synthesis of large arrays of well-aligned carbon nanotubes on glass. Science, 1998, 282(5391): 1105~1107

[10] Chen J, Lu Y, Church D B, et al.Torsional modulus of vapor-grown carbon fibers. Appl Phys Lett, 1992, 60(19): 2347

[11] Tibbetts G G, Doll G L, Gorkiewicz D W, et al. Physical properties of vapor-grown carbon fibers. Carbon, 1993, 31(7): 1039~1047

[12] Tibbetts G G, Gorkiewicz D W, Alig R L, et al. New reactor for growing carbon fibers from liquid-and vapor-phase hydrocarbons. Carbon, 1993, 31(5): 809~814

[13] Kato T, Matsumoto T, Saito T, et al. Effect of carbon source on formation of vapor-grown carbon fiber. Carbon, 1993, 31(6): 937~940

[14] Tabuchi J, Saito T, Kibi Y, et al. Large capacitance electric double layer capacitor using activated carbon/carbon composite. IEEE Transactions on Components, Hybrids, and Manufacturing Technology, 1993, 16(4): 431~436

[15] Kibi Y, Saito T, Tabuchi J. Fabrication of high-power electric double-layer capacitors. J Power Sources, 1996, 60: 219~224

[16] 馬仁志。碳奈米管壓製體的性能及工程應用研究：〔博士學位論文〕。北京：清華大學機械系，2000

[17] Li Y H, Xu C L, Wei B Q et al. Self-organized ribbons of aligned carbon nanotubes. Chem Mater, 2002, 14: 483~485

[18] Shaffer M, Fan X, Windle A. Dispersion and packing of carbon nanotubes. Carbon, 1998, 36: 1603~1612

[19] Li B, Shi Z, Lian Y, et al. Aqueous soluble single-wall carbon nanotube. Chem Lett, 2001, 7: 598~599

[20] Jia Z, Wang Z, Liang J, et al. Production of short multi-wall carbon nanotubes. Carbon, 1999, 37(6): 903~906

無序奈米碳管
巨觀體的性能

9.1　奈米碳管高溫巨觀壓製體的特性

9.2　奈米碳管／酚醛樹脂巨觀壓製體的特性

9.3　多壁奈米碳管條帶的力學和電學特性

9.4　無序奈米碳管巨觀體的雙電層電容器特性

參考文獻

在解決奈米碳管壓製體的製備問題後，尤其重要的是對壓製體性能及工程應用的研究。奈米碳管壓製體具有哪些獨特性能，在哪些領域具有潛在應用前景，這些問題對奈米碳管這種全新的奈米材料來說都是開創性的。

由於奈米碳管的奈米尺寸和表面特性，預計奈米碳管壓製體具有巨大的比表面積，因此在高比表面積催化或電化學電容器等領域應有較好的應用前景。那麼，採用奈米碳管壓製體能否製備出高電容量的電化學電容器？所製備的電化學電容器的性能指標與壓製體的哪些結構性質有關？如何才能得到最優結果？由於奈米碳管的優異的表面吸附特性，是否可能在奈米碳管表面實現貴金屬氧化物的吸附，使雙電層電容和法拉第准電容相複合，實現更高電容量的電容器？所以，奈米碳管壓製體在電化學電容器中的應用是本章的研究重點。同時，本章對奈米碳管在催化劑載體、電場發射、複合材料等領域的應用進行了探索。

9.1 奈米碳管高溫巨觀壓製體的特性

9.1.1 高溫巨觀壓製體電阻率

1. 高溫巨觀壓製體的室溫電阻率

表 9-1 是室溫下四端法測量的奈米碳管高溫巨觀壓製體的實驗資料，其中試樣幾何尺寸為：$L = 3.68$ mm，$A = 2.76$ mm×8.88 mm。為了減少測量中接觸電勢引起的誤差，更換試樣兩端極性後，再測一次，得到的先後結果為 U_1 和 U_2。

●表 9-1 高溫壓製體常溫電阻率測量結果 [1]

電流 I/mA	10	20	30	40	50
電壓 U_1/μV	4.20	8.60	11.30	14.90	17.85
電壓 U_2/μV	−3.60	−7.60	−11.30	−14.20	−17.68
電阻 R/mΩ	0.390	0.405	0.377	0.364	0.355

由表 9-1 計算出電阻平均值 $R = 0.378$ mΩ，試樣電阻率 σ 由下式計算：

$$\sigma = R \times A/L = 2.51 \text{ mΩ} \cdot \text{mm} = 2.51 \times 10^{-4} \Omega \cdot \text{cm} \qquad (9\text{-}1)$$

　　將奈米碳管高溫巨觀壓製體的電阻率與單根奈米碳管、奈米碳管束，和一些已知碳素製品的測量資料進行對比。從對單根奈米碳管電阻率測量資料來看，催化裂解法製備的單根奈米碳管，其電阻率在 $10^{-3} \sim 10^{-5}$ Ω · cm 範圍[2]，本書作者得到的 2.51×10^{-4} Ω · cm 電阻率，是這個資料範圍的中間值，這可能是因為在高溫巨觀壓製體上測定的資料為大量奈米碳管的巨觀統計表現，不論單根管的性能相差多大，最終綜合結果為中間值。另外，Ebbesen 等人[3] 測定的奈米碳管束的電阻率約為 10^{-2} Ω · cm 量級。由於他們的試樣取自電弧法製備的陰極沈積物的心部，含有約 1/3 的碳奈米顆粒，只有 2/3 的奈米碳管，所以電阻率較大。

　　表 9-2 是一些已知碳素的電阻率資料。通過比較可知，奈米碳管高溫巨觀壓製體的電阻率，與瀝青基石墨纖維的電阻率在同一數量級，小於熱解碳纖維而大於晶體石墨層面內電阻率。由於奈米碳管可視為由石墨片捲曲而成，而高溫巨觀壓製體為大量不同管徑的奈米碳管形成較為鬆散的導電網路，所以巨觀導電性與瀝青基石墨纖維類似；而奈米碳管晶化程度優於熱解碳纖維，且高溫巨觀壓製體經過 2273 K 高溫處理，所以導電性好於熱解碳纖維；另外，由於奈米碳管高溫巨觀壓製體中不同奈米碳管的導電性相差很大，存在接觸電阻，所以其電阻率高於晶體石墨層內電阻率值。

◎表 9-2　一些碳素的電阻率

材料	熱解碳纖維	瀝青基石墨纖維	晶體石墨層面
電阻率 / Ω · cm	$(1.5 \sim 3.0) \times 10^{-3}$	$(5 \sim 8) \times 10^{-4}$	3.8×10^{-5}

2. 高溫巨觀壓製體電阻隨溫度的變化

為了進一步揭示奈米碳管高溫巨觀壓製體的導電特性，進行了高溫巨觀壓製體電阻隨溫度變化的測量，圖 9-1 是測量結果。隨著溫度的降低，電阻平緩地增大，顯示為典型的半導體特性。根據 Ebbesen 等人對單根奈米碳管的研究，單根奈米碳管導電性質各異，所以隨著溫度的降低，有金屬導體和半導體兩種類型。即隨溫度的降低，有電阻增大或減小兩種趨勢。高溫巨觀壓製體的半導體性質可以理解為在高溫巨觀壓製體中大量金屬導體和半導體性質的奈米碳管巨觀綜合表現。另外，半導體的電阻通常大於導體的電阻，這樣，測量出的高溫巨觀壓製體的電阻，也應與電阻較大的半導體特性相對應。所以奈米碳管的巨觀表現為半導體特性。

有的研究者將氣相生長的碳纖維經過不同溫度處理，然後測量電阻率隨溫度變化曲線。研究發現，經過 2200℃ 高溫石墨化處理後的碳纖維有半導體性質，即隨著溫度的降低，電阻平緩增大。與之對比，奈米碳管高溫巨觀壓製體電阻隨溫度的變化非常類似。因此可以認為，儘管奈米碳管的管壁為石墨結構，而氣相生長的碳纖維則由非晶或微晶碳組成，與晶體結構區別較大；但是奈米碳管也含有非晶碳，而碳纖維在高溫下也會石墨化，所以，大量奈米碳管的巨觀電阻率表現與瀝青基石墨纖維非常相似。

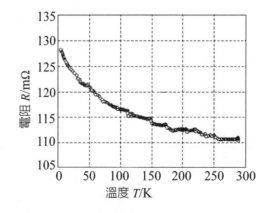

圖 9-1 高溫巨觀壓製體電阻隨溫度的變化 [1]

9.1.2 高溫巨觀壓製體電場發射特性

在電場發射實驗中，隨著奈米碳管高溫巨觀壓製體上所加電壓的增加，發射電流逐步增大。圖 9-2 為發射電流與陽極電壓的關係曲線。在陽極電壓為 1100 V，即電場強度為 8.8 V/μm 時，出現可測電流。隨著陽極電壓的增加，發射電流增大。在陽極所加電壓為 2250 V，即電場強度為 18 V/μm 時，電場發射電流密度達到 1 mA/cm²。

圖 9-2 中的小插圖是奈米碳管電場發射的 lg(I/V^2) 與 $1/V$ 關係曲線，是一條近似直線。根據 Fowler-Nordheim 方程，電場發射時 lg(I/V^2) 與 $1/V$ 的關係曲線應滿足直線關係。由圖 9-2 中小插圖的直線關係可知，實驗結果與 Fowler-Nordheim 方程很吻合，證實檢測到的電流是奈米碳管高溫巨觀壓製體的電場發射電流。

已經有不少研究者在奈米碳管定向薄膜上進行了電場發射實驗，發現奈米碳管具有很好的電場發射性能。本實驗也證實了奈米碳管高溫巨觀壓製體具有與定向奈米碳管薄膜接近的電場發射性能。由於這裡採用的是奈米碳管高溫巨觀壓製體，所以奈米碳管的排布與定向奈米碳管薄膜有很大區別。高溫巨觀壓

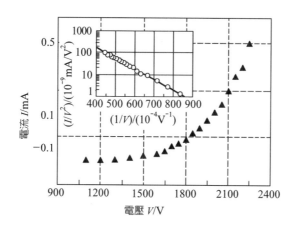

圖 9-2 奈米碳管高溫巨觀壓製體電場發射源的電流—電壓關係（發射區域：**0.5 cm×0.5 cm**）（插圖為 **Fowler-Nordheim 關係曲線** [1]）

製體中奈米碳管是交互纏繞的，與定向奈米碳管薄膜中奈米碳管呈有序排列不同。根據 Saito 的實驗結果 [4, 5]，奈米碳管的電場發射電子來自於奈米碳管中石墨層的圓環邊緣。所以可以推測，在定向奈米碳管薄膜中，由於管端的有序排列，電場發射效率會比較高。高溫巨觀壓製體的電場發射的效率，可能比不上有序排列的薄膜，但高溫巨觀壓製體的緻密度比定向奈米碳管薄膜高，因此預期電場發射密度比定向奈米碳管薄膜要高，這樣可以彌補發射效率的不足。所以在較低的電壓下，在奈米碳管的高溫巨觀壓製體上，同樣實現了較高的電場發射電流密度。

上面的實驗結果說明，採用高緻密度的奈米碳管作發射源，奈米碳管的取向並不是關鍵因素。因此，在實際製作基於奈米碳管的電場發射顯示元件時，也可採用高密度的奈米碳管高溫巨觀壓製體作為發射源。

9.2 奈米碳管／酚醛樹脂巨觀壓製體的特性

9.2.1 壓製體比表面積與孔容

1. 奈米碳管比表面積估算

奈米碳管的奈米尺寸使其具有很大的比表面積。假設多層奈米碳管為完全對稱的光滑的圓柱體，忽略兩端端帽，認為是完全開口的，外徑為 D，內徑為 d，長為 L，如圖 9-3 所示。奈米碳管層間距固定，為 0.34 nm。

假設奈米碳管壁厚為 t，則 t 可從外徑和內徑求得。不過 t 不是任意值，它是 0.34 nm 的整數倍。t 可以表示為

$$t = \frac{D-d}{2} \qquad (9\text{-}2)$$

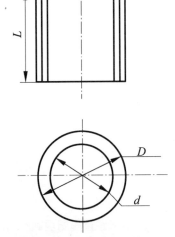

圖 9-3 用於奈米碳管比表面積估算的模型

外表面積 S_1 為

$$S_1 = 2\pi DL \qquad (9\text{-}3)$$

內表面積 S_2 為

$$S_2 = 2\pi dL \qquad (9\text{-}4)$$

體積 V 為

$$V = \frac{\pi}{4}(D^2 - d^2)L \qquad (9\text{-}5)$$

奈米碳管由石墨片捲繞組成，將石墨片密度表示為 ρ，約 2.2 g/cm^3，則奈米碳管的質量 M 可由密度與體積求得

$$M = \rho\frac{\pi}{4}(D^2 - d^2)L \qquad (9\text{-}6)$$

比表面積定義為單位質量的表面積。如果把內、外表面積全部計入，則如圖 9-3 所示的多層奈米碳管的比表面積 S_m 為

$$S_m = \frac{8(D+d)}{\rho(D^2 - d^2)} = \frac{4}{\rho t} \qquad (9\text{-}7)$$

實際中，由於奈米碳管兩端存在端帽，奈米碳管有可能兩端封口。這樣，奈米碳管的內表面積是無法被利用的。如果僅算外表面積，則如圖 9-3 所示的多層奈米碳管的比表面積 S'_m 為

$$S'_m = \frac{S_1}{M} = \frac{2\pi DL}{\frac{\pi}{4}\rho(D^2 - d^2)L} = \frac{8D}{\rho(D^2 - d^2)} \qquad (9\text{-}8)$$

從式（9-6）可以看出，奈米碳管的比表面積和壁厚密切相關。要得到高比表面積，必須盡可能減小管壁厚度，單層管應該是最理想的。事實上，奈米

碳管的密度也與壁厚密切相關。單層奈米碳管束的密度為 1.33 g/cm^3，多層奈米碳管的密度為 1.6～1.7 g/cm^3。由此，對直徑為 1 nm 的單層管來說，可以估算出內、外比表面積之和可達到 8000 m^2/g。

實驗中應用的是多層奈米碳管，從電子顯微鏡照片估計外徑 D = 30 nm，d = 10 nm，則依據上面的公式（9-6）和式（9-7）可以分別估算出多層奈米碳管的外比表面積 S'_m 約為 140 m^2/g；內外比表面積之和 S_m 約為 190 m^2/g。

上面的計算是基於奈米碳管為一種理想的圓柱體的情況。實際上，奈米碳管是彎曲的中空結構，外表面未必是光潔的，表面有化學的、拓撲學的和晶體學的缺點。這可能使奈米碳管的比表面積高於估算值。但另一方面，奈米碳管內腔不一定對外開放或貫通，也會造成比表面積的降低。

2. 巨觀壓製體比表面積測量

圖 9-4 為 BET（BET 是三個人名的首字母縮寫，是通過氣體吸收用 Branauer、Emmet 和 Teller 方法測定固體的比表面積）法測量比表面積時奈米碳管表面的氮氣吸附 - 脫附曲線。曲線的低壓和高壓部分並不符合 BET 公式的假定，計算比表面積時取相對壓力 P/P_0 在 0.05 至 0.35 的直線段計算。BET 比表面積測試結果如表 9-3 所示。從表中的資料看出，高溫壓製體和奈米碳管 / 酚醛樹脂巨觀壓製體 1# 的比表面積接近於估算的奈米碳管外比表面積 S'_m，而奈米碳管 / 酚醛樹脂巨觀壓製體 2# 的比表面積接近內外比表面積之和 S_m，其中奈米碳管 / 酚醛樹脂巨觀壓製體 1# 與 2# 區別在於奈米碳管的後處理技術不同。1# 壓製體奈米碳管只經過稀硝酸處理，多數端帽未被打開；而 2# 壓製體的奈米碳管經過 63% 的濃硝酸在 140℃ 回流處理 2 h，使奈米碳管斷成小段。圖 9-5 為經過硝酸回流處理的小段奈米碳管的穿透電子顯微鏡照片。用這種被打斷的奈米碳管壓製成壓製體 2#，圖 9-6 為奈米碳管 / 酚醛樹脂巨觀壓製體 2# 的掃描電子顯微鏡照片。只經過稀硝酸處理的奈米碳管大部分兩端封口，用 BET 方法進行比表面積測量時，氮氣只能在外表面吸附。而經過濃硝酸回流處理後奈米碳管的端帽開口，且內腔基本貫通，所以內、外表面都有可能吸

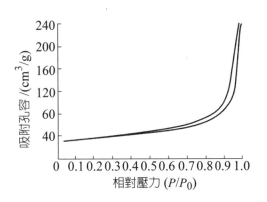

圖 9-4 奈米碳管表面氮氣吸附—脫附曲線 [1]

● 表 9-3　壓製體比表面積測試結果 [1]

壓製體類型	奈米碳管的後處理技術	比表面積 / (m² · g⁻¹)	孔容 / (cm³ · g⁻¹)
高溫壓製體	稀硝酸	80	0.2
酚醛樹脂壓製體 1#	稀硝酸	110	0.3
酚醛樹脂壓製體 2#	濃硝酸回流	180	0.4
酚醛樹脂壓製體 3#	稀硝酸 + 球磨	140	0.32
酚醛樹脂壓製體 4#	稀硝酸 + 空氣氧化	160	0.35

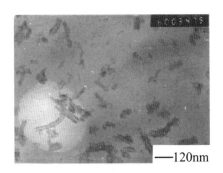

—120nm

圖 9-5 酸回流處理後小段奈米碳管的穿透電子顯微鏡照片 [1]

附氮氣。從高溫壓製體與奈米碳管／酚醛樹脂巨觀壓製體的資料對比可以看出，後者由於酚醛樹脂炭化可在奈米碳管網路中造孔，所以比表面積稍大。

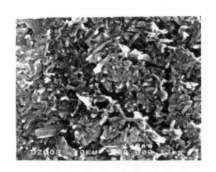

——10nm

圖 9-6 被打斷的奈米碳管／酚醛樹脂巨觀的 壓製體 2# 的掃描電子顯微鏡照片 [1]

圖 9-7 奈米碳管內腔的「小室」結構 [1]

3. 比表面積的影響因素

　　奈米碳管內腔不一定對外開放或貫通，因而內表面或不對外開放，導致只有外表面有效。要想得到奈米碳管的內外比表面積之和 S_m，首先要打開奈米碳管的端帽。圖 9-7 為奈米碳管的高解析照片。從照片可以看出，奈米碳管內腔存在所謂的「小室」結構，內腔未貫通。所以即使奈米碳管的端帽被打開，奈米碳管內腔也不會對外開放，測出的只是外比表面積 S'_m。通過奈米碳管／酚醛樹脂巨觀壓製體 1# 與 2# 的對比，證明濃硝酸回流處理可以打開端帽，並貫通內腔，使比表面積提高。

　　另外，對奈米碳管進行高速球磨處理或氧化處理，也能打斷奈米碳管。圖 9-8 為經過高速球磨處理的奈米碳管，打斷的效果與硝酸處理相似。表 9-3 中奈米碳管／酚醛樹脂巨觀壓製體 3# 中奈米碳管經過球磨處理，比表面積為 140 m^2/g。由於球磨處理是一種機械方法，對奈米碳管內腔的貫通沒有影響，所以比表面積提高的幅度不如濃硝酸處理的效果。

　　將奈米碳管經過氧化性氣體的氧化處理，能使比表面積提高。圖 9-9(a) 和 (b) 分別是將奈米碳管在 600℃ 空氣中，經過 10 min 和 30 min 處理後的穿透電子顯微鏡照片。奈米碳管首先在管端或管身彎曲部位破壞，隨著處理時間的延長，奈米碳管被打斷。將這種奈米碳管壓製成壓製體 4#，實測比表面積可達到 160 m^2/g。

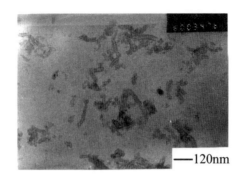

——120nm

圖 9-8 高速球磨後被打斷的奈米碳管的穿透電子顯微鏡照片 [1]

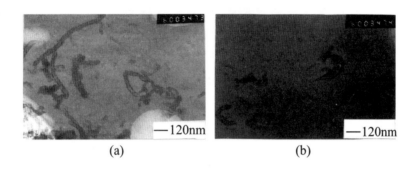

(a) ——120nm   (b) ——120nm

圖 9-9 氧化處理過的奈米碳管的穿透電子顯微鏡照片 [1]

(a) 10 min；(b) 30 min

4. 壓製體的孔容

　　表徵多孔材料的另一個指標是孔容。對奈米碳管壓製體來說，奈米碳管的內腔容積是孔容的一個重要來源。不過，與比表面積不同，孔容的大小並不是由奈米碳管的容積唯一決定，它還與壓製體的孔隙率等指標密切相關。所以，很難採用簡單的數學方法，來估算奈米碳管壓製體的孔容。從表 9-3 得知，奈米碳管壓製體的孔容為 $0.2 \sim 0.4 \ cm^3/g$。比表面積大時相應孔容也大。總體上，由於壓製體的比表面積較大，而且黏結劑炭化也會造孔，所以其孔容大於高溫壓製體的孔容。

　　圖 9-10 (a)、(b) 分別為奈米碳管高溫壓製體與奈米碳管／酚醛樹脂巨觀壓

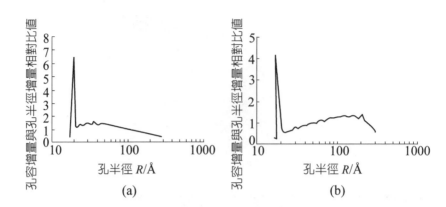

圖 9-10 奈米碳管高溫壓製體與奈米碳管／酚醛樹脂巨觀壓製體的孔徑分佈曲線對比 [1]
(a) 奈米碳管高溫壓製體孔徑分佈曲線；(b) 奈米碳管／酚醛樹脂巨觀壓製體孔徑分佈曲線

製體的孔徑分佈曲線。橫坐標為孔半徑的對數座標，縱坐標為該半徑孔的孔容與孔半徑的微分比值，比值越大，該半徑尺寸的孔越多。從圖可知，孔半徑的分佈都在 2 ～ 30 nm 範圍內。而且從對比可以看出，奈米碳管／酚醛樹脂巨觀壓製體中半徑較大的孔所佔的比率高於高溫壓製體。這是由於在奈米碳管／酚醛樹脂巨觀壓製體中有酚醛樹脂炭化後形成的巨觀孔。按照國際理論與應用化學聯合會（IUPAC）建議的一種按尺度分類的方法可以將孔洞分為三類：尺度小於 2 nm 的微孔，2 ～ 50 nm 之間的中孔以及 50 nm 以上的大孔。因為奈米碳管壓製體中絕大部分孔的直徑分佈在 4 ～ 50 nm，所以孔徑基本都屬於中孔範圍。

9.2.2　奈米碳管／酚醛樹脂巨觀壓製體的載體特性

將奈米碳管壓製體在一定濃度的硝酸鎳 ($Ni(NO_3)_2 \cdot 6H_2O$) 溶液中浸泡 24 h，使孔徑中浸滿硝酸鎳溶液，然後取出乾燥去除多餘水分。採用化學氣相沈積生長奈米碳管的技術進行生長：將乾燥後的壓製體放在瓷舟中，然後一起置於石英管中，在氮氣氣氛下，以 10℃ /min 的升溫速率加熱到 300℃，然後將升溫速率減慢至 5℃ /min，並以氫氣代替氮氣；溫度升至 750℃ 時，同時通入丙烯和氫氣的混合氣體進行裂解生長。一般生長時間為 15 ～ 30 min。

　　經過高溫氫氣還原後，在奈米碳管高溫壓製體中吸附有許多金屬鎳顆粒。圖 9-11 為均勻分佈的金屬鎳顆粒的掃描電子顯微鏡照片。這些顆粒的尺寸在 50 ～ 100 nm 左右，經過裂解生長後，壓製體表面覆蓋一層黑色絨狀物，圖 9-12 (a) 為對其進行觀察的結果。表面這些黑色物質由直徑 50 ～ 300 nm 的纖維構成，絕大部分的纖維直徑 100 nm 左右，有的長度將近 100 nm。在奈米碳管壓製體表面沒有非晶碳等其他類型碳，說明所得到的奈米纖維比較純淨。從纖維的直徑來分析，金屬鎳顆粒的尺寸對纖維的直徑有了決定性作用。所得到的奈米纖維也是互相纏繞在一起，和催化裂解法製備的奈米碳管相似。

　　事實上，儘管對催化裂解法製備的纖維和奈米碳管的生長機制有許多不同的解釋，但被普遍接受的是催化劑在纖維頂端引導生長，或以催化劑為基面

圖 9-11 奈米碳管壓製體中的鎳顆粒的構造及分佈的掃描電子顯微鏡照片 [1]

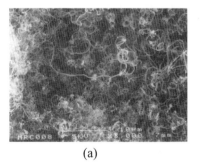 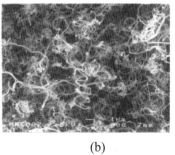

(a) 　　　　　　　　　　　　　　　(b)

圖 9-12 壓製體上生長的碳奈米纖維的掃描電子顯微鏡照片 [1]

(a) 低倍掃描電子顯微鏡照片；(b) 高倍掃描電子顯微鏡照片

支援纖維生長兩種機制。即催化劑顆粒或某些晶面被碳浸潤，碳不斷富集並飽和，催化劑顆粒可以在纖維頂端引導其生長，或作為基面支援纖維生長。圖9-12(b) 顯示這些碳奈米纖維確實從鎳顆粒長出，而且可以看出頂端引導生長和基面支援生長兩種機制都有，因為有些鎳顆粒暴露在纖維表面，表示這些顆粒引導奈米纖維的生長，而從奈米碳管壓製體表面脫離，有些鎳顆粒仍然吸附在奈米碳管壓製體表面，其上生長的纖維應該是基面支援生長機制。奈米碳管壓製體中的孔由交連的奈米碳管形成，在碳奈米纖維生長過程中，不會限制纖維的生長方向，因此碳奈米纖維的生長應該是自由生長，進而和催化裂解生長奈米碳管一樣，得到的碳奈米纖維也互相纏繞在一起。上述實驗證明，呈多孔的奈米碳管巨觀壓製體可作為催化劑載體使用，若控制鎳顆粒的尺寸並優化奈米碳管生長技術，就有可能在奈米碳管巨觀壓製體表面生長出奈米碳管來。

9.3 多壁奈米碳管條帶的力學和電學特性

將直接從燒杯壁上取下長 2.5 cm、截面積 100 μm^2 的多壁奈米碳管條帶，在拉伸機上緩慢地進行拉伸，圖 9-13 為多壁奈米碳管條帶拉伸曲線。可以看出，多壁奈米碳管條帶的拉伸曲線與單壁和雙壁奈米碳管長絲的拉伸曲線有所不同，沒有預應力變形區和塑性變形區。多壁奈米碳管條帶的斷裂方式為脆性斷裂，這與單壁、雙壁奈米碳管長絲也有所不同（後兩種可以呈現出明顯的彈性變形和塑性變形）。奈米碳管條帶的抗拉強度可達到 160 MPa，其彈性模量可達 24 GPa。

多壁奈米碳管條帶主要是由長約為 1 μm、短小又平直的奈米碳管在表面官能基的作用下，通過凡德瓦力結合而成，因此其抗拉強度值較低。將奈米碳管條帶在氬氣的氣氛中，在高溫（2200℃）下進行石墨化處理 1 個小時，使得奈米碳管可以直接通過化學鍵結合，其強度值將得到提高。圖 9-14 是截面積為 200 μm^2、長度為 2.5 cm 的多壁奈米碳管條帶，經過高溫石墨化處理後的拉伸

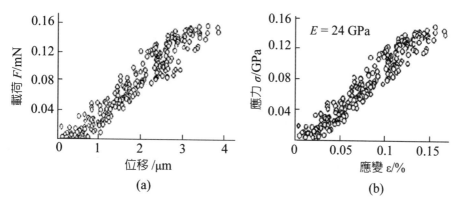

圖 9-13 奈米碳管條帶的力學性能

(a) 載荷—位移曲線；(b) 應力—應變曲線 [5]

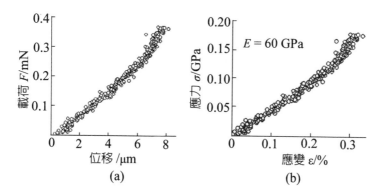

圖 9-14 高溫石墨化處理後奈米碳管條帶的力學性能

(a) 載荷—位移曲線；(b) 應力—應變曲線 [5]

曲線。可以看出，奈米碳管條帶所能承受的應力和應變均有所增加，抗拉強度提高到 180 MPa，較石墨化處理前提高了 12%，最大應變提高了將近 1 倍，證明了石墨化處理後的多壁奈米碳管之間，產生了部分的化學鍵結合。多壁奈米碳管條帶的彈性模量為 $E = 60$ GPa，較純化處理前的 24 GPa 提高了 1.5 倍，與單壁奈米碳管長絲的 77 GPa 接近。說明了石墨化處理可以有效地改進奈米碳管之間結合的方法。

高溫石墨化處理不但可以改進奈米碳管條帶內的連接，還可以改變奈米碳

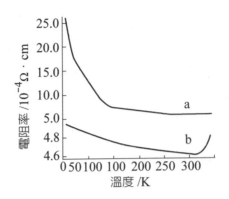

圖 9-15 奈米碳管條帶的電阻溫度曲線

a：石墨化處理前；b：石墨化處理後 [5]

管的晶化狀況，進而改進奈米碳管條帶的電學特性。採用四點法對奈米碳管條帶的電阻—溫度特性曲線進行測量。圖 9-15 中 a 和 b 分別為高溫石墨化處理前後的奈米碳管條帶電阻溫度特性曲線。多壁奈米碳管條帶的電阻溫度特性曲線與高溫巨觀壓製體的相似，隨著溫度的升高，奈米碳管條帶的電阻率呈下降趨勢。高溫石墨化處理後的多壁奈米碳管條帶，其電阻率較相同溫度下的石墨化處理前的低很多，由此證明奈米碳管的連接得到改善，載流子在多壁奈米碳管條帶中遷移的阻力減小。

9.4 無序奈米碳管巨觀體的雙電層電容器特性

9.4.1 電化學電容器

電化學電容器是指一類基於高比表面積碳材料、金屬氧化物和導電聚合物等電極材料的新型儲能元件 [6-10]。採用碳電極的電化學電容器的儲能機理，是基於碳電極／電解液介面上電荷分離所產生的雙電層電容（double layer capacitance）。採用貴金屬氧化物的電容器的電容產生，是在氧化物電極表面及體相發生的氧化還原反應而產生的吸附電容，由於該類電容的產生機製與雙電層

○表 9-4　電化學電容器與普通電容器、電池的對比 [1]

	普通電容器	電化學電容器	電池
標稱放電時間 / s	$10^{-6} \sim 10^{-3}$	$1 \sim 60$	0.3 ～ 3 h
標稱充電時間 / s	$10^{-6} \sim 10^{-3}$	$1 \sim 60$	1 ～ 5 h
能量密度 /（W · h/kg）	<0.1	$1 \sim 10$	20 ～ 100
功率密度 /（W/kg）	>1000	1000 ～ 2000	50 ～ 200
充放電效率	～ 1.0	0.9 ～ 0.95	0.7 ～ 0.85
循環壽命	無限	>500000	500 ～ 2000

電容不同，並伴隨電荷傳遞過程的發生，這種電容被稱為法拉第准電容（Faradaic pseudocapacitance）。在電極面積相同的情況下，後者的比電容是前者的 10 倍。對碳電極的研究表明，它的電容除介面上產生的雙電層電容的貢獻外，還包括碳表面 sp^2、sp^3 懸鍵上所發生的氧化還原過程引起的法拉第准電容 [10, 11]。

作為儲能裝置，電化學電容器近年來越來越受到重視。如表 9-4 所示，其表現的高功率密度（10 kW · kg^{-1} 左右）超過功率電池 100 倍，高能量密度（1 ～ 10 W · h · kg^{-1}）超過傳統電容器 100 倍，並且具有長循環壽命（大於 10^5 次）[12]。電化學電容器的顯著特點是，可以得到很大的電容量以及優異的暫態充放電性能；與小型密裝二次電池相比，具有更高的功率密度和更長的充 / 放電循環使用壽命；與常規電容相比，具有更大的能量密度。此外它還具有免維修、高可靠性等優點。所以電化學電容器是一種兼備電容和電池特性的新型元件，從一產生便吸引了人們的廣泛注意，並得到了大量的應用。它最初被用於記憶體的補助電源，自 20 世紀 90 年代以來，個人電腦、通信設備以及各種家用電器日益廣泛地使用，更為電化學電容器提供了巨大的市場。除了補助電源的應用外，幾千法拉級雙電層電容器還可以用作電動汽車的短時驅動電源，並在汽車啟動、爬坡時提供動力。此外，在航空航太領域中超大容量電容器的應用範圍也非常廣泛 [13]。

雙電層電容量比法拉第准電容器低一個數量級，並且由於活性炭電極顆粒之間的接觸情況差、炭受到緩慢氧化等原因，而導致電容器的等效串聯電阻很

高，因此需要發展低電阻率、高比表面積的新型電極材料。最有希望的材料是氧化還原活性物質分佈在高比表面積基體材料上，氧化還原物質可以最大化，剩下的基底面積可以作為雙電層，使電容器同時具有雙電層和可逆氧化還原過程產生的法拉第准電容，進而提高電容的能量密度 [10, 14]。Miller 最近沈積 Ru 奈米顆粒在炭凝膠表面，當 Ru 質量分數為 35% 時，比電容達到 206 F/g [15]；Lin 報導在製備碳凝膠與 Ru 的複合電極，當表面 Ru 質量分數為 13.3% 時，比電容是 197 F/g [16]。

本研究小組利用奈米碳管表面吸附 $RuO_2 \cdot xH_2O$ 的實驗手段，製備基於奈米碳管 /$RuO_2 \cdot xH_2O$ 電極的雙電層／法拉第准電容複合電容器。通過研究電容器性能，證明基於這種新型電極材料的電容器，同時具有高能量密度和功率密度，在超級電容器領域將有很好的應用前景。

雙電層電容器是根據經典電化學介面雙電層原理設計的。這種理論是 19 世紀末德國物理學家亥姆霍茲（Helmhotz）提出的 [16]。亥姆霍茲在進行固體與液體介面現象研究時發現，將金屬板或其他導電體插入電解質溶液時，由於庫侖力、分子間作用力（凡德瓦力）或原子間作用力（共價力）的作用，使得金屬表面出現穩定的、符號相反的兩層電荷，稱為雙電層。這種雙電層具有緊密結構，近似於平板電容器，其電荷及電位分佈如圖 9-16。如果用 C 表示雙電層的電容量，則

$$C = \frac{Q}{\Delta \varphi} = \frac{\varepsilon S}{d} \tag{9-9}$$

式中，$\Delta \varphi = \varphi_M - \varphi_S$，是固體與液體之間的電位差；

    Q：雙電層的電荷量；

    ε：電解液介電常數；

    S：電極面積；

    d：雙電層的層間距離。

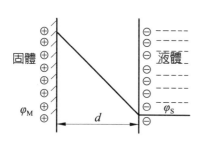

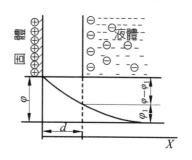

圖9-16 緊密雙電層示意圖　　**圖9-17** 分散雙電層示意圖

　　一般雙電層厚度和通常的離子半徑相同 [16]。由於厚度小，在高表面積材料上雙電層可以實現法拉級容量。

　　事實上，雙電層的結構並不像亥姆霍茲所認為的那樣緊密。由於離子或分子的熱運動，往往具有一定的分散性。正如斯特恩（Stern）所指出，實際的雙電層是由緊密層和分散層兩部分組成的，如圖 9-16，圖 9-17 所示 [17]，緊密層和分散層分離的距離 L_d 稱為當量厚度或德拜長度（Debye length）。

$$L_d = \left(\frac{RT\varepsilon}{2n^2F^2\gamma} \right)^{1/2} \tag{9-10}$$

式中，R：氣體常數；

　　　T：絕對溫度；

　　　n：離子電荷數；

　　　F：法拉第常數；

　　　γ：電解液濃度。

　　設 $\varphi - \varphi_1$ 為緊密層電位差，又稱介面電位差；φ_1 為分散層電位差，又稱液相電位差；其總容量 C 可由式（9-11）計算：

$$\frac{1}{C} = \frac{\varphi}{Q} = \frac{\varphi - \varphi_1}{Q} + \frac{\varphi_1}{Q} = \frac{1}{C_j} + \frac{1}{C_f} \tag{9-11}$$

其中：Q 為總電荷；C_i 為緊密雙電層的電容量；C_f 為分散雙電層的電容量，即實際的雙電層電容器是由緊密雙電層電容器與分散雙電層電容器串聯而成的。總的電容量也可以表示成

$$C = \frac{\varepsilon S}{L_d} \cosh\left(\frac{nF\varphi}{2RT}\right) \qquad (9\text{-}12)$$

9.4.2　高溫壓製體用作電化學電容器電極

表 9-5 列出利用高溫壓製體作電極的電化學電容器的性能指標。由表 9-5 可以得知，電容器的體積比電容達到約 19.6 F/cm³，而且漏電流和等效串聯電阻很小。同時通過與活性炭電極的對比，可以得知奈米碳管電化學電容器的幾項性能指標都優於活性炭。電容量提高 30%，漏電流和等效串聯電阻都有明顯的降低。由此得知，奈米碳管製作電化學電容器的電極具有獨特的優越性。

9.4.3　奈米碳管／酚醛樹脂巨觀壓製體用作電化學電容器電極

採用熱壓技術製備奈米碳管電極時，不需要添加任何黏結劑，且加入黏結劑一般均會降低電極的導電性，從而使電容器性能受到損害。從這一點來講，熱壓技術是製備奈米碳管電極的理想方法。但是就工程應用來看，採用高溫熱壓技術成本太高，因此仍然有必要採用黏結劑成型技術。

奈米碳管／酚醛樹脂巨觀壓製體與高溫壓製體的區別，在於壓製體中含有酚醛樹脂，為了去除酚醛樹脂的不良影響，需要進行炭化過程。事實上，炭化

○表 9-5　高溫壓製體電極的電容器性能指標 [1]

電極種類	電極尺寸	電容量 C_1*	體積比電容 / (F/cm³)	漏電流 / mA	等效串聯電阻 / Ω
奈米碳管	8 mm×8 mm×3 mm	7.5	19.6	<0.6	2.75
活性炭 *	8 mm×8 mm×3 mm	6	15.6	<1.0	4

* 活性炭電容器性能指標由資訊產業部 49 所提供。

技術不單是對黏結劑起炭化作用，並且由於其處理溫度為 850℃，因此對奈米碳管的表面特性也有影響。和碳纖維一樣，奈米碳管在經過酸處理後，表面可以吸附豐富的官能基。這樣，影響壓製體作為電極使用性能的主要因素就是炭化技術和奈米碳管表面特性。為了研究炭化技術和奈米碳管表面特性對電容器性能的影響。本研究小組 [1] 製備了五種不同電極：奈米碳管/酚醛樹脂原始壓製體（電極 A），壓製體經過炭化處理（電極 B），炭化處理後再經過酸後處理的壓製體（電極 C）（這裡的酸後處理指經過如下處理：將炭化後的電極浸泡在 70℃ 的 H_2SO_4 和 HNO_3 的混合溶液（體積比 3：1）15 min，然後將電極在蒸餾水中清洗乾淨，在真空乾燥箱中於 100℃ 烘乾）。為了驗證炭化過程和混合酸處理的綜合影響，另外設計了一種 D 電極，即將奈米碳管經過 H_2SO_4 和 HNO_3 的混合溶液處理後，加入黏結劑壓製而不經過炭化的電極。D 電極炭化後命名為 E 電極。對比研究基於這五種電極的電容器性能。所有電極尺寸均為直徑 22 mm、厚度 1.2 mm。

1. 炭化技術的影響

　　表 9-6 為基於不同電極的電容器性能指標對比。對比基於電極 A 和 B 的電容器的性能可以看出，炭化後，電極 B 的體積密度比電極 A 小。而且 B 電極組成的電容器直流內阻較小，電容量高於 A 電極。主要原因是電極 A 含有酚醛樹脂黏結劑，黏結劑會降低導電性，而且黏結劑的加入可能會引進雜質，使電容器的串聯電阻增大，進而影響電容器的漏電流、充放電效率等性能。而炭化過程使絕緣黏結劑轉變成導電碳顆粒，因此提高電極的導電性。同時，奈米碳管表面總會吸附一些雜質，此種雜質經過炭化後常常可以分解，所以炭化也有清潔奈米碳管表面的作用。總之，炭化後電容器的性能得到較大的改善。

　　圖 9-18 為三種電極的紅外譜圖。由該譜圖可以知道，奈米碳管表面有豐富的官能基。在 3500 cm^{-1} 處的峰證明表面有羥基 OH，而 1600 cm^{-1} 處的峰表明有羰基 COOH 的存在，存在羥基和羰基，就有羧基 $>C\!=\!O$。因此，奈米碳管表面的官能基主要由 COOH，$>C\!=\!O$，—OH 組成。由於壓製體是在

●表 9-6　基於奈米碳管／酚醛樹脂巨觀壓製體的電容器性能 [1]

電極種類	電極體積密度 / (g/cm³)	電容量 $C_1(C_2)^*$/F	體積比電容 / (F/cm³)	漏電流 / mA	直流內阻 / Ω	充放電效率 / %
A	1.17	14.1(16.8)	15.5(18.4)	<1.5	3.5	77
B	1.08	16.1(16.25)	17.6(17.8)	<1.2	0.8	93
C	0.95	24.1(26.6)	26.4(29.2)	<1.2	1.0	90
D	1.15	17.6(22)	19.3(24.1)	<2.5	4.5	81
E	1.07	16.5(16.7)	18.1(18.2)	<1.2	1.0	90

* 電極尺寸統一為 φ22 mm×1.2 mm；在實際測量中，在程式控制電池測試儀上，用 100 mA 的充電電流充電至 1 V，在 1 V 恆壓 30 min，然後以 10 mA 的放電電流恆流放電，根據 $C = \dfrac{I\Delta t}{\Delta V}$ 來計算電容量，其中 I 為電流，Δt 為時間，ΔV 為電壓降。當 $\Delta V = 0.4 \sim 0.6$ V 區間時，計算出的電容量為 C_1；當 $\Delta V = 0.2 \sim 0.6$ V 區間時，計算出的電容量為 C_2。比較 C_1 和 C_2 數值，可以得出電容器放大曲線的線性程度。

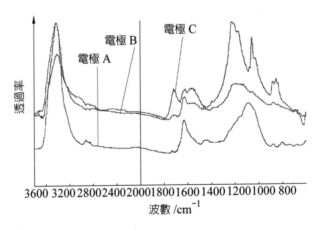

圖 9-18　三種電極的紅外譜圖 [1]

低溫下成形，奈米碳管表面官能基可以保存。但是，酸性官能基在經過 400 ～ 500℃ 的熱處理後，官能基相互之間發生反應，使酸性官能基的數量急劇減少，因此，炭化過程對電極中奈米碳管的表面官能基，特別是酸性官能基有很大影響。從電極 A 和電極 B 的譜圖可以看出，炭化後奈米碳管表面的官能基發生如下反應：

$$-COOH + -COOH \longrightarrow \quad >C=O-O-O=C< \quad + H_2O$$

由此，使官能基中產生酸酐，而使特徵峰發生漂移。

奈米碳管表面的酸性官能基為親水性，在奈米碳管表面提供親水部位。同時這些官能基具有一定的電荷交換能力，這些官能基在奈米碳管表面成為活性中心，可在電解質溶液中進行氧化還原反應，產生法拉第准電容，從而提高奈米碳管的電容量。由於炭化過程影響奈米碳管表面官能基，因此炭化前和炭化後電極組成的電容器在放電行為上也會有所不同。

圖 9-19 為基於 A、B、C 三種電極的電容器的放電曲線對比。電極 A 組成的電容器直流內阻較大，因此開始放電時，電壓急劇下降。在隨後的放電過程中，由於官能基的影響，放電後期電容量較大，使得放電曲線末端變化平緩。對比表 9-6 中電容量 C_1 和 C_2 也可以看出，C_1 和 C_2 相差較大，即放電曲線線性程度較差。而對電極 B 組成的電容器，直流內阻較小，放電行為受官能基的影響也較小，因此放電曲線為一條直線。電容量 C_1 和 C_2 非常接近，可以理解為放電電容量與電容器電壓無關，近似為恆定值，表明放電曲線線性程度好。

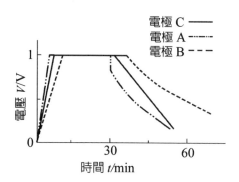

圖 9-19 不同電極組成的電容器的充放電曲線 [1]

2. 電極酸後處理的影響

從圖 9-18 可以看出，經過酸後處理的電極 C 的紅外譜圖，與炭化前電極 A 的譜圖幾乎相同；即經過酸後處理，炭化過程中減少或轉化成酸酐的官能基得到恢復。圖 9-19 也列出了電極 C 組成的電容器的充放電曲線。從圖可以看出，電極 C 組成的電容器的放電行為與電極 A 類似，而且，電極 C 組成的電容器的電容量大幅度提高，體積比電容達到 26.4 F/cm³，而漏電流、等效串聯電阻和充放電效率幾乎不變，電容器的性能得到大幅度改善，所以經過混合酸後處理，可以恢復炭化過程中損失的官能基，使電容量提高約 50%，見表 9-6。

酸後處理改善電容器性能的原因，除了奈米碳管表面的官能基的恢復外，還與電極在混合酸溶液中得到淨化有關。對比電極 B 和 C 的體積密度可以得知，酸後處理使電極的密度進一步減小。電極的密度的減小同時也表明孔徑的擴大。

表 9-6 還列出了 D 電極和 E 電極分別組成的電容器的性能測試結果。它們的密度、電阻和漏電流等指標的變化，與 A 電極和 B 電極的變化類似，所以，為了減小電容器的內阻和漏電流，炭化過程是必須的。D 電極的電容量比 A 電極高，說明 H_2SO_4 和 HNO_3 混合酸處理的效果，比單獨 HNO_3 處理的效果要好。但是，由於炭化過程中官能基的減少，炭化後 E 電極和 B 電極組成的電容器的性能指標卻相似，說明炭化前的酸處理對炭化後電極的性能影響不大。

總之，奈米碳管表面的豐富官能基對電容器的性能指標有較大影響。炭化可以有效地降低電容器內阻，但也使奈米碳管表面的官能基大大減少。因此，要獲得優異的電容器性能，最好的辦法是對炭化後的電極施以 H_2SO_4 和 HNO_3 混合酸後處理。

3. 奈米碳管電化學電容器功率特性

對以巨觀壓製體為電極的電容器的研究證明，最高體積比電容量達到 26.4 F/cm³，電極的體積密度 0.95 g/cm³，則質量比電容量為 27.8 F/g。電容器的能

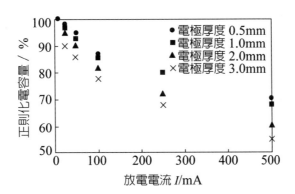

圖 9-20 **電容器電容量與放電電流關係** [1]

力與電容量的關係可由式（9-13）表示：

$$E = \frac{1}{2}CV^2 \qquad (9\text{-}13)$$

由此，得到電容器的能量密度為 13.9 kJ/kg。但是，這樣的能量密度是在較小的放電電流 10 mA 的情況下獲得的。圖 9-20 為奈米碳管電化學電容器的電容量與放電電流的關係曲線。這裡取 10 mA 放電時的電容量為 100%，然後將不同放電電流下的電容量正則化，得出不同電極厚度的電容器電容量與不同放電電流的關係曲線。從圖 9-20 可以看出，隨著放電電流的增大，電容器所能釋放的能量減少，而呈現出電容量降低，放電效率降低。並且電極越厚，電容器的電容量降低越快。

理論意義上的雙電層電容器，所儲存的能量能夠在極短時間得到釋放，因此電容量與放電電流的大小無關。而實際上電容量與放電電流，即能量密度與功率密度有關，主要是由以下的因素引起的。

(1) 電阻損耗。電容器具有一定的內阻，包括電極本身的傳導電阻和電極中電解液的傳導電阻。而對於多孔電極，奈米孔的尺寸和形狀會引起所謂的墨水瓶效應，導致孔阻。同時在大電流放電的情況下，電容器連接

部分的引線電阻也不容忽視。這些電阻損耗隨放電電流的增大而增大，呈現出電容器的電容量降低。這表示在高電流密度時電極的內部深處的表面沒有完全被利用。

(2) 電介質吸收現象。當電容器大電流快速放電後，將電容器開路，電容器兩端會逐漸出現 0.15 V 左右的電壓，即儲存的能量沒有完全釋放。電容器兩端施加電壓後，電解液中的分子不可避免地有極化現象。大部分分子能夠快速完成極化過程，但有一小部分在瞬間還來不及完成極化過程，需要一定時間。由於快速極化所充的電荷立刻放電，而緩慢極化所充的電荷，還來不及完全放電，這就使未放完的電荷連續向快速極化部分充電，而使電容器兩端又呈現一定數值的電壓。由於電介質吸收現象，所以大電流放電時電容器存儲的部分能量不能夠釋放，導致電容量降低。

為此，對多孔電極，要得到高電容量，需要低電流密度和合適的孔結構。奈米碳管電極中由於孔互相連通，功率特性都較好。採用厚度 1 mm 以上的固體電極，在電流 500 mA 放電的情況下，仍能釋放 70% 左右的能量，由此可知奈米碳管電容器在大功率驅動電源領域會有很好的應用前景。

9.4.4 奈米碳管電極與高比表面積活性炭電極的比較

可以用作電化學電容器的電極的材料很多，但應用最廣泛、研究最多的還是碳材料。其中最具代表性的是活性炭和碳凝膠。下面藉由與它們的對比，說明奈米碳管用於電化學電容器電極材料的特點。

理論上，在活性炭材料表面的雙電層比電容量為 $15 \sim 20\ \mu F/cm^2$，以此推算，比表面積為 $2000 \sim 4000\ m^2/g$ 的活性炭電極雙電層容量應能達到 400 F/g 以上，但實際上，活性炭電容器的比電容量只有 40 F/g，即只有理論值的 1/10。造成利用率如此低的首要原因是，活性炭的比表面積主要是由微孔提供。使用高比表面積的活性炭，從微孔到巨觀孔，總是具有較寬的孔隙尺寸分

佈。對於用硫酸電解液的雙電層電容器的極化電極，也只有直徑大於 2 nm 的孔隙才可能形成雙電層。對活性炭來說，微孔佔其表面積的 60% ～ 70%，而中孔只佔 20% ～ 30%。也就是說，活性炭的表面積主要是由微孔所提供，而佔有大部分表面積的微孔，在雙電層電容中是不發揮作用的，所以限制了其電容量。事實證明，比表面積大於 1000 m²/g 的活性炭電極，其能夠用來形成雙電層的，卻不到表面積的 1/3。

奈米碳管電極則不一樣，孔徑全部屬於中孔範圍，而且奈米碳管之間的空隙是相互連通的，因此也就決定了其獨特的連通結構，也由於這種結構中並沒有所謂的盲孔，所有的孔都是對外開放的。奈米碳管作為電極材料使用時，幾乎所有的孔都能被利用，這是活性炭等材料不能比擬的。奈米碳管電極的比表面積在 100 ～ 180 m²/g 範圍，其電容量在 20 F/g 左右。Niu 也報導，當奈米碳管薄膜電極的比表面積為 430 m²/g 時，電容量達到 49 F/g [18]。由此測知奈米碳管具有極高的比表面積利用率。

奈米碳管管壁具有很好的晶體結構，可以看作由石墨捲繞而成。石墨稜面的雙電層比電容量為 50 ～ 100 $\mu F/cm^2$，比活性炭表面的雙電層比電容量（15 ～ 20 $\mu F/cm^2$）高得多。這表示在比表面積相同時，採用奈米碳管電極可以獲得比活性炭電極更高的電容量。因此，儘管目前大量生產的奈米碳管，其比表面積比活性炭低，但其電容量指標卻相當接近甚至超出活性炭。因而可以預料，隨著大批量製備直徑更小，甚至單層奈米碳管技術的出現，奈米碳管在電化學電容器領域的應用前景會更好。

活性炭的微孔面積隨熱處理溫度的升高而呈線性下降。因此在製備碳與黏結劑的複合電極時，其炭化溫度和時間都會受到一定限制。但是在製備奈米碳管電極時，中孔面積隨溫度升高幾乎不變，所以技術適應性強。實驗證明，2000℃ 高溫熱壓技術同樣可以用來製備奈米碳管電極，且電容器性能良好，而對活性炭等電極材料來說，這樣高的處理溫度是無法想像的。

奈米碳管另一個重要特點是其中空結構。在製作電化學電容器時，如能使電解質溶液充分浸潤奈米碳管內腔，可以預料電容量能明顯提高。這就需要滿

足兩個條件：一是內腔直徑在 2 nm 以上；二是內腔對外開放且貫通。要滿足第一個條件需要大批量製備滿足下面參數的奈米碳管原料：內徑稍大於 2 nm，管壁儘量薄，最好為 2～3 層。要滿足第二個條件就是要通過酸處理方法使內腔貫通，進而提高電容量。

除此之外，通過空氣、CO_2 氧化的方法，可以對奈米碳管的端帽和外表面進行刻蝕，進而提高比表面積 [19]。CO_2 和水蒸氣活化是生產高比表面積活性炭材料的必要手段。因此，奈米碳管也可通過活化的方法來提高比表面積，進而提高電容量。

9.4.5 奈米碳管／$RuO_2 \cdot xH_2O$ 電化學電容器

為了進一步提高基於碳電極的電化學電容器的能量密度，可以將氧化還原活性物質分佈在高比表面積基體材料上，進而使氧化還原物質提供的法拉第准電容量最大化，而剩下的基底面積則可以用作雙電層電容量。

與碳電極相比，RuO_2 有成本高的缺點，但也有許多優點。首先，它的比電容量是碳電極的 10 倍以上，這是 Ru 離子（Ru^{2+}，Ru^{3+}，Ru^{4+}）和 H^+ 離子之間的表面反應所產生的法拉第准電容引起的。Zheng 採用非晶 $RuO_2 \cdot xH_2O$ 電極，比電容量達到 720 F/g [13, 16]。因此 RuO_2 成為很有吸引力的電化學電容器的電極材料。Miller 最近報導沈積奈米尺寸 Ru 顆粒在碳凝膠表面，當表面沈積質量分數 35% Ru 時，比電容達到 206 F/g [15]；Lin 也報導製備出碳凝膠與 Ru 的複合電極，當表面 Ru 的質量分數為 13.3% 時，比電容量為 197 F/g [16]。另外，有研究者發現，在 $RuO_2 \cdot xH_2O$ 電極中加入質量分數 20% 的高比表面積炭黑，可以顯著改善 $RuO_2 \cdot xH_2O$ 電容器的功率特性 [21]。

為了更有效地發揮奈米碳管的優點，進一步提高基於奈米碳管電化學電容器的比電容量，本研究小組的馬仁志研究了奈米碳管／$RuO_2 \cdot xH_2O$ 電化學電容器。

1. 奈米碳管／$RuO_2 \cdot xH_2O$ 電極的製備

為了製備奈米碳管和 $RuO_2 \cdot xH_2O$ 的複合電極，首先經過 140℃ 濃硝酸回流處理，使奈米碳管吸附上官能基，然後把一定量的奈米碳管和一定濃度的 $RuCl_3$ 水溶液混合，邊攪拌，邊加入一定濃度的 NaOH 溶液。當混合溶液的 pH 值達到 7 時停止攪拌，在 NaCl 溶液中沈澱析出黑色 $Ru(OH)_3 \cdot xH_2O$ 粉末。其化學反應式為

$$RuCl_3 \cdot xH_2O + 3NaOH = Ru(OH)_3 \cdot xH_2O + 3NaCl$$

經過多次過濾後，將沈澱物在 150℃ 下烘乾，得到奈米碳管和 $RuO_2 \cdot xH_2O$ 的混和粉末。往混和粉末中添加質量分數為 10% 的酚醛樹脂，球磨均勻後在 100℃下壓製成型，製備成電容器電極。電極尺寸為直徑 22 mm，厚度 0.5～2 mm。由於 $RuO_2 \cdot xH_2O$ 在高於 300℃ 的溫度下處理時，會向晶態 RuO_2 轉變，因此不進行炭化過程。

2. 奈米碳管／$RuO_2 \cdot xH_2O$ 電化學電容器

在奈米碳管表面沈積 $RuO_2 \cdot xH_2O$ 時，溶液的 pH 值很重要，這主要是由 NaOH 的加入量來控制。如果 pH<7，反應不完全，沈澱過濾後的溶液中仍含有 Ru^{3+} 離子，溶液呈黑色。如果 pH>7，則反應過剩的 Na^+ 離子會作為雜質混入沈澱中，由此引起電容量下降。

反應沈澱過程中不停地作攪拌，然後在 150℃ 下烘乾後得到非晶態的 $RuO_2 \cdot xH_2O$，主要成分是 $RuO_2 \cdot 2H_2O$。圖 9-21 為不添加奈米碳管時製備的 $RuO_2 \cdot xH_2O$，其結構為團聚在一起的奈米顆粒。可以將製得的 $RuO_2 \cdot xH_2O$ 與一定量的奈米碳管機械混合，然後加入黏結劑製備電極，圖 9-22 為機械混合的奈米碳管／$RuO_2 \cdot xH_2O$ 粉末的結構。圖 9-22 中顯示奈米碳管與 $RuO_2 \cdot xH_2O$ 均勻地混合在一起。

在奈米碳管表面沈積 $RuO_2 \cdot xH_2O$ 時，由於奈米碳管具有較大的比表面

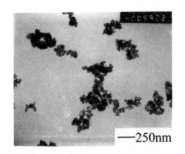

—250nm

圖9-21 製備的 $RuO_2 \cdot xH_2O$ 的穿透電子顯微鏡照片 [1]

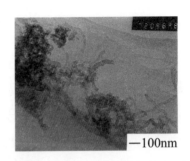

—100nm

圖9-22 奈米碳管與 $RuO_2 \cdot xH_2O$ 混合物的穿透電子顯微鏡照片 [1]

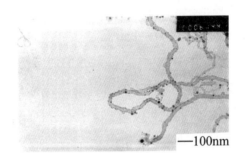

—100nm

圖9-23 奈米碳管表面的沈積物的穿透電子顯微鏡照片 [1]

積，進而為 $RuO_2 \cdot xH_2O$ 提供了形核的基底，有 RuO_2 晶體形成，所以得到非晶 $RuO_2 \cdot xH_2O$ 和奈米 RuO_2 晶體的混合物。圖 9-23 是奈米碳管上沈積的非晶 $RuO_2 \cdot xH_2O$ 與奈米 RuO_2 晶體的穿透電子顯微鏡照片。

隨著原始溶液中 $RuCl_3$ 的含量增多，生成非晶 $RuO_2 \cdot xH_2O$ 數量增多，因此表面沈積物中非晶 $RuO_2 \cdot xH_2O$ 含量增多。圖 9-24 為奈米碳管／沈積物混合粉末中，沈積物的質量分數分別為 45% 和 75% 時的 X 射線繞射圖。當沈積物的質量分數為 45% 時，晶體 RuO_2 的繞射峰比較強。而當沈積物的質量分數由 45% 增為 75% 時，晶體 RuO_2 的繞射峰的強度減弱，表明沈積物中非晶 $RuO_2 \cdot xH_2O$ 的含量增多。

非晶 $RuO_2 \cdot xH_2O$ 的密度在 3 g/cm^3 左右，而晶體 RuO_2 的密度為 6.97 g/cm^3。根據穿透電子顯微鏡觀察，沈積物顆粒尺寸在 30 nm 左右，可以計算

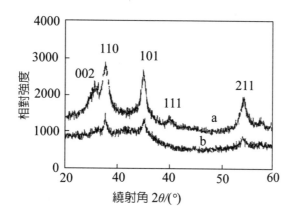

圖 9-24 奈米碳管／沈積物混合粉末中，沈積物質量分數不同時的 *X* 射線結果
a：沈積物質量分數 45%；b：沈積物質量分數 75% [1]

出非晶 $RuO_2 \cdot xH_2O$ 的比表面積約為 66.7 m²/g，晶體 RuO_2 的比表面積為 28.7 m²/g。由此顯示，在同樣顆粒尺寸的情況下，非晶 $RuO_2 \cdot xH_2O$ 的比表面積高於晶體 RuO_2。由於奈米碳管表面沈積物為非晶 $RuO_2 \cdot xH_2O$ 和晶體 RuO_2 的混合物，所以沈積物的比表面積應該介於 28.7～66.7 m²/g 之間。實測得到比表面積為 53 m²/g，正好處於這個範圍。在奈米碳管表面沈積 $RuO_2 \cdot xH_2O$ 時，加入奈米碳管會提高比表面積。實際測得的奈米碳管／沈積物的混合粉末的比表面積在 100 m²/g 左右。圖 9-25 是以這種混合粉末制得的電極的

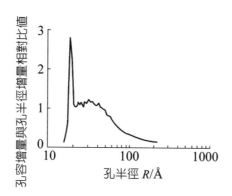

圖 9-25 奈米碳管／ $RuO_2 \cdot xH_2O$ 電極的孔徑分佈 [1]

孔徑分佈圖，孔半徑集中在 $2 \sim 20$ nm，同樣屬於中孔範圍。這樣的中孔尺寸使得 $RuO_2 \cdot xH_2O$ 中的 Ru 離子更容易參加電化學反應。

3. 奈米碳管 / $RuO_2 \cdot xH_2O$ 電化學電容器的電容量

將奈米碳管與質量分數為 20% 的 $RuO_2 \cdot xH_2O$ 機械混合，製得的電容器的比電容量為 98 F/g，而在奈米碳管表面沈積質量分數為 20% 的 $RuO_2 \cdot xH_2O$ 時，電容器的電容量為 145 F/g。由此證明，在奈米碳管與 $RuO_2 \cdot xH_2O$ 的配比相同的情況下，採用奈米碳管表面沈積 $RuO_2 \cdot xH_2O$ 方法，製備的電極的電容量比機械混合方法製備的要高。所以下面的測試都採用奈米碳管表面沈積 $RuO_2 \cdot xH_2O$ 的電極，而且為了與文獻資料的資料對照，此處採用的比電容量全部是單電極容量。

表 9-7 為不同成分的複合電極的比電容量 C_p 測試結果。圖 9-26 是根據這些資料得出的複合電極的比電容量隨 $RuO_2 \cdot xH_2O$ 含量變化曲線。從圖的變化趨勢可知，隨著 $RuO_2 \cdot xH_2O$ 的增多，複合電極的比電容量增大。當 $RuO_2 \cdot xH_2O$ 的質量分數達到 75% 時，比電容量達到 560 F/g。

假設奈米碳管的電容量 C_d 與 $RuO_2 \cdot xH_2O$ 的電容量 C_φ 是可疊加的。即

$$C_p = C_d + C_\varphi \tag{9-14}$$

●表 9-7　不同成分的複合電極的比電容量 C_p 測試結果 [1]

$RuO_2 \cdot xH_2O$：CNTs：PF（質量比）	C_p/(F/g)	C_φ($RuO_2 \cdot xH_2O$ 提供，計算值)/(F/g)
0：90：10	90	—
20：70：10	145	410
30：60：10	192	460
45：45：10	302	581
55：35：10	400	670
75：15：10	560	729

注：*CNTs ——奈米碳管；PF ——酚醛樹脂。

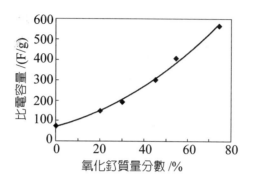

圖 9-26 複合電極的比電容量隨 $RuO_2 \cdot xH_2O$ 含量變化 [1]

因為複合電極是由奈米碳管、$RuO_2 \cdot xH_2O$ 和酚醛樹脂構成，所以假設奈米碳管含量為 $F(CNTs)$，$RuO_2 \cdot xH_2O$ 的含量為 $F(RuO_2 \cdot xH_2O)$，酚醛樹脂的含量表示為 $F(RF)$，顯然有

$$F(CNTs) + F(RuO_2 \cdot xH_2O) + F(RF) = 1$$

其中 $F(RF)$ 是固定值，為 10%，奈米碳管的比電容量 C_d 可取平均值 90 F/g。則複合電極中 $RuO_2 \cdot xH_2O$ 所提供的電容量 C_φ 可採用下面的公式計算：

$$C_\phi = \frac{C_p - CNTs \times 90}{RuO_2 \cdot xH_2O} \tag{9-15}$$

表 9-7 中第三列資料是根據公式（9-14）計算出的 C_φ 值。從計算結果可知，$RuO_2 \cdot xH_2O$ 提供的比電容量 C_φ 為 410 ～ 729 F/g。

就比電容量來說，晶體 RuO_2 的比電容量低於非晶 $RuO_2 \cdot xH_2O$。對由奈米碳管和 $RuO_2 \cdot xH_2O$ 構成的複合電極來說，由於奈米碳管的比電容量遠小於 $RuO_2 \cdot xH_2O$ 的比電容量，$RuO_2 \cdot xH_2O$ 的電容量占主導地位。在奈米碳管表面沈積非晶 $RuO_2 \cdot xH_2O$ 時，隨著 $RuO_2 \cdot xH_2O$ 加入量的增大，非晶 $RuO_2 \cdot xH_2O$ 的含量增多，複合電極的比電容量顯著增大。所以複合電極中 $RuO_2 \cdot$

xH$_2$O 提供的比電容量不是恆定值。當 RuO$_2$ · xH$_2$O 的質量分數達到 75% 時，比電容量為 729 F/g，這和 Zheng 報導的非晶 RuO$_2$ · xH$_2$O 的比電容量 768 F/g 的資料很接近 [14, 17]。

由於奈米碳管／RuO$_2$ · xH$_2$O 電容器具有比奈米碳管電容器高得多的比電容量，因此要製作較大電容量（100 F）的電容器單元就相對容易。複合電極中 RuO$_2$ · xH$_2$O 含量越多，則比電容量就越大，所以要提高電容器比電容量，就需要增大 RuO$_2$ · xH$_2$O 的含量。但是，由於複合電極中保留的奈米碳管具有較大比表面積，可以增加電極孔隙率，這有利於改善電容器的功率特性。實驗結果證明，複合電極中 RuO$_2$ · xH$_2$O 的質量分數為 45% 時，電容器具有較好的綜合性能。採用電極尺寸為直徑 22 mm、厚度 1.5 mm；封裝後電容器的直徑為 25 mm、厚度為 4 mm。

圖 9-27 為製得的電容器的充放電曲線，100 mA 恆流充電至 1 V，恆壓 1 h，然後 10 mA 恆流放電。由放電曲線計算出電容量為 125 F，其他性能指標為內阻 2 ～ 3 Ω，漏電流約為 3.5 mA。與純的奈米碳管 100 F 電容器單元對比，內阻和漏電流都稍大，這主要是由於電極沒有經過炭化，黏結劑引入的雜質使電容器漏電流上升，內阻增加。

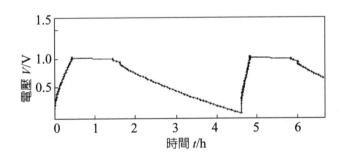

圖 9-27 奈米碳管／ RuO$_2$ · xH$_2$O 電極的 125F 電容器單元充放電曲線 [1]

4. 奈米碳管／RuO$_2$·xH$_2$O 電化學電容器的分析

(1) 電容量分析

RuO$_2$ 電化學電容器的電容量來自於 RuO$_2$ 氧化還原反應，其具體的反應式如下：

$$RuO_2 + \delta H^+ + \delta e^- \longleftrightarrow RuO_{2-\delta}(OH)_\delta \quad (0 \leq \delta \leq 2)$$

當 RuO$_2$ 電極電勢從 0 V 上升到 1.4 V 時，Ru 的價態從 Ru^{2+}(OH)$_2$ 變化到 Ru^{4+}O$_2$，即 $\delta = 2$，這表示有兩個質子參與反應。則每克 RuO$_2$ 反應產生的電量 Q 由法拉第電解定律計算：

$$Q = \frac{\delta F}{M} \tag{9-16}$$

式中，Q：每克物質產生的電量；

F：法拉第常數，$F = 96486.7$ C/mol；

M：析出物質 RuO$_2$ 的摩爾質量，$M = 133$ g/mol。

根據法拉第電解定律算出 $Q = 1451$ C/g，即 1 g RuO$_2$ 產生 1451 C 的電量。

假設氧化還原反應均勻發生在 0～1.4 V 區間，則由 $C = \frac{Q}{\Delta V}$ 得到比電容量 C 約為 1010 F/g。但是，上面的計算基於假設所有的活性物質都參加反應。對於 RuO2 晶體來說，晶格是剛性的，晶面間距很難膨脹，質子很難進入晶體內部。所以除了表面的 Ru 離子，晶體內部的 Ru 離子是不會參加反應的。假設每個以晶格長度為邊的立方體內只有一個 Ru 離子參加反應。則參加反應的活性物質的莫耳數 M 為

$$M = \frac{S}{d^2 N_A} \tag{9-17}$$

式中，S：晶體 RuO_2 的比表面積；

　　　d：晶格長度，2.7 Å；

　　　N_A：阿伏加德羅常數，$N_A = 6.02 \times 10^{23}$。

由法拉第定律，這時比電容量 C_T 可以表示為

$$C_T = \frac{\delta SF}{d^2 N_A \Delta V} \qquad (9\text{-}18)$$

　　式（9-18）顯示：晶體 RuO_2 的比電容量 C_T 與 RuO_2 的比表面積呈線性關係。假設製備的沈積物全部為晶體 RuO_2，比表面積為 53 m^2/g，則 C_T 估算為 166 F/g。有人計算出比表面積為 120 m^2/g 時的晶體 RuO_2，C_T 在 340 ～ 380 F/g 之間，其實驗結果值為 350 F/g，非常接近 [22]。所以晶體 RuO_2 的比電容量遠遠小於式（9-13）的理論計算值 1010 F/g。

　　相對於晶體 RuO_2 來說，非晶 $RuO_2 \cdot xH_2O$ 容易被還原，而且內部也會容易被質子滲入 [23]。這是由於非晶態容易接納質子而膨脹。例如對鋰離子─碳體系來說，與石墨化程度好的碳相比，層狀結構愈雜亂一些，愈容易與更多的鋰離子形成插層化合物 [23]。所以，在非晶 $RuO_2 \cdot xH_2O$ 電極中，質子能夠進入活性物質內部，幾乎所有活性物質都可以參加反應。所以非晶 $RuO_2 \cdot xH_2O$ 的比電容量可以接近 1010 F/g，而且與 $RuO_2 \cdot xH_2O$ 的比表面積關係不大。

　　由於奈米碳管表面沈積物為晶體和非晶態的混合體，所以沈積物的比電容 C_ϕ 將為 155 ～ 1010 F/g，從表 9-7 可以看出，$RuO_2 \cdot xH_2O$ 的質量分數為 20% 時，C_ϕ 為 410 F/g；$RuO_2 \cdot xH_2O$ 的質量分數為 75% 時，C_ϕ 為 729 F/g，都處於這個範圍。C_ϕ 的增大，證明沈積物中非晶 $RuO_2 \cdot xH_2O$ 的含量增多，這與 X 射線繞射結果是相符的。

(2) 功率特性分析

　　電容器的大電流放電特性與電容器的阻抗密切相關。圖 9-28 是雙電層電

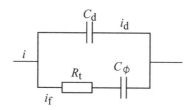

圖 9-28 雙電層電容與法拉第准電容的複合電路模型 [1]

容與法拉第准電容的複合電路模型，其中 R_t 可由下式計算：

$$R_t = \frac{RT}{i_0 \delta F} \tag{9-19}$$

式中，i_0：交換電流密度；

　　　R：氣體常數；

　　　T：絕對溫度。

　　$RuO_2 \cdot xH_2O$ 的氧化還原反應具有較高的交換電流密度，i_0 約為 10^{-3} mA/cm^2，所以 R_t 值較小，功率特性很好。但是在 $RuO_2 \cdot xH_2O$ 多孔電極中，這樣的 i_0 值所帶來的好處很容易被 $RuO_2 \cdot xH_2O$ 的分佈充電效應（distributed charge effect）和電極因厚度增加而增加的電阻所抵消，因此優異的電容性能一般只出現在 $RuO_2 \cdot xH_2O$ 薄膜上。另外，在 $RuO_2 \cdot xH_2O$ 氧化還原反應中，電解液中的絕大多數離子聚集到 $RuO_2 \cdot xH_2O$ ／電解液介面參加反應，導致孔隙中電解液的離子濃度顯著降低，進而引起電解液的離子傳導電阻的增加和電容器內阻的增加。這樣會降低電容器的功率特性。

　　儘管晶體 RuO_2 的電阻率為 4.6×10^{-5} Ω·cm，但非晶 $RuO_2 \cdot xH_2O$ 的電阻率在 10^{-2} Ω·cm 量級，比奈米碳管的電阻率 10^{-4} Ω·cm 要高得多。在奈米碳管／ $RuO_2 \cdot xH_2O$ 電極中，在奈米碳管表面沈積 $RuO_2 \cdot xH_2O$ 有利於降低電極材料的電阻率。而且，由於 $RuO_2 \cdot xH_2O$ 沈積在奈米碳管表面，有利於提高 i_0 值，降低電荷轉移電阻。更重要的是，由奈米碳管增加的電極的孔隙率

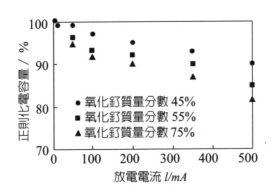

圖 9-29 不同奈米碳管含量電極組成的電容器的大電流放電特性 [1]

可以儲存較多電解液。這樣，孔隙中電解液的離子濃度不至於因氧化還原反應的離子損耗而降低太多，進而抑制電解液中離子電阻的增加和電容器內阻的增加。所有這些改善，都會提高電容器的功率特性。圖 9-29 是奈米碳管／$RuO_2 \cdot xH_2O$ 電容器的電容量與放電電流的關係。奈米碳管含量多的電容器，其電容量隨放電電流的增大而減小的幅度較小，證明電極中的奈米碳管有利於改善電容器的大電流放電特性。

基於上述討論，奈米碳管／$RuO_2 \cdot xH_2O$ 複合電極的製備是一種新的嘗試。一方面，$RuO_2 \cdot xH_2O$ 的高法拉第准電容量，使這種複合電極的電容器具有比奈米碳管電容器高得多的電容量，而奈米碳管的低電阻、高比表面積的基體作用，又使電容器具有很好的大電流放電特性。奈米碳管／$RuO_2 \cdot xH_2O$ 複合電極在製備的同時，對於具有高能量密度和高功率密度的超級電容器領域，也將有很好的應用前景。

參考文獻

[1] 馬仁志。碳奈米管壓製體的性能及工程應用研究：〔博士學位論文〕。北京：清華大學機械系，2000

[2] Dai H, Wong E W, Lieber C M. Probing electrical transport in nanomaterials:

conductivity of individual carbon nanotubes.Science, 1996, 272: 523~526

[3] Ebbesen T W, Lezec H J, Hiura H, et al. Electrical conductivity of individual carbon nanotubes.Nature, 1996, 382: 54~56

[4] Saito Y, Hamaguchi K, Nishino T, et al. Field emission patterns from single-walled carbon nanotubes. Jpn J Appl Phys, 1997, 36: 1340~1342

[5] Saito Y, Uemura S, Hamaguchi K, et al. Cathode ray tube lighting elements with carbon nanotube field emitters. Jpn J Appl Phys, 1998, 37: 346~348

[6] Tanahashi I, Yoshida A, Nishino A. Electrochemical characterization of activated carbon-fiber cloth polarizable electrodes for electric double-layer capacitors. J Electrochem Soc, 1990, 137(10): 3052~3057

[7] Mayer S T, Pekala R W, Kaschmitter J L. Aerocapacitor: an electrochemical double-layer energy-storage device. J Electrochem Soc, 1993, 140(2): 446~451

[8] Zheng J P. Jow T R. A new charge storage mechanism for electrochemical capacitors. J Electrochem Soc, 1995, 142(1): L6~L7

[9] Burke A F, Murphy T C. Material characteristics and the performance of electrochemical capacitors for electric/hybrid vehicle applications. Materials Research Society Symposium Proceedings, 1995, 393: 375~395

[10] Sarangapani S, Tilak B V, Chen C P. Materials for electrochemical capacitors. J Electrochem Soc, 1996, 143(11): 3791~3799

[11] Lipka S T. Electrochemical capacitors utilizing low surface area carbon fiber. IEEE AES Systems Magazine, 1997, 7: 27~30

[12] Conway B E. Transition from "supercapacitor" to "battery" behavior in electrochemical storage. J Elcetrochem Soc, 1991, 138(6): 1539~1548

[13] 南俊民，楊勇，林祖賡。電化學電容器及其研究進展。電源技術，1996, 20(4): 31~35

[14] Zheng J P, Cygan P J, Jow T R. Hydrous ruthenium oxide as an electrode for electrochemical capacitors. J Electrochem Soc, 1995, 142(8): 2699~2703

[15] Liu K C, Anderson M A. Porous nickel oxide/nickel film for electrochemical capacitors. J Electrochem Soc, 1996, 143(1): 124~130

[16] Srinivasan V, Weidner J W, An electrochemical route for making porous nickel oxide electrochemcial capacitors. J Electrochem Soc, 1997, 144(8): L210~L213

[17] Zheng J P, Huang J, Jow T R. The Limitations of energy density for electrochemical capacitors. J Electrochem Soc, 1997, 144(6): 2026~2031

[18] Green M L, Gross M E, Papa L E, et al. Chemical vapaor deposition of ruthenium and ruthenium dioxide films. J Electrochem Soc, 1985, 132(11): 2677~2685

[19] Miller J M, Dunn B, Tran T D, et al. Deposition of ruthenium nanoparticles on carbon aerogels for high energy density supercapacitor electrodes. J Electrochem Soc, 1997, 144(12): L309~L311

[20] Lin C. Sol-gel derived electrode materials for supercapacitor applications: [Doctor dissertation]. South Carolina: Department of Chemical Engineering, University of South Carolina, 1998

[21] Mayer S T, Pekala R W, Kaschmitter J L. The aerocapacitors: an electrochemical double-layer energy-storage device 1993. J Electrochem Soc, 1993, 140(2): 446~451

[22] Niu C M, Sichel E K, Hoch R, et al. High power electrochemical capacitors based on carbon nanotube electrodes. Appl Phys Lett, 1997, 70(11): 1480~1482

[23] Kroto H W, Heath J R, O'Brien S C, et al. C60: Buckminsterfullerene. Nature, 1985, 318: 162~163

[24] Zheng, J P, Jow, T R. High energy and high power density electrochemical capacitors. J Power Sources, 1996, 62(2): 155~159

[25] Tibbetts G G, Gorkiewicz D W, Alig R L, et al. New reactor for growing carbon fibers from liquid- and vapor-phase hydrocarbons. Carbon, 1993, 31(5): 809~814

[26] Kato T, Matsumoto T, Saito T, et al. Effect of carbon source on formation of vapor-grown carbon fiber. Carbon, 1993, 31(6): 937~940

奈米碳管的潛在應用與展望

10.1　奈米碳管增強複合材料

10.2　電子材料及元件上的應用

10.3　用作模板內外填充物質

10.4　醫學應用

10.5　軍事應用

10.6　其他方面的應用前景

10.7　展望

參考文獻

　　奈米碳管在力學、電學、熱學等方面的優異性能，使它在許多領域有著廣泛的潛在應用前景，並開展了相應的研究，取得了一定的進展。但目前這些研究大多尚未達到產業化的要求。

10.1　奈米碳管增強複合材料

　　奈米碳管的尺寸處於奈米量級，長徑比大，而且具有極高的軸向抗拉強度，是鋼的 100 倍。單壁奈米碳管可承受扭轉形變並可變成小圓環，應力卸除後，可完全恢復到原來的狀態。奈米碳管全部由碳原子組成，密度只有鋼的 1/6。這些優良的性能使得奈米碳管非常適合用作複合材料的增強相。

　　複合材料通常是指連續的、纖維增強的、以聚合物為基體的複合材料。聚合物應用廣泛，這是因為它加工容易，具有良好的韌度和較高的強度，並可通過加入質量分數約為 30% 的玻璃短纖維或碳纖維等增強劑，來提高工作溫度或室溫下的剛度。研究證明，增強劑的長徑比對複合材料的彈性模量有重要影響。短玻璃纖維或者短碳纖維的長徑比一般小於 10，很容易與聚合物結合。大的長徑比可獲得更好的強度和韌度，但不利於增強劑在聚合物中的均勻分散，因而限制了增強劑的最大加入量，另外長纖維易於在擠壓裝置中碎裂。對於短纖維來說，介面強度是最重要的，應盡可能的高，以便把最大的載荷由基體轉移到纖維上。對於玻璃纖維，介面強度由耦合劑來控制；對於碳纖維，其鍵能取決於碳纖維表面的氧化程度。

　　簡單地說，材料的彈性模量直接反映了原子鍵沿著一個方向伸展而引起的能量增加。奈米碳管彈性模量應該與高模量的碳纖維（約 500 GPa）類似，但因奈米碳管的中空結構而有所改變。實際的碳纖維也不會呈現完全有序排列，存在垂直於石墨基面的部分，沿此方向的彈性模量較低，約為 10 GPa。只要存在少量的無規則排列，均會使彈性模量降低。奈米碳管的彈性模量也與石墨單晶（約 1000 GPa）類似。對奈米碳管彎曲變形的計算可知，其彈性模量是金屬銥的 10 倍。表 10-1 是幾種材料與奈米碳管的彈性模量的對比資料。

○表 10-1　幾種材料與奈米碳管的彈性模量對比

材料	彈性模量／MPa
鋼	2×10^5
金剛石	1×10^6
碳纖維	8×10^5
奈米碳管	$n \times 10^6 (n>1)$

　　在一個共價鍵結構中，斷裂通常是由裂紋尖端處發生局部鍵的斷裂所致。任何材料中的裂紋通常都是由加工過程中的缺陷或表面損傷所致。在裂紋尖端處的任何流動均會導致裂紋的鈍化，進而導致強度的增加和對流動敏感度的降低。纖維素在木材中的斷裂，由於塌陷到中空結構，所以木材具有很高的韌度。同樣，奈米碳管如果受到彎曲和扭曲，並因扭曲而發生失效的話，那麼在壓縮或疲勞狀態下，它在複合材料中的韌度將會增大。如果奈米碳管的價格同碳纖維的價格相當，則奈米碳管就可大量應用。小尺寸和較大的長徑比，使奈米碳管可以在生產上被廣泛應用。奈米碳管高強度和小尺寸的特點使得它可以通過擠壓成形進行加工，而不會發生斷裂。

　　奈米碳管在增強劑領域的應用尚存在一些關鍵問題。在長徑比一定的情況下，管徑的變化對性能有一定影響。隨著纖維直徑的增加，韌度一般增大，這同複合材料的相關理論相符。儘管如此，在材料科學領域有一個共識，即具有強化作用的纖維越細小，對強度和韌性越有利。分子複合材料就是在這種共識下發展起來的。增強劑是一種具有剛性鏈的聚合物，呈分子態分散在具有良好韌性的聚合物基體中。事實上，關於分子複合材料的研發工作，也因聚合物的不匹配性而在很大程度上受到阻礙，這種不匹配性會引起直徑為 $0.1 \sim 1\ \mu m$ 的聚合物纖維產生團聚。

　　奈米碳管具有優異的力學性能和較低的密度，被稱為纖維類強化相的終極形式。奈米碳管比 C60 具有更高的熱穩定性和抗氧化性，在奈米級增強纖維複合材料領域具有廣泛的應用前景。Wagner 等人在高聚合物基體中加入奈米

碳管，研究了在拉應力條件下產生裂紋的情況，並與普通碳纖維進行了對比，結果證明奈米碳管和基體間應力傳遞效果至少比普通纖維高一個數量級，證明奈米碳管和基體間具有良好的介面。Kuzumaki 等人將奈米碳管增強的 C60 基複合材料封裝於銀套中，在室溫下進行拔長加工，對其進行結構檢測和拉伸實驗，結果顯示奈米碳管沿著複合棒的長度方向平行分佈，應力－應變曲線表明其斷裂應力比純 C60 高 20 多倍 [1]。Peigney 等人採用 α-$Al_{2-2x}Fe_{2x}O_3$ 固溶體在氫氣和甲烷氣氛中還原，並裂解生長奈米碳管，他們將得到的粉末在真空條件下熱壓（1475 ℃）成奈米碳管增強 Fe-Al_2O_3 陶瓷基複合材料 [2]。奈米碳管分佈在 Fe-Al_2O_3 中，晶界處形成網狀。對其進行斷裂檢測，發現斷裂發生於晶體內部，斷裂強度明顯高於純 Al_2O_3，但低於相應的 Fe-Al_2O_3。他們認為這可能是由於殘餘孔洞和石墨的存在造成的。Kuzumaki 等人採用熱壓的方法製備了奈米碳管增強純鋁基複合材料，並進行熱拔，加工成直徑為 7 mm 的絲。對該材料檢測結果證明，和普通碳纖維／鋁介面不同，奈米碳管／鋁介面之間並未發生化學反應而生成 Al_4C_3，奈米碳管沿著絲的軸向平行分佈，並且這種複合材料比純鋁具有更好的高溫力學性能 [3]。

Ajayan 和 Andrews 把奈米碳管和環氧樹脂、瀝青相混合，測量了該複合材料的力學性能（圖 10-1），發現奈米碳管經化學修飾後，能有效地增強管與聚合物之間的結合，但是實驗測得的複合物強度的增加並不太理想 [4, 5]。這主要是因為：(1) 奈米碳管在有機物基體中沒有均勻地分散開；(2) 奈米碳管的管身非常平滑，和有機物的結合能力較弱，受到剪切力時容易和基體產生相對滑動。這也是奈米碳管用於增強複合材料需要解決的兩個關鍵問題。奈米碳管與其他材料，例如金屬（鐵基、鎳基）等的複合增強性能也有初步的研究 [6, 7]。

10.2 電子材料及元件上的應用

奈米碳管的電子結構可以是金屬性質，也可以是半導體性質，取決於其直徑和螺旋度。因此，不同直徑和螺旋度的奈米碳管，可以作為功能電子元件、

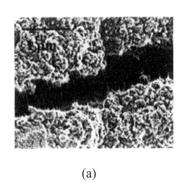

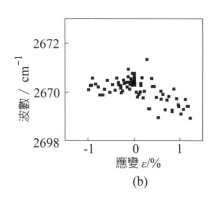

(a)

(b)

圖 10-1 單壁奈米碳管聚合物複合材料的力學性能

(a) 斷口的掃描電子顯微鏡照片顯示排列的奈米管穿過斷口；(b) 微觀拉曼光譜檢測的峰位移動（波數）與應變的關係

邏輯閘和線路的連接元件，用來建立異質結構，圖 10-2 表示了一種金屬 - 半導體 - 金屬的 T 形結構，它是由 (5, 5)、(10, 0) 和 (5, 5) 奈米碳管構成，該結構是通過採用緊束縛分子動力學方法，進行優化計算而獲得的結構 [8]。

單根單壁奈米碳管的電導測量發現，量子相干可在整根管上維持，表現出一維量子線的特性和庫侖阻塞現象 [9]。還發現缺陷可使奈米碳管在室溫下也表現出類似經典半導體元件中電場效應的三極管性質 [10]。理論上從緊束縛模型出發，就缺陷對奈米碳管電子性質的影響已有很多討論，特別是關於五邊形和七邊形構成奈米碳管異質結、量子點 [11, 12]，通過原子代位摻雜引入金屬元素 [11] 或形成硼碳氮奈米管 [13] 等問題，提出了理論分析與預測。

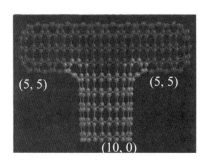

圖 10-2 利用 (5, 5)、(10, 0) 和 (5, 5) 奈米碳管形成的金屬 - 半導體 - 金屬的 T 形結構

IBM 正在建立由 p 型和 n 型碳奈米電晶體構成的第一個奈米碳管邏輯閘——電壓反相器（voltage inverters）。單壁奈米碳管已經用作場效應管的有源通道，下一步是將它們做成邏輯閘。其中關鍵是要獲得 p 型和 n 型奈米碳管場效應管。如果不經特殊處理，所獲得的奈米碳管場效應管往往是 p 型的，IBM 的研究者們解決了這個問題，可同時製備出 p 型和 n 型奈米碳管場效應管。這是一個十分引人注目的報導。

另一個進展是出現了簡單、可靠的辦法，可以從多壁奈米碳管中選擇性地移出具有金屬或半導體性質的殼層，這樣可以使多壁奈米碳管成為只含金屬性或半導體性的殼層 [14]，這為做成相關元件創造了條件。還有一個進展是出現了室溫下的奈米碳管單電子電晶體 [15]。

奈米碳管的導電範圍從半導體到導體，而尺寸則只有奈米級。它本身即可作為開關和記憶元件，應用到微電子元件方面。利用奈米碳管的量子效應，在分子水平上對它進行設計和操作，可以推動傳統元件的微型化。金屬—半導體型奈米碳管結具有二極體的特性，只允許電流朝一個方向流動，可以作為最小的半導體裝置 [16]。IBM 的 Collins 將單壁奈米碳管束通以強電流，燒毀裡面呈金屬型的奈米碳管，只剩下呈半導體型的奈米碳管，製成奈米級的晶體三極管 [17]。奈米碳管本身的某一小段就可能具有非線性和非對稱的電流電壓效應，可看作是僅由極少數碳原子組成的奈米元件 [18]。奈米碳管也可以作為微型電路的導線 [19]。

奈米碳管的端部曲率半徑小，在電場中具有很強的局部增強效應，可用作電場發射材料 [20]。de Heer W A 利用奈米碳管薄膜作陰極製作了一個電場發射電子槍，在 10 V/μm 的電場強度下產生了 0.1 mA/cm^2 的電流密度。該電子槍的發射電流波動在 5% 以內，48 h 無電流衰減 [21]。Saito 利用奈米碳管作電場發射源製作了陰極射線管，其穩定性高，壽命長，是可應用於工業生產的第一個實際產品 [22]。Choi 用塗覆的奈米碳管作陰極，製作了 4.5 英寸彩色顯示器，在 3.7 V/μm 下亮度為 1800 cd/m^2 [23]。Murakami 製作的陰極射線管樣品壽命已達 10^5 h 以上 [24]。

作為電場發射材料，奈米碳管放大因數高（與管徑成反比），閾值電電場強度度可達 $1 \sim 3$ V/μm，比傳統的陰極陣列（約 10^3 V/μm）降低了 3 個數量級，用作電場發射顯示元件時，工作電壓低、功耗小。而且奈米碳管穩定性好，不易和其他物質發生反應，機械強度高，可提高顯示元件的使用壽命和穩定性。大面積定向奈米碳管薄膜的成功製備，使得它用於平板顯示元件如壁掛電視等成為可能，可望使傳統顯示元件的重量、體積進一步縮小。電場發射顯示器是未來市場上陰極射線管（CRT）和液晶顯示器（LCD）的有力競爭者，而奈米碳管陣列則是電場發射陰極的最佳候選材料。

10.3 用作模板內外填充物質

奈米碳管的內外修飾是目前應用研究領域最熱門的方向之一。奈米碳管的修飾使其有可能在催化和磁電存儲方面得到應用。

用金屬或金屬化合物填充奈米碳管，可以得到具有特殊性能的奈米複合材料或奈米導線。奈米碳管被發現以後，有人通過電腦類比預測了開口的奈米碳管可通過毛細吸附作用被液體填充 [25]。Dujardin [26] 等詳細研究了奈米碳管在液體中的潤濕和毛細現象，認為被吸附並被填充的物質表面張力的上限應小於 200 mN/m，這一上限預示著典型的純金屬不能通過毛細作用被吸入奈米碳管中，而水和有機溶劑則可以。Lago [27] 研究認為：當用硝酸打開奈米碳管的端帽後，官能基（CO_2H_2 和 OH）存在於奈米碳管上，它們可與鈀離子強烈作用，進而得到填充金屬鈀的奈米碳管。Satishkumar [28] 則通過 HF/BF_3、OsO_4 等氧化劑，在室溫下打開奈米碳管端帽，使奈米碳管表面產生官能基，提高了奈米碳管表面的反應性，隨後利用簡單的化學方法，將金屬 Ag、Au、Pd 和 Pt 等填充到奈米碳管中。Ugarte [29] 等通過對熔融硝酸銀填充奈米碳管的研究認為：隨奈米碳管曲率的增加，奈米碳管／鹽之間的介面能降低，進而有利於金屬鹽的填充，並認為奈米碳管管腔的化學反應性比石墨更低，可用作奈米試管。

Tsang [30] 用 HNO_3 氧化奈米碳管時，在酸煮（140℃）的過程中同時加入硝酸鎳，反應產物經洗滌和乾燥後，升溫到 450℃ 處理 4 h，結果顯示：打開端帽的奈米碳管大約 60% ～ 70% 的管內填充了氧化鎳。Ajayan [31] 等將奈米碳管在空氣或硝酸中處理，打開端帽後與 V_2O_5（1：1 質量比）混合，在爐中（空氣氣氛）加熱到 450℃ 保溫 20 min，得到了奈米碳管內部和外部都有 V_2O_5 的夾層結構。

Cowley 和 Liu 以石墨／Y [32]、La_2O_3 [33]、Mn_2O_3 [34] 複合材料棒為陽極，採用電弧法原位合成了填充有 YC_2、多種錳的碳化物（Mn_3C、Mn_5C_3、Mn_7C_3、$Mn_{23}C_6$ 等）的奈米碳管。Ata [35] 等採用類似的方法將 Gd、Hf 碳化物成功地填充在奈米碳管中。Saito [36] 採用此法，研究了從稀土到鐵族元素填充奈米碳管的情況，結果發現：Y、La、Ce、Pr、Nd、Gd、Tb、Dy、Ho、Er、Tm、Lu 以 MC_2 的碳化物形式填充，Sc 則以 M_3C_4 的形式填充；對於鐵族元素，除了以 M_3C 的形式填充外，還可以 $\alpha\text{-}Fe$ 和 $\gamma\text{-}Fe$ 的形式填充奈米碳管。Yosida [37] 用鉭／石墨複合棒在電弧下進行反應，在陰極沈積物中發現了有 TaC 超導相的奈米碳管，並測定其超導轉變溫度為 10 K。Zhou [38] 採用含硼的陽極棒，合成了填充 BN 的奈米碳管，這是首次合成填充有非金屬化合物的奈米碳管。

奈米碳管的應用，特別是在複合材料中的應用，因其外表面的惰性而受到限制，解決這一問題的方法是表面預處理，產生各種官能基，提高奈米碳管外表面的反應性 [39, 40]，這些官能基可作為形核中心，通過化學鍍，Ebbesen [40] 在奈米碳管外表面修飾了銀顆粒。Satishkumar [41] 將奈米碳管經酸處理後，在其外表面上修飾了奈米級的 Au、Pt、Ag 團簇，並認為金屬團簇是沈積在奈米碳管的氧化表面位置上。

目前對奈米碳管內外修飾的研究尚不成熟，隨著研究的深入，奈米碳管的應用將取得重大進展。

10.4 醫學應用

在人類與癌症的頑強抗爭中，美國特拉華大學的研究人員 [42] 又開闢出了一條新的途徑，他們利用奈米碳管技術，開發出了一種可用來治療癌症的新式武器——奈米炸彈，這種微型攻擊性武器能夠準確地摧毀惡性腫瘤細胞而不會損害生物體內的正常細胞。

美國特拉華大學電子與電腦工程系的研究人員起初打算用奈米碳管來輸送藥物，並有選擇地將藥物注入不同的細胞，以達到預期的醫療目的。然而隨著實驗的逐步深入，研究人員發現，原子堆放的形式不同，它在奈米尺度上所具有的性質也不同，在很多情況下，完全可以利用分子的光學和熱力學性質，誘發奈米碳管產生微型爆炸。觀察到奈米碳管的爆炸現象後，科學家們立刻意識到，這種微型爆破可用來摧毀癌細胞，並非常有希望成為清除腫瘤的新式武器，特別是乳腺癌。這是因為，爆炸產生的衝擊波不僅能夠殺死癌細胞，破壞傳遞癌細胞生長指令的生物通道，而且還可通過擴大作用範圍，破壞周邊癌細胞組織的結構。當然，奈米炸彈的作用區域也很有限，爆炸對周邊環境的影響很小，人體對爆炸的痛感只相當於被細針紮了一下。研究人員們對這種奈米範圍內的微型炸彈的爆炸原理的解釋是，奈米碳管受到一定強度光的照射後便會發熱，單個奈米碳管產生的熱量很容易被周圍的空氣所吸收，而奈米炸彈由奈米碳管堆積而成，其產生的熱量不會很快散失掉，進而可引發爆炸。用奈米炸彈對付癌細胞優於現在許多其他的治療手段。首先是它的威力大，選擇性強，可定點清除目標。其次，它無毒副作用，無擴散性，易與包括顯微外科在內的其他技術相結合。此外，奈米炸彈與其他有可能用來治療癌症的奈米碳管技術相比也有長處，那就是，在炸毀癌細胞的同時，炸彈自身的奈米碳管也變成了碎片，而人體巨噬細胞可以有效地清除這些殘骸。其他奈米碳管技術往往將奈米碳管和奈米顆粒完整地保留在了人的體內，而一旦這些物質進入腎臟或在血管內長期積累，就有可能對人體產生危害。此外，通過手術切除癌組織現階段尚無法達到精準的程度，況且有些部位，例如動脈和靜脈並不適宜動手術，但

奈米炸彈卻可用在身體內的各個部位，來對付各種類型的癌細胞。而與化療手段相比，優越性就更大了，因它不會殺死正常的細胞。目前這個領域的研究還剛起步，要將該項成果最終應用到臨床治療還有許多工作要做，還得經過大量的臨床試驗。特拉華大學的研究小組現正將他們的研究範圍從乳腺癌擴大到前列腺癌和胰腺癌。

由於奈米碳管的體積可以小到 $10^{-5}mm^3$，醫生可以向人體血液裡注射用奈米碳管製作的潛艇式機器人，用於治療心臟病。一個皮下注射器能夠裝入上百萬個這樣的機器人。它們從血液裡的氧氣和葡萄糖獲取能量，按編入的程式區分周圍的身體組織是紅血球等正常的組織細胞，還是沈積在動脈血管壁上的膽固醇或病毒，若是後者，則將其打碎或消滅，並使之成為廢物通過腎臟排除。

用奈米碳管製作的給藥系統，配有感測器、儲藥囊和微型泵，進入人體後能在需要的部位釋放出適當的藥量。微型機器人可以使外科手術變得更為簡單，不必用傳統的開刀法，只需在人體的某部位上開一個極小的孔，放入一個極小的器械即可，這一切都是人眼不能看到的。美國哈佛大學 Lieber 等人研製出一種微型奈米鉗，有望成為科學家和醫生操作生物細胞、裝配奈米機械、進行微型手術的新工具。通過一對奈米碳管來鉗住微型物體，鉗體是由沈積在一個錐形吸管上的兩個金電極構成，上面粘有一對向前伸出的奈米碳管，形成鉗子的兩個工作臂。當在奈米鉗的兩個電極上施加一定的電壓後，兩個奈米碳管臂分別帶上正、負電荷，彼此間形成吸引力。這種吸引力會隨著施加電壓的大小而發生相應的變化，鉗子也因此能夾住不同的物體。研究人員利用該奈米鉗成功地夾起一團直徑為 500 nm 的聚苯乙烯球（尺寸與細胞亞結構相當）。另外，他們還成功地利用奈米鉗從一團纏繞的導線中，抓住直徑為 20 nm 的微型半導體線。奈米鉗技術對於外科手術來說是十分重要的，用它可修復目前技術無法治癒的微細血管。比光纖導管細得多的奈米探針插入細胞組織後，能夠拍攝人體內部的超聲波圖像。靈敏度很高的奈米碳管選分儀器可以對單個細胞進行分離和計數，顯著提高了診斷和操作的精確度。

10.5 軍事應用

奈米碳管用作高溫吸波材料是其應用的一個新領域。奈米碳管複合材料具有耐高溫、輕質、寬頻和高效吸收等特性，通過對奈米碳管進行改性，可以進一步改善其複合材料的吸波特性。

為了對抗雷達和其他電子設備的偵察和識別，提高隱蔽性，增強生存能力，以達到突防的目的，在飛機、導彈上可採用隱身技術。雷達波隱身技術是在一定遙測環境中降低目標的可探測性，使其在一定範圍內難以被發現的技術，其途徑有兩個：一是飛行器的外形設計儘量減少雷達波散射截面；二是採用吸收雷達波的材料減少雷達波的反射。吸波材料可用其特性參數——電磁波反射率來評價。

用於導彈的吸波材料必須採用高溫吸波材料。目前的高溫吸波材料僅僅依靠材料的電損耗來吸收電磁波，故其吸波效率遠低於磁性吸波材料，這就要求高溫吸波材料具有較大的厚度。要製備性能優異的吸波材料，首先必須研製質輕、吸收頻帶寬、對雷達波具有強吸收的吸波劑，奈米碳管作為吸波劑具有較穩定的高溫吸波性能。

奈米碳管比表面積大，懸掛的化學鍵多，增大了奈米材料的活性。大量懸掛鍵的存在使得介面極化，而高的比表面積造成多重散射，這是奈米材料具有吸波特性的主要原因。另一方面，量子尺寸效應的存在，使得奈米離子的電子能級分裂，分裂的能級間隔正好處於微波的能量範圍內，這為奈米材料的吸波創造了新的吸波通道，在微波場的輻射下，原子和電子運動加劇，促使磁化，使電子能轉化為熱能，因而增加了對電磁波的吸收。此外，奈米離子具有較高的矯頑力，可引起大的磁滯損耗。這三方面的共同作用使得奈米材料具有很好的吸波性能。

奈米碳管呈現了與眾不同的導電性能。由於結構的變化，奈米碳管可呈現金屬性或半導體性，甚至在同一根奈米碳管上的不同部位，也可以呈現出不同的導電性。由於特殊的結構和介電性質，奈米碳管表現出較強的寬帶微波吸收

性能，它同時還具有重量輕、導電性可調變、高溫抗氧化性能強和穩定性好等特點，是一種有前途的理想的微波吸收劑，可用於隱形材料、電磁遮罩材料或暗室吸波材料。奈米碳管將用於製造具有吸收電磁波功能的隱形材料。

微型武器是奈米科學技術的興起、發展和應用於軍事領域的直接結果。由於奈米技術在軍事上的廣泛應用，可能會爆發奈米級的戰爭。因此，目前世界各國軍事界對此事的發展都十分關注。

德國製造的一架直升飛機，只有黃蜂般大小，重量不到 0.5 g，卻能升空 130 mm 飛行，發動機轉速每分鐘可達 10 萬次。美國研製的微型發動機尺寸極小，在 5 cm 的小盒子內能裝 1000 台。這些成果證明，奈米技術的發展不但會開創科學技術的新時代，而且還會引發軍事領域的重大變革。

目前，世界主要軍事大國相繼制定了專案繁多的軍用奈米技術開發應用計畫。美國國防部正利用奈米技術研製一種微型間諜飛行器。該武器只有 15 cm 長，能持續飛行 1 h 以上，航程可達 25.7 km。它可完成偵察、收集資訊等任務，由於其體積微小，雷達很難發現，現有的武器很難對付它。現已研製出的一種微型攻擊器機器人，由感測器系統、處理和自主導航系統、殺傷機制、通信系統和電源系統 5 個部分組成。當這種機器人接近目標時，能迅速覺察到敵方電子系統的準確位置，並且自動滲入實施攻擊。這種微型機器人的形狀各異，大小不等，可執行排雷、攻擊破壞敵方電子系統和收集情報資訊等任務。

奈米技術將武器裝備系統的性能大幅度提高。採用奈米技術，可以使現有雷達在體積縮小數十倍以上的同時，其資訊處理能力卻大幅提高，能夠把具有超高解析度合成孔徑的雷達安裝在衛星上，進行高精度對地偵察。利用量子元件可製造出全新原理，全固態化、智慧化的微型慣性導航系統，使制導武器的隱蔽性、機動性和生存能力大幅度提高，可製成以較低的功率自動對詢問信號作出應答的敵我識別系統，避免被敵方偵聽或截獲。

奈米技術可導致作戰形式的革命性變化，利用奈米技術可以成千倍地提高指揮自動化系統處理戰場資訊的能力，可以使戰場真正透明，可以成千倍地提高偵測預警能力和精確打擊能力，使偵察與偽裝、打擊與防護的對抗更趨白熱

化，將用於奈米技術製造的超微型軍用遙控機器人植入昆蟲的神經系統，可以控制昆蟲無孔不入地達到敵方任何要害部位以收集情報和殺傷敵人，或使敵人的電子系統喪失功能。

目前，奈米技術雖然尚不成熟，在軍事上的應用尚屬理論探討和科學研究階段，但卻有著十分誘人的前景。

10.6 其他方面的應用前景

奈米碳管的應用領域十分廣泛，現舉出一些其他方面應用設想。

奈米碳管的小尺寸和高的機械強度使它可以作為掃描探針顯微鏡的探針。由於奈米碳管具有較大的長徑比，能夠探測出表面較深的溝槽內部構造。奈米碳管自身的柔韌性也足以保證與待測表面刮擦時不會損壞。奈米碳管在氣體或液體環境中某些拉曼光譜峰產生偏移，因此又可以作為壓力感測器。1993年，科學家發現當鉛的小顆粒粘在奈米碳管外時出現了奇怪的現象。將奈米碳管在空氣裡加熱，一種大概迄今尚未能解釋的化學反應將其端部腐蝕掉，熔融的鉛被吸進這根細小的吸管中。在某些區域，鉛原子完全填滿了管腔，而在另一些區域則僅部分填滿。在一部分填充物中，鉛原子是無序的，像玻璃一樣，而另一部分填充物中的鉛原子則堆積成類似晶體的規則結構。但在這種排列中，原子間距與鉛或其化合物的一切已知形態物的原子間距都不同，預示著奈米碳管的內部世界的確能保持一些外部世界未知的物質。另一些研究工作者也發明了一些處理奈米碳管的不同方法，如牛津大學的 Green 等人發現，在二氧化碳中加熱奈米碳管，從端帽處開始腐蝕，使碳層變成一氧化碳。

奈米碳管確實是難以捉摸的。有時流體能被吸入，而有時則不能。管壁與填充物之間微妙的反應，決定著物質能否進入奈米碳管。填充後的奈米碳管與原始奈米碳管具有不同的性能，某些填充物會使奈米碳管變得更堅硬。奈米碳管的管壁能夠同其他物質發生某些化學反應而被「溶解」，因此可以把它們用

做模具。首先在奈米碳管中灌滿金屬，然後把碳層腐蝕掉，就可以得到奈米尺度的金屬導線。目前，還沒有其他可靠的方法製造如此細的金屬導線，如果這一設想能夠實現，將更進一步地縮小微電子技術的尺度。

從結構上看，奈米碳管具備理想的電容器電極材料的所有要求，即結晶度高、導電性好、比表面積大、微孔集中在一定範圍內。超級電容器（supercapacitor）又稱作電化學電容器，是一種雙層電容器，它的出現使電容器的極限容量驟然上升了 3～4 個數量級，達到了近 1000 F 的大容量。雙層電容器的工作原理是基於在電極與電解液介面形成所謂雙電層的空間電荷層，在這種雙電層中積蓄電荷，進而實現儲能的目的。它不同於傳統意義上的電容器，而類似於充電電池，但比傳統的充電電池（鎳氫電池和鋰離子電池）具有更高的比功率和更長的循環壽命。其比功率可達到每千克千瓦數量級以上，循環壽命在萬次以上（使用年限超過 5 年）。因此，超級電容器在移動通信、資訊技術、電動汽車、航空航太和國防科技等方面具有極其重要和廣闊的應用前景。大功率的超級電容器對於電動汽車的啟動、加速和上坡行駛具有極其重要的意義，在汽車啟動和爬坡時快速提供大電池及大功率電流；在正常行駛時由蓄電池快速充電；在剎車時快速存儲發電機產生的大電流，這些可以減少電動車輛對蓄電池大電流充電的限制，大大延長蓄電池的使用壽命，提高電動汽車的實用性。這些，對於燃料電池電動汽車的啟動都是不可少的。若其容量能進一步提高，可望取代電池的使用。鑒於電化學超級電容器的重要性，各工業發達國家都給予了高度重視，並成為各國重點的戰略研究和開發專案。1996年歐共體制定了電動汽車超級電容器的發展計畫（Development of Super-capacitor for Electric vehicle）。美國能源部也制定了相應的發展超級電容器的研究計畫，2003 年以後的目標是要達到 1500 W/kg 的比功率，循環使用壽命在 10000 次以上。現在關鍵的問題是如何提高雙電層電容的電量。

將奈米碳管修飾到掃描穿隧電子顯微鏡（STM）的針尖上，可觀察到原子縫隙底部的情況，用這種工具可以得到解析度極高的生物大分子圖像。如果在多壁奈米碳管的另一端修飾不同的基團，這些基團可以用來識別一些特種原

子，這就使得用掃描穿隧電子顯微鏡從表徵一般的微區構造上升到實際的分子。如果在探頭針尖上裝上一個陣列基團，完全能夠對整個表面的分子進行識別，這對於研究生物薄膜、細胞結構和疾病診斷是非常有意義的。

奈米碳管可用於鋰離子充電電池的電極材料。目前，鋰離子電池正朝高能量密度方向發展，並最終為電動汽車配套，真正成為工業應用的綠色可持續能源。奈米碳管的層間距略大於石墨的層間距，充放電容量大於石墨，而且奈米碳管的筒狀結構在多次充－放電循環後不會塌陷，循環性好。鹼金屬如鋰離子和奈米碳管有強的相互作用。用奈米碳管做負極材料做成的鋰電池的首次放電容量高達 1645 mA·h·g^{-1}，可逆容量為 700 mA·h·g^{-1}，遠大於石墨的理論可逆容量 375 mA·h·g^{-1}。已證實，鹼金屬嵌入奈米碳管會極大地提高其儲氫性能，所以用奈米碳管做成的充電電池已能使電動汽車 1 次行駛 400 km，這是目前電動車達到的最遠行程。

每一根奈米碳管如同一個極小的顯微容器，利用毛細作用可以把氫分子或氫原子密密實實地壓縮在其狹長的管腔內。奈米碳管的管腔不但可以儲存氫氣，還可用做氫氧反應的催化劑金屬鉑的載體。陳軍峰等人把 3 μm 的鉑顆粒均勻地沈積在奈米碳管外壁上以提高鉑的催化效率並測試了其質子交換膜電池的性能 [43]。另外，由於奈米碳管的小尺寸和較大的比表面積，在汙水處理方面也有良好的應用前景 [44]。

當奈米碳管暴露在某些氣氛如 NO_2 和 NH_3 中時（即使是微量），由於該氣體分子與管壁碳原子的作用，可使奈米碳管自身電阻迅速產生突變 [45]。因此奈米碳管可作為靈敏的環境監測計，監測有毒氣體含量的微弱變化。此外，用兩根奈米碳管作為兩臂粘附在金電極上，加電壓時它們會張開或合攏，是一種奈米鑷子，可以夾起幾百奈米以下的顯微顆粒 [46]。將顯微顆粒粘附在奈米碳管一端，加交流電壓使這種球－彈簧系統共振，測量共振頻率可得出顆粒的質量，成為一種奈米秤 [47]。

1997 年 Han 等人 [48] 設計了最簡單形式的分子機械：分子齒輪（圖 10-3）及多齒輪系統，以便用於將來的奈米電動機器。這種分子齒輪是由奈米碳管

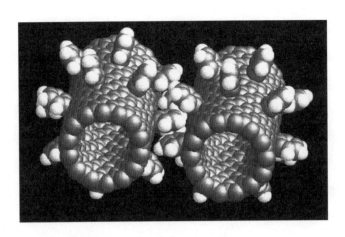

圖 10-3 分子齒輪：奈米碳管為軸，苯甲基分子為齒

（直徑 2 nm）所構成，軸是由單壁奈米碳管製作而成，將苯甲基結合在奈米碳管上作為齒，並運用分子動力學方法進行模擬計算，研究這種分子齒輪的方案和性能。

　　美國發明了可接收可見光信號的奈米碳管微型天線，這一發明可能有助於開發利用可見光傳輸電視信號的技術和將太陽能高效轉化為電能的設備。據最新一期美國《應用物理通訊》雜誌報導，可見光天線與現有的無線電天線的原理是一樣的。接收無線電信號的天線需要與電波的波長有特定的比例，當天線感受到無線電信號時，就會在內部激起電流。由於無線電波波長很長，因此無線電天線通常體積極為巨大，而且要被安置在高處。然而，可見光的波長只有數百奈米，人們以前無法製造這樣小尺寸的天線，滿足接收可見光信號的要求。波士頓學院的研究人員通過奈米技術，利用奈米碳管制成了微型天線。試驗證明，這種新天線能夠接收可見光，在可見光的作用下其內部會產生電流。專家認為，利用這種新天線，有可能進一步開發出通過可見光傳輸電視信號等的新技術。另外，這種新天線也為把太陽能轉化為電能提供了一個新觀念。

　　美國《發現》月刊報導了利用奈米碳管製作的「太空梯」將升向太空的計畫。該「太空梯」是一段約 1 英尺長、0.5 英寸寬的一段奈米碳管複合纖維。研製者布拉德‧愛德華茲說，15 年之內就可以在離厄瓜多爾海岸 1200 英里的

海面上建立一個平臺，一根 3 英尺寬、厚度比紙還薄的奈米碳管纜繩，將在一端與該平臺相連，另一端伸向 6.2 萬英里之遙的太空，在地球旋轉的向心力作用下，纜繩將會被拉得很緊。貨物或人員可以沿著纜繩爬升到任意高度；人類可以到低空進行太空旅遊；通信衛星可以由此進入地球同步軌道；在進入高空後，則可以利用地球的旋轉將飛船送上月球、火星，甚至更遠的地方。一旦這種「太空梯」建成，耗資巨大地利用火箭將人類和貨物送入太空的方法將成為歷史。尤其讓愛德華茲感到滿意的是，「太空梯」將大幅降低運載成本，每磅載重將只需耗費 100 美元，相比而言，目前使用太空梭的運載成本是每磅一萬美元。而且，「太空梯」本身的建造成本也只需 60 億美元。

對於「太空梯」的大膽設想，一些科幻小說家和工程師早已談論了很多年。但愛德華茲的設想——一項由美國航天局資助的為期兩年耗資 50 萬美元的研究——具有極高的可行性，這令人們大為震驚。美國航天局的帕特里夏·拉塞爾說：「布拉德真的把一切都考慮到了。每個人都對此感興趣。他使『太空梯』顯得真實可行。」

愛德華茲在他 2002 年出版的題為《太空梯：一種革命性的地球 - 太空交通系統》一書中寫道：「太空梯可以使人類歷史實現跳躍性的發展。」乘坐「太空梯」，遊客只需用不到 3 小時的時間就可抵達國際空間站。工程師布拉德·愛德華茲說：「一旦我們開始大量生產這種『太空梯』，它們就會像汽車一樣簡單。」

10.7 展望

在過去十多年裡，儘管奈米碳管的研究已經取得了顯著進展，但許多重要問題仍有待探索和解決。諸如，如何開發新的製備技術與方法，實現高品質、低成本的奈米碳管實業化；如何使奈米碳管材料在必要的後續處理或使用過程中保持結構與性能的穩定性；等等。對這些基本問題的回答是進一步深入研究

奈米碳管材料及其實用化的關鍵，率先取得成功或突破的意義是難以估量的。

作為一種新型的一維奈米材料，奈米碳管自被發現以來一直是材料科學研究領域的焦點。由於它具有許多特異的性能，因此科學家們預言奈米碳管將會在許多領域有著廣泛的應用前景。目前對奈米碳管的研究仍處於基礎性階段，離實際應用尚有一定距離。限制其應用的主要原因是：高品質奈米碳管的大批量、低成本製備技術尚待突破。

從奈米碳管基本性質的研究來看，其製備技術有以下三個方面的難題：第一，目前的奈米碳管樣品多呈雜亂分佈，且相互纏繞，難以分散；第二，用電弧放電法製備的奈米碳管呈束狀，束中還存在很多非晶碳等雜質，使得測量的各種物理和化學性質的結果比較分散，而且使得導電性質和力學性質方面的有些測量結果與理論估計值相差甚遠；第三，目前製備的奈米碳管長度大多只有幾十微米，只能借助掃描穿隧顯微鏡、原子力顯微鏡等十分精密工具來測量其電學及力學性能，這給測量帶來了極大的困難。

因此，大批量製備雜質少、尺寸一致、定向性好、管身平直、缺陷少的高品質奈米碳管成為科學家們共同關注的問題。

參考文獻

[1]   Kuzumaki T, Hayashi T, et al. Structure and deformation behavior of carbon nanotubes reinforced nanocrystalline C60 composite. J Jpn Institute of Metals, 1997, 61(4): 319 ~ 325

[2]   Peigney A, Laurent C, Rousset A. Influence of the composition of a H_2-CH_4 gas mixture on the catalytic synthesis of carbon nanotubes-Fe/Fe_3C-Al_2O_3 nanocomposite powders. J Mater Chem, 1999, 9(5): 1167 ~ 1177

[3]   Kuzumaki T, Miyazawa K, et al. Processing of carbon nanotube reinforced aluminum composite. J Mater Res, 1998, 13(9): 2445 ~ 2449

[4]   Ajayan P M, Schadler L S, Giannaris C, et al. Single-walled carbon nanotube-

polymer composites: strength and weakness. Adv Mater, 2000, 12 (10): 750 ~ 753

[5]   Andrews R, Jacques D, Rao A M, et al. Nanotube composite carbon fibers. Appl Phys Lett, 1999, 75 (9): 1329 ~ 1331

[6]   Li Y B, Yu Q, Wei B Q, et al. Processing of a carbon-nanotubes Fe82P18 metallic glass composite. J Mater Sci Lett, 1998, 17: 607 ~ 609

[7]   Jia Z, Wang Z, Xu C, et al. Study on poly (methyl methacrylate)/carbon nanotube composites. Mater Sci Eng A-Struct, 1999, A271: 395 ~ 400

[8]   Menon M and Srivastava D. Carbon nanotube "T junctions": nanoscale metal-semiconductor-metal contact devices. Phys Rev Lett, 1997, 79(22): 4453 ~ 4456

[9]   Tans S J, et al. Individual single-wall carbon nanotubes as quantum wires. Nature, 1997, 386(6624): 474 ~ 477

[10]   Tans S J, et al. Room-temperature transistor based on a single carbon nanotube. Nature, 1998, 393(6680): 49 ~ 52

[11]   Carroll D L, Redlich P H, et al. Effects of nanodomain formation on the electronic structure of doped carbon nanotubes. Phys Rev Lett, 1998, 81(11): 2332 ~ 2335

[12]   Chico L, Lopez M P, et al. Carbon-nanotube-based quantum dot. Phys Rev Lett, 1998, 81(6): 1278 ~ 1281

[13]   Blase X, et al. Theory of composite $B_xC_yN_z$ nanotube heterojunctions. Appl Phys Lett, 1997, 70(2): 197 ~ 199

[14]   Philip G, et al. Engineering carbon nanotubes and nanotuba circuits using electrical breakdown. Science, 2001, 292(5517): 706 ~ 708

[15]   Henk W, et al. Carbon nanotube single-electron transistors at room temperature. Science, 2001, 293(5527): 76 ~ 79

[16]   Saito R, Dresselhaus G, Dresselhaus M S. Tunneling conductance of connected carbon nanotubes. Phys Rev B, 1996, 53 (4): 2044 ~ 2050

[17]   Collins P G, Arnold M S, Avouris P. Engineering carbon nanotubes and nanotube circuits using electrical breakdown. Science, 2001, 292: 706 ~ 709

[18] Collins P G, Zettl A, Bando H, et al. Nanotube nanodevice. Science, 1997, 278: 100 ～ 102

[19] Wei Y Y, Eres G. Directed assembly of carbon nanotube electronic circuits. Appl Phys Lett, 2000, 76 (25): 3759 ～ 3761

[20] Service R F. Nanotubes show image-display talent. Science, 1995, 270: 1119 ～ 1122

[21] de Heer W A, Châtelain A, Ugarte D. A carbon nanotube field-emission electron source. Science, 1995, 270: 1179 ～ 1180

[22] Saito Y, Uemura S, Hamaguchi K. Cathode ray tube lighting elements with carbon nanotube field emitters. Jpn J Appl Phys, 1998, 37: L346 ～ L348

[23] Choi W B, Chung D S, Kang J H, et al. Fully sealed, high-brightness carbon-nanotube field-emission display. Appl Phys Lett, 1999, 75 (20): 3129 ～ 3131

[24] Murakami H, Hirakawa M, et al. Field emission from well-aligned, patterned, carbon nanotube emitters. Appl Phys Lett, 2000, 76 (13): 1776 ～ 1778

[25] Pederson M R, Broughton J Q. Nanocapilarity in fullerenetubules. Phyes Rev Lett, 1992, 69: 2689 ～ 2692

[26] Dujardin E, Ebbesen T W, Hiura H, et al. Capillarity and wetting of carbon nanotubes. Science, 1994, 265 (5180): 1850 ～ 1852

[27] Lago R M, Tsang S C, Lu K L, et al. Filling carbon nanotubes with small palladium metal crystallites: The effect of surface acid groups. J Chem Soc-Chem Commun, 1995, 13: 1355 ～ 1356

[28] Satishkumar B C, Govindaraj A, Mofoking J, et al. Novel experiments with carbon nanotube-opening, filling, closing and functionalizing nanotubes. J Phys B-At Mol Opt, 1996, 29 (21): 4925 ～ 4934

[29] Ugarte D, Chatelain A, Deheer W A. Nanocapillarity and chemistry in carbon nanotubes. Science, 1996, 274 (5294): 1897 ～ 1899

[30] Tsang S C, Harris P J F, Green M L H. Thinning and opening of carbon nanotubes by oxidation using carbon dioxide. Nature, 1993, 362(6420): 520 ～ 522

[31] Ajayan P M, Stephan O, Redlich P, et al. Carbon nanotubes as removable templates for metal oxide nanocomposite and nanostructure. Nature, 1995, 375: 564～567

[32] Cowley J M, Liu M Q. The structure of carbon nanotubes impregnated with Yttrium. Micron, 1994, 25(1): 53～61

[33] Liu M Q, Cowley J M. Encapsulation of lanthanum carbide in carbon nanotubes and carbon nanoparticles. Carbon, 1995, 33(2): 225～232

[34] Liu M G, Cowley J M. Encapsulation of manganese carbides within carbon nanotubes and nanoparticles. Carbon, 1995, 33(6): 749～756

[35] Ata M, Hudson A J, Yamaura K, et al. Carbon nanotubes filled with gadolium and hafnium carbide. Jpn J Appl Phys A, 1995, 34(8): 4207～4212

[36] Saito Y. Nanoparticles and filled nanocapsules. Carbon, 1995, 33(7): 979～988

[37] Yosida Y. Mean-squwre displacements of Ta and C atoms in TaC encapsulated in carbon nanotubes. J Appl Phys, 1995, 78(5): 3036～3039

[38] Zhou D, Seraphin S, Withers J C. Encapsulation of crystalline boron-carbide into graphitic nanoclusters from the arc-discharge soot. Chem Phys Lett, 1995, 234(1-3): 233～239

[39] Ebbesen T W. Wetting, filling and decorating carbon nanotubes. J Phys Chem Solids, 1996, 57(6-8): 951～955

[40] Ebbesen T W, Hiura H, Bisher M E, et al. Decoration of carbon nanotubes. Adv Mater, 1996, 8(2): 155～157

[41] Satishkumar B C, Erasmus M V, Govindaraj A et al. The decoration of carbon nanotubes by metal nanoparticles. J Phys D: Appl Phys, 1996, 29: 3173～3176

[42] 「攻克癌症新武器：奈米炸彈」，科技日報 2005 年 10 月 27 日

[43] 陳軍峰，徐才錄，毛宗強，吳德海。碳奈米管表面沈積鉑及其質子交換膜燃料電池的特性。中國科學（A 輯），2001, 31(6): 529～533

[44] Li Y H, Wang S G, Cao A Y et al. Adsorption of fluoride from water by amorphous alumina supported on carbon nanotubes. Chem Phys Lett, 2001, 350(5-6): 412～

416

[45] Kong J, Franklin N R, Zhou C, et al. Nanotube molecular wires as chemical sensors. Science, 2000, 287: 622 ~ 625

[46] Kim P, Lieber C M. Nanotube nanotweezers. Science, 1999, 286: 2148 ~ 2150

[47] Poncharal P, Wang Z L, Ugarte D, et al. Electrostatic deflections and electromechanical resonances of carbon nanotubes. Science, 1999, 283: 1513 ~ 1516

[48] Han J, Globus A, Jaffe R, et al. Molecular dynamics simulations of carbon nanotube-based gears, Nanotechnology, 1997, 8 (3): 95 ~ 102

國家圖書館出版品預行編目資料

奈米碳管巨觀體：物理化學特性與應用／韋進
全，張先鋒，王昆林著. ——初版.——臺北
市：五南，2009.04
　　面；　公分
含參考書目
ISBN 978-957-11-5581-4（平裝）
1.奈米技術
440.7　　　　　　　　　　98003529

5E56

奈米碳管巨觀體
物理化學特性與應用

作　　者 — 韋進全　張先鋒　王昆林

校　　訂 — 楊明勳

發 行 人 — 楊榮川

總 編 輯 — 龐君豪

主　　編 — 穆文娟

責任編輯 — 蔡曉雯

文字編輯 — 林秋芬

封面設計 — 郭佳慈

出 版 者 — 五南圖書出版股份有限公司

地　　址：106台北市大安區和平東路二段339號4樓

電　　話：(02)2705-5066　傳　　真：(02)2706-6100

網　　址：http://www.wunan.com.tw

電子郵件：wunan@wunan.com.tw

劃撥帳號：01068953

戶　　名：五南圖書出版股份有限公司

台中市駐區辦公室/台中市中區中山路6號

電　　話：(04)2223-0891　傳　　真：(04)2223-3549

高雄市駐區辦公室/高雄市新興區中山一路290號

電　　話：(07)2358-702　傳　　真：(07)2350-236

法律顧問　元貞聯合法律事務所　張澤平律師

出版日期　２００９年４月初版一刷

定　　價　新臺幣５６０元